Differenzengleichungen und diskrete dynamische Systeme

Eine Einführung in Theorie und Anwendungen

Von Prof. Dr. rer. nat. Dr. rer. pol. Ulrich Krause
und Dipl.-Math. Tim Nesemann
Universität Bremen

B.G.Teubner Stuttgart · Leipzig 1999

Prof. Dr. rer. nat. Dr. rer. pol. Ulrich Krause

Geboren 1940 in Berlin. Studium der Mathematik, Physik, Philosophie und Ökonomie in Göttingen, Hamburg, Erlangen und Heidelberg. Staatsexamen 1965 in Hamburg, Promotion in Mathematik 1967 in Erlangen, Promotion in Ökonomie 1979 in Hannover. Seit 1973 Professor für Mathematik an der Universität Bremen. Mehrere Gastaufenthalte an Universitäten in Italien, den USA und in Japan. Arbeitsgebiete: Funktionalanalysis, dynamische Systeme und mathematische Ökonomie.

Dipl.-Math. Tim Nesemann

Geboren 1970 in Bremen. Von 1991 bis 1995 Studium der Mathematik und Betriebswirtschaftslehre an der Universität Bremen und an der Fernuniversität GH in Hagen. 1995 Abschluß als Diplom-Mathematiker. Seit 1996 Doktorand in Mathematik an der Universität Bremen. 1998 Gastaufenthalt in Rhode Island (USA).

Die Deutsche Bibliothek – CIP-Einheitsaufnahme

Krause Ulrich:
Differenzengleichungen und diskrete dynamische Systeme : eine
Einführung in Theorie und Anwendungen / von Ulrich Krause und
Tim Nesemann. – Stuttgart ; Leipzig : Teubner, 1999
ISBN 978-3-519-02639-6   ISBN 978-3-322-92759-0 (eBook)
DOI 10.1007/978-3-322-92759-0

Vorwort

Dieses Buch befaßt sich mit der mathematischen Analyse von dynamischen Prozessen, deren zeitliche Entwicklung nicht kontinuierlich fließend, sondern in diskreten Zeitschritten modelliert wird. In den Naturwissenschaften, den Ingenieurwissenschaften und den Wirtschaftswissenschaften wird häufig bei der Untersuchung dynamischer Vorgänge zunächst ein Modell in diskreter Zeit formuliert, also eine Differenzengleichung oder ein (zeit-)diskretes dynamisches System. Anschließend wird dann gewöhnlich durch einen Grenzübergang, bei dem die Länge eines Zeitschritts gegen Null strebt, das diskrete Modell in eine oder mehrere Differentialgleichungen verwandelt. Dieses Vorgehen, das besonders in der Physik sehr erfolgreich ist mit Ausstrahlungen bis hin in die Sozialwissenschaften, hat den großen Vorteil, daß sich dabei das hochentwickelte mathematische Instrumentarium der Differentialgleichungen und differenzierbaren dynamischen Systeme anzapfen läßt. Ein Nachteil liegt jedoch darin, daß für eine numerische Auswertung des Modells zum Zwecke der empirischen Überprüfung, das kontinuierliche Modell wieder in ein diskretes Modell zurückverwandelt werden muß. Das scheint nicht nur ein Umweg zu sein, insbesondere angesichts eines zunehmenden Einsatzes von Computern, sondern birgt auch zusätzliche Probleme, da es trotz gewisser Analogien keine systematischen Übersetzungsregeln zwischen Differentialgleichungen und Differenzengleichungen gibt, vor allem nicht, wenn nichtlineare Vorgänge im Spiel sind. Auch aus diesem Grund bildet sich mehr und mehr eine Tendenz heraus, das erstellte diskrete Modell direkt mit Methoden der Differenzengleichungen und diskreten dynamischen Systeme zu untersuchen; dieses Vorgehen ist etwa in der Biologie und der Ökonomie seit jeher gebräuchlicher als z. B. in der Physik. Dieses direkte Vorgehen zahlt sich aber nur aus, wenn das Instrumentarium im Bereich der Differenzengleichungen und diskreten dynamischen Systeme hinreichend gut entwickelt ist.

Obwohl die Theorie der Differenzengleichungen auf eine lange Tradition zurückblicken kann, ist sie doch erst in neuerer Zeit aus einer Art Dornröschenschlaf erwacht und zu einer aufgeweckten mathematischen Disziplin geworden. Inzwischen gibt es eine Reihe guter Monographien und Textbücher über Differenzengleichungen, vor allem im Englisch-sprachigen Raum, und vor vier Jahren erschien der erste Band einer Zeitschrift, die sich ganz der Theorie und den Anwendungen von Differenzengleichungen widmet. Die Theorie diskreter dynamischer Systeme ist noch relativ jung; die Literatur in diesem Bereich ist aber in den letzten Jahren explosionsartig angewachsen, nicht zuletzt aufgrund eines starken Interesses an Phänomenen der sogenannten chaotischen Dynamik.

Das vorliegende Buch ist aus einsemestrigen Vorlesungen und regelmäßigen Seminaren hervorgegangen, die einer von uns (U.K.) seit 1993 an der Universität Bremen abgehalten hat. Das Buch wendet sich an alle diejenigen, die sich, aus welchem Blickwinkel auch immer, für grundlegende Aussagen im Bereich der Differenzengleichungen und diskreten dynamischen Systeme interessieren. Ein besonderes Anliegen des vorliegenden Buches ist es, diesen sowohl interessanten als auch nützlichen Bereich in einer möglichst knappen Form nicht nur Studentinnen und Studenten der Mathematik, sondern auch solchen der Natur-, Ingenieur- und Wirtschaftswissenschaften zugänglich zu machen. Das Buch setzt einige Kenntnisse in Analysis und linearer Algebra voraus, wobei gewisse Hilfsmittel, wie etwa die Jordansche Normalform für Matrizen, an geeigneter Stelle in Form von Exkursen in Erinnerung gerufen werden. Vorkenntnisse in Differenzengleichungen, diskreten dynamischen Systemen oder Differentialgleichungen sind nicht erforderlich. Bei der mathematischen Darstellung haben wir Wert auf präzise Definitionen und exakte Begründungen gelegt, da unklare Formulierungen und Argumente bekanntermaßen gerade den Anfänger verunsichern können. Viele Beispiele, graphische Darstellungen, Anwendungen und Aufgaben sollen dazu dienen, die Theorie zu illustrieren, zu motivieren und zu üben. Da der Computer ein sehr sinnvolles Hilfsmittel im Bereich von Differenzengleichungen und diskreten dynamischen Systemen darstellt, enthält das Buch auch Aufgaben, für die kleinere Programme zu schreiben sind. Außerdem hat einer von uns (T.N.) fünf kurze Computerprogramme in der Programmiersprache Turbo-Pascal geschrieben, mit denen der Leser selbst auf seinem PC Graphiken erzeugen kann, wie sie für dieses Buch erstellt wurden. Dies ist als ein zusätzliches Angebot zur Selbstübung gedacht; das Buch ist jedoch nicht so angelegt, daß ein PC und die Arbeit daran für ein Verständnis erforderlich wären.

Damit das Buch nicht zu umfangreich wird, haben wir bei der Auswahl der Themen auf einige Bereiche verzichten müssen, die ebenfalls interessant und wichtig sind, wie z. B. Oszillationstheorie, Numerik, Variationskalkül und partielle Differenzengleichungen. Behandelt werden in diesem Buch die folgenden Themen.

Kapitel 1 führt anhand von einfachen Beispielen aus ganz verschiedenen Disziplinen an die Begriffe einer Differenzengleichung und eines diskreten dynamischen Systems heran und thematisiert deren gegenseitiges Verhältnis.

Kapitel 2 enthält einen sehr knappen Abriß des Kalküls in diskreter Zeit – der analog zur gewöhnlichen kontinuierlichen Analysis, aber dennoch von ihr verschieden ist – und die für das praktische Lösen wichtige Methode der erzeugenden Funktion.

Kapitel 3 ist das erste Kapitel, in dem systematisch eine Theorie entfaltet wird, und zwar die der linearen diskreten dynamischen Systeme und Differenzengleichungen. Hier sind es insbesondere die linearen Systeme mit konstanten Koeffizienten, für die eine abgerundete Theorie existiert. Diese Theorie ist sehr nützlich für Anwendungen und mag von denjenigen Lesern, die die Jordansche Normalform aus der linearen Algebra kennen, selbst als eine willkommene Anwendung der Normalform angesehen werden.

Kapitel 4 befaßt sich mit den verschiedenen Stabilitätseigenschaften linearer Differenzengleichungen, wofür ebenfalls eine abgerundete Theorie zur Verfügung steht, die in Kapitel 4 aber im wesentlichen nur für den wichtigen Fall konstanter Koeffizienten behandelt wird.

Mit **Kapitel 5** beginnt das weite und entwicklungsträchtige Feld der nichtlinearen Systeme. Anschließend an die Diskussion einer Reihe von Beispielen werden zwei wichtige Methoden zur Untersuchung der Stabilität behandelt: Die Prüfung auf lokale Stabilität, indem das nichtlineare System durch ein lineares System angenähert wird und die Methode der Liapunov-Funktionen, die auch eine Prüfung auf globale Stabilität erlaubt. Das Kapitel gibt weiterhin einen kleinen Überblick über chaotische Phänomene und ihre fraktalen Attraktoren. Angesichts der umfangreichen diesbezüglichen Literatur, haben wir hier auf eine detaillierte Beweisführung verzichtet und stattdessen die, im Vergleich zu den linearen Systemen, neuartigen Phänomene und ihre Simulation auf dem Computer in den Vordergrund gestellt. Insbesondere kommen hier die bereits erwähnten Computerprogramme zum Einsatz. Auch den Lesern ohne Programmierkenntnisse wird das Nachvollziehen der dargestellten Algorithmen beim Verständnis der Graphiken helfen.

In **Kapitel 6** werden nichtlineare Systeme aus einem anderen, gewissermaßen antichaotischen Blickwinkel betrachtet. Einige nichtlineare Systeme erweisen sich nämlich unter Hinzunahme von Positivitätseigenschaften als sehr stabil. Als ein Grenzfall ergeben sich nebenbei zentrale Aussagen der sogenannten Perron-Frobenius Theorie positiver Matrizen. Die erhaltenen Resultate über konkave Systeme werden sodann angewandt zum Nachweis der (relativen) Stabilität zweier nichtlinearer und mehrdimensionaler Modelle, wobei das erste Modell der biologischen Populationsdynamik und das zweite Modell der ökonomischen Preisdynamik entstammt. Die Themen dieses Kapitels werden hier zum erstenmal in Buchform behandelt.

Schließlich nehmen wir die Gelegenheit wahr, um uns an dieser Stelle für die vielen regen und nützlichen Diskussionen zu bedanken, die wir im Laufe der Jahre mit Teilnehmerinnen und Teilnehmern der Vorlesungen und Seminare über Differenzengleichungen und diskrete dynamische Systeme geführt haben.

Bremen, im Februar 1999

Inhaltsverzeichnis

Abbildungsverzeichnis

1 Einführung: Beispiele und Grundbegriffe

1.1 Diskrete dynamische Systeme

Ein *diskretes dynamisches System* ist ein Paar (M, T), wobei M eine nichtleere Menge ist und $T : M \to M$ eine Selbstabbildung von M. Die Menge M, die gewöhnlich noch zusätzliche Strukturen trägt, wird auch als *Zustandsraum* bezeichnet und die Abb. T, die die Bewegung von einem Zustand zu dem nachfolgenden Zustand beschreibt, als *Bewegungsgesetz* des zugrundeliegenden dynamischen Vorgangs. Ist $x_0 \in M$ der *Anfangszustand*, so ist $x_1 = Tx_0$ der Zustand zum Zeitpunkt 1, $x_2 = Tx_1$ der Zustand zum Zeitpunkt 2 usw. Ist x_n der Zustand des Systems zum Zeitpunkt $n \in \mathbb{N} = \{0, 1, 2, \ldots\}$, so wird die Dynamik des Systems beschrieben durch $x_{n+1} = Tx_n$. Es ist $x_n = T^n x_0$, wobei $T^n = T \circ \ldots \circ T$ (n-mal) die *n-te Iterierte der Abbildung T* ist. Der Ausdruck 'diskret' bezieht sich darauf, daß die Zeit nur in Form von diskreten Zeitpunkten (mitunter: Perioden) $0, 1, 2, \ldots$ eine Rolle spielt. (Zusätzliche Komplikationen für die Theorie ergeben sich, falls man, wie etwa bei zellulären Automaten, auch einen diskreten Zustandsraum M erlaubt.) Von zentraler Bedeutung für die Untersuchung von diskreten dynamischen Systemen sind *Gleichgewichte* (Ruhepunkte) des Systems bzw. *Fixpunkte* der Abb. T, d. h. Zustände $x^* \in M$, für die $Tx^* = x^*$ gilt. Interessant ist nun die Frage, ob ein solcher

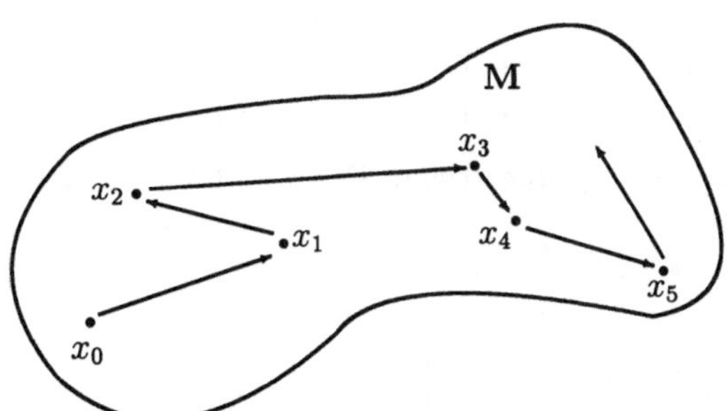

Abb. 1.1 Zustandsraum M und Zustände $x_n \in M$ eines diskreten dynamischen Systems

Fixpunkt überhaupt existiert. Wenn ja, ist er eindeutig bestimmt? Wenn nein, was läßt sich über die Menge der Fixpunkte sagen?

Weitere zentrale Fragen betreffen die Stabilität des Systems, insbesondere das *asymptotische Verhalten* bzw. das *Langzeitverhalten* des Systems, d. h., wie verhält sich der Zustand $x_n = T^n x_0$ für $n \to \infty$? Für welche Anfangszustände strebt x_n für $n \to \infty$ gegen ein Gleichgewicht? Obwohl die Definition eines diskreten dynamischen Systems recht simpel ist, ist es oft extrem schwierig, in vielen Fällen bis heute sogar unmöglich, die obigen Fragen zufriedenstellend zu beantworten. Das betrifft insbesondere nichtlineare diskrete dynamische Systeme.

Trägt der Zustandsraum M eine lineare Struktur (d. h. M ist ein Vektorraum) und ist T eine (affin-) lineare Abbildung, so spricht man von einem linearen System. Ist T nicht linear, so kann es, selbst in anscheinend einfachen Systemen, sehr schwierig werden, analytische Aussagen über das Verhalten der Iterierten T^n für $n \to \infty$ zu machen. Das ist allerdings nicht notwendigerweise so, denn es gibt auch viele Formen von Nichtlinearität, die sich analytisch gut behandeln lassen. (Siehe die Beispiele weiter unten.)

In der eingangs gegebenen Definition eines diskreten dynamischen Systems verändert sich das Bewegungsgesetz selbst nicht im Laufe der Zeit. Ist das Bewegungsgesetz zeitabhängig, etwa aufgrund äußerer Einflüsse, so spricht man von einem *nichtautonomen diskreten dynamischen System* und versteht darunter eine nichtleere Menge M zusammen mit einer Folge $(T_n)_{n \in \mathbb{N}}$ von Selbstabbildungen $T_n : M \to M$, wobei T_n das Bewegungsgesetz zum Zeitpunkt n darstellt. Für ein nichtautonomes System ist $x_{n+1} = T_n x_n$ für alle $n \in \mathbb{N}$. In der eingangs gegebenen Definition eines diskreten dynamischen Systems ist $T_n = T$ für alle n und man spricht in diesem Fall auch von einem *autonomen diskreten dynamischen System.*

Zu diskreten dynamischen Systemen siehe insbesondere die im Literaturverzeichnis angeführten Referenzen [4, 7, 12, 15, 16, 17, 21, 22, 25, 27, 29, 31, 34, 36].

Beispiele. 1. Eindimensionale Systeme

(a) Lineare Systeme: Betrachte die affin lineare Abb. $Tx = ax + b$ auf $M = \mathbb{R}$. Durch graphische Iteration kann man prüfen, ob die Folge $x_0, Tx_0, T^2 x_0, \ldots$ gegen den Fixpunkt x^* konvergiert (vgl. Abb. 1.2). Analytisch erhält man für die n-te Iterierte von T die Formel

$$T^n x = \begin{cases} a^n \left(x - \frac{b}{1-a} \right) + \frac{b}{1-a} & , a \neq 1 \\ x + nb & , a = 1 \end{cases}$$

Beweis. Für $a = 1$ ist die Behauptung trivial. Für $a \neq 1$ führen wir eine vollständige Induktion über n durch.

$n = 1$: $a \left(x - \frac{b}{1-a} \right) + \frac{b}{1-b} = ax + \frac{b-ab}{1-a} = ax + b$

$n \to n + 1$:

$$T^{n+1} x = T(T^n x) = a \left(a^n \left(x - \frac{b}{1-a} \right) + \frac{b}{1-a} \right) + b$$

$$= a^{n+1} \left(x - \frac{b}{1-a} \right) + \frac{ab}{1-a} + \frac{b(1-a)}{1-a} = a^{n+1} \left(x - \frac{b}{1-a} \right) + \frac{b}{1-a} \qquad \square$$

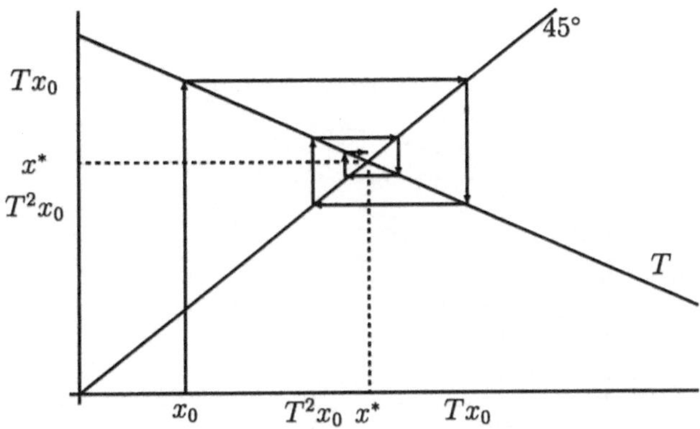

Abb. 1.2 Graphische Iteration von $Tx = ax + b$

Als Fixpunkt der Abb. T, d. h. Schnittpunkt mit der 45°-Linie, ergibt sich für $a \neq 1$

$$Tx^* = x^* \Longleftrightarrow x^* = \frac{b}{1-a};$$

ist $a = 1$ und $b \neq 0$, so existiert kein Fixpunkt; ist $a = 1$ und $b = 0$, so sind alle Punkte von $\mathbb{R}$ Fixpunkte. Das Langzeitverhalten dieses diskreten dynamischen Systems läßt sich nun unmittelbar aus obiger Formel für $T^n x$ ermitteln. Ist $|a| < 1$, so gilt $\lim_{n \to \infty} T^n x = \frac{b}{1-a}$ (vgl. Abb. 1.2). Ist $a = -1$, so fluktuieren die Iterierten $T^n x$ um den Fixpunkt $\frac{b}{2}$, ohne zu konvergieren (falls $x \neq \frac{b}{2}$). Ist $a = 1$ und $b = 0$, so sind die Iterierten $T^n x$ konstant gleich x. Ist $a = 1$ und $b \neq 0$, so strebt $T^n x$ gegen $+\infty$ oder $-\infty$, je nachdem, ob $b > 0$ oder $b < 0$ ist. Ist $a > 1$, so strebt $T^n x$ für $x > x^*$ gegen $+\infty$ und für $x < x^*$ gegen $-\infty$.

(b) Nichtlineare Systeme: Wir betrachten das nichtlineare System $Tx = a\sqrt{x} + b$ mit $a, b > 0$ auf $M = \mathbb{R}_+$. Die graphische Iteration liefert auch hier eine Konvergenz der Folge $x_0, Tx_0, T^2x_0, \dots$ gegen den Fixpunkt x^* (vgl. Abb. 1.3). Den Fixpunkt x^* erhält man sofort durch Lösen der quadratischen Gleichung $(x - b)^2 - a^2 x = 0$. Es ist

$$x^* = \left(\frac{a + \sqrt{a^2 + 4b}}{2} \right)^2.$$

Obwohl die graphische Iteration eine Konvergenz der Iterierten $T^n x$ gegen den eindeutigen Fixpunkt x^* nahelegt, ist die Situation analytisch nicht so einfach wie in Beispiel 1(a), da sich für $T^n x$ kein einfach auszuwertender geschlossener Ausdruck ergibt. Zur Beurteilung des Langzeitverhaltens kann man jedoch folgendermaßen verfahren: Man verifiziert sofort, daß $x \leq Tx$ äquivalent ist mit $x \leq x^*$. Ist daher $x_0 \leq x^*$, so folgt $x_0 \leq x_1 \leq x_2 \leq \dots \leq x^*$. Da die Folge der Iterierten $x_n = T^n x$ monoton wächst und

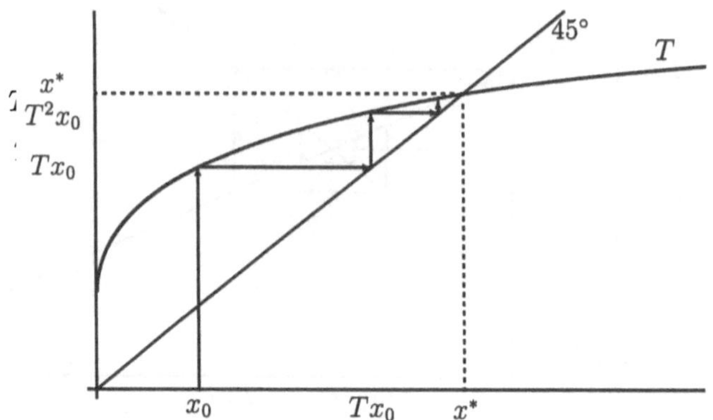

Abb. 1.3 Graphische Iteration von $Tx = a\sqrt{x} + b$

beschränkt ist, muß sie gegen einen Wert $\bar{x}$ konvergieren. Da T stetig ist, so folgt $T\bar{x} = \bar{x}$ und daher $\bar{x} = x^*$. Also gilt $\lim_{n\to\infty} T^n x = x^*$ für $x \leq x^*$. Auf analoge Weise verifiziert man die Gültigkeit der Konvergenzaussage auch für $x \geq x^*$.

(c) Nichtlineare Systeme: Die Abb. T sei jetzt durch $Tx = 4x(1 - x)$ auf $M = [0,1]$ gegeben. Die graphische Iteration liefert in diesem Fall offensichtlich keine Konvergenz der Iterierten $T^n x$ (vgl. Abb. 1.4). Man kann sofort prüfen, daß 0 und $\frac{3}{4}$ die Fixpunkte von T sind. Im Unterschied zu 1 (a) und (b) ist jedoch weder ein einfacher Ausdruck für $T^n x$ noch eine einfache Konvergenzbetrachtung möglich. In der Tat zeigt eine genaue Analyse, daß sich die Iterierten stark irregulär verhalten, wofür sich der Ausdruck *chaotisch* eingebürgert hat. (Hier sei auf die entsprechende Literatur verwiesen, z. B. auf [29, 31].)

Die graphischen Iterationen können mit Hilfe des Computerprogramms COBWEB, das am Ende dieses Kapitels abgedruckt ist, auch am eigenen Computer reproduziert werden. COBWEB ist in der Programmiersprache *Pascal* geschrieben und kann leicht auf andere Programmiersprachen portiert werden.

2. Anwendung: Wachstum einer Population

Sei P_n die Anzahl der Individuen einer Population zum Zeitpunkt $n \in \mathbb{N} = \{0, 1, 2, \ldots\}$. Ist die Wachstumsrate der Population konstant g, d. h. ist

$$\frac{P_{n+1} - P_n}{P_n} = g$$

für alle $n \in \mathbb{N}$, so ist $P_{n+1} = wP_n$ mit $w = 1 + g$ und mit $Tx = wx$ auf $M = \mathbb{R}_+$ ergibt sich ein lineares diskretes dynamisches System, wie es unter 1 (a) diskutiert wurde. Aus biologischer Sicht ist es jedoch sinnvoll, den sogenannten Populationsdruck zu berücksichtigen, demzufolge die Wachstumsrate g bzw. der Wachstumsfaktor w nicht konstant

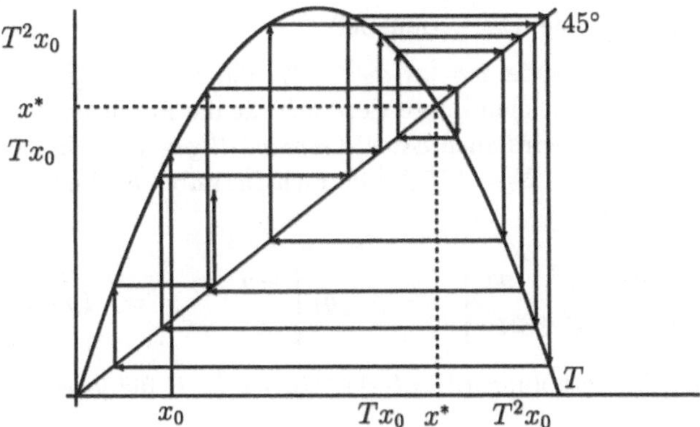

Abb. 1.4 Graphische Iteration von $Tx = 4x(1 - x)$

bleibt, sondern sich mit dem Anwachsen der Population verringert. Dieser Populationsdruck läßt sich auf verschiedene Weise modellieren. Die folgenden Ansätze führen beide auf nichtlineare Systeme, die jedoch ein grundverschiedenes Langzeitverhalten aufweisen. Im folgenden sei $P_{n+1} = w_n P_n$ die Populationsentwicklung mit variablem Wachstumsfaktor w_n.

(a) Sei $w_n = a\left(1 - \frac{P_n}{P}\right) \geq 0$, wobei P die maximale Populationsgröße mit $P \geq P_n$ für alle n und $a > 0$ eine populationsspezifische Konstante ist. Dann ist

$$P_{n+1} = aP_n\left(1 - \frac{P_n}{P}\right)$$

und mit $x_n = \frac{P_n}{P}$ gilt

$$x_{n+1} = ax_n(1 - x_n).$$

Für $a \leq 4$, $M = [0,1]$ und $Tx = ax(1 - x)$ – die sogenannte *logistische Funktion* – ergibt sich ein diskretes dynamisches System wie unter 1 (c), das für gewisse Werte des Parameters a chaotisches Verhalten aufweist, z. B. für $a = 4$.

(b) Sei $w_n = \frac{P}{b + P_n}$, wobei wieder P die maximale Populationsgröße und $b > 0$ eine Konstante ist. Dann ist

$$P_{n+1} = P_n \cdot \frac{P}{b + P_n}$$

und mit $x_n = \frac{P_n}{P}$, $c = \frac{b}{P}$

$$x_{n+1} = x_n \cdot \frac{1}{c + x_n}.$$

Für $M = \mathbb{R}_+$, $Tx = \frac{x}{x+c}$ ergibt sich ein diskretes dynamisches System, das ein konvergentes Langzeitverhalten wie in Beispiel 1.(b) aufweist.

3. Zweidimensionale Systeme: Ein Lernmodell

Sei $M = \mathbb{R}^2$ und $Tx = Ax$, wobei $x = [x_1, x_2]^T \in \mathbb{R}^2$ und $A = \begin{bmatrix} 1-p & p \\ q & 1-q \end{bmatrix}$ mit $0 \le p, q \le 1$. Es gilt also $T^n x = A^n x$, d. h. man interessiert sich für die Potenzen der Matrix A. Der Spezialfall $p = 0, 0 < q < 1$ wird auch *Estes' Lernmodell* genannt. Um A^n zu berechnen, kann man die Matrix $B = A - E_2 = \begin{bmatrix} -p & p \\ q & -q \end{bmatrix}$ betrachten, wobei E_2 die 2×2-Einheitsmatrix ist. Für diese Matrix gilt

$$B^2 = \begin{bmatrix} p^2 + pq & -p^2 - pq \\ -q^2 - pq & q^2 + pq \end{bmatrix} = -(p+q) \begin{bmatrix} -p & p \\ q & -q \end{bmatrix} = -(p+q)B$$

Daraus folgt durch Wiederholung $B^i = (-1)^{i-1}(p+q)^{i-1}B$ für jedes $i \ge 1$. Damit gilt für $p + q > 0$

$$\begin{aligned}
A^n &= (E_2 + B)^n = \sum_{i=0}^{n} \binom{n}{i} B^i = E_2 + \left(\sum_{i=1}^{n} \binom{n}{i}(-1)^{i-1}(p+q)^{i-1} \right) \cdot B \\
&= E_2 + \frac{-1}{p+q}\left((1-(p+q))^n - 1\right) \cdot B \\
&= E_2 - \frac{(1-(p+q))^n - 1}{p+q} \cdot B.
\end{aligned}$$

Falls $p = q = 0$, dann gilt $A = E_2$. Für den Spezialfall $p = q = 1$ gilt

$$A^n = \begin{cases} E_2 & \text{falls } n \text{ gerade}; \\ B + E_2 \,(= A) & \text{falls } n \text{ ungerade}. \end{cases}$$

Für das Langzeitverhalten gilt in diesem Fall, daß der Grenzwert $\lim_{n \to \infty} A^n x_0$ genau dann existiert, wenn $x_0 = [r, r]^T$ mit $r \in \mathbb{R}$ ist. Für das Langzeitverhalten der Iterierten im Fall $0 < p + q < 2$ gilt

$$\lim_{n \to \infty} A^n = E_2 + \frac{1}{p+q} \cdot B = \frac{1}{p+q} \cdot \begin{bmatrix} q & p \\ q & p \end{bmatrix}.$$

Für Estes' Lernmodell erhält man damit $\lim_{n \to \infty} A^n = \begin{bmatrix} 1 & 0 \\ 1 & 0 \end{bmatrix}$. Dieses sehr einfache Lernmodell beschreibt das Lernen eines Sachverhaltes unter den Annahmen, daß dieser mit Wahrscheinlichkeit q gelernt wird und, wenn einmal gelernt, nicht mehr vergessen wird (siehe auch [25]).

4. Anwendung: Konsensfindung einer Expertenrunde

Mehrere Experten sollen eine Größe schätzen, z. B. die Weltbevölkerung im Jahr 2000. Da sie unterschiedliche Methoden anwenden, werden die Experten im allgemeinen zu unterschiedlichen Schätzungen gelangen. Wenn das Expertengremium eine gemeinsame Schätzung abgeben soll, z. B. gegenüber der UNESCO, stellt sich die Frage, wie die Experten einen Konsens erreichen können. Nach Kenntnis der Schätzungen der anderen Experten wird ein Experte eventuell sein Ergebnis revidieren, je nachdem, welches

Gewicht er den anderen Experten zumißt. Die gegenseitige Mitteilung der revidierten Schätzungen stellt eine neue Information für die Experten dar und könnte zu erneuten Revisionen führen. Auf diese Weise ergibt sich möglicherweise ein fortgesetzter Revisionsprozeß und es stellt sich die Frage, ob dieser Prozeß zu einer gemeinsamen Schätzung, einem Konsens, führt.

Sei m die Anzahl der Experten und sei x_i die Schätzung des Experten i zu einem gewissen Zeitpunkt, $1 \leq i \leq m$. Sei $a_{ij} \geq 0$ das Gewicht, das der Experte i dem Experten j zumißt. Es ist dann $\sum_{j=1}^{m} a_{ij} = 1$ für alle $1 \leq i \leq m$. Bezeichnet x_i' die Schätzung des Experten i zum nächsten Zeitpunkt, so ist

$$x_i' = a_{i1}x_1 + a_{i2}x_2 + \ldots + a_{im}x_m.$$

Bezeichnet x den Spaltenvektor aus den x_i, x' den Spaltenvektor aus den x_i' und A die Matrix der Gewichte a_{ij}, so können wir kurz schreiben $x' = Ax$. Mit anderen Worten, dieser Konsensfindungsprozeß führt auf ein diskretes dynamisches System mit $M = \mathbb{R}_+^m := \{x \in \mathbb{R}^m \,|\, x_i \geq 0, 1 \leq i \leq m\}$ und $T : M \to M$ gegeben durch Matrixmultiplikation $Tx = Ax$. Dieses Modell stellt eine Verallgemeinerung des Modells von Beispiel 3 dar, wobei jetzt noch der Zustandsraum sinnvollerweise auf nichtnegative Vektoren beschränkt ist. Estes' Lernmodell entspricht der Situation zweier Experten, wo der erste Experte sich selbst das Gewicht 1 und dem anderen Experten kein Gewicht zumißt, und wo der zweite Experte sich selbst das Gewicht $1 - q$ und dem anderen Experten das Gewicht q gibt. Aus dem entsprechenden Ergebnis von Beispiel 3 folgt, daß sich in diesem Fall die Anfangsschätzung des ersten Experten schließlich als Konsens durchsetzt. Es läßt sich allgemein zeigen, daß unter gewissen Bedingungen an die Gewichte, der Konsensfindungsprozeß tatsächlich auf einen Konsens zusteuert.

Realistischer als die Annahme unveränderlicher Gewichte a_{ij} ist es, zu berücksichtigen, daß die Gewichte von den jeweiligen Schätzungen abhängen könnten wie in der folgenden Situation. Nehmen wir an, daß ein Experte i nur solchen Experten ein positives Gewicht gibt, deren Schätzungen von seiner eigenen Schätzung um nicht mehr als eine gewisse positive Vertrauensschranke ε_i abweichen. Es ist dann $I(i, x) = \{1 \leq j \leq m \,|\, |x_i - x_j| \leq \varepsilon_i\}$ die Menge der Experten, die Experte i bei einem Schätzungsprofil $(x_1, x_2, \ldots, x_m)$ berücksichtigt. Nehmen wir der Einfachheit halber an, daß alle diese Experten mit gleichem Gewicht von i berücksichtigt werden, so erhalten wir für die Gewichte

$$a_{ij}(x) = \begin{cases} \frac{1}{|I(i,x)|} & \text{für } j \in I(i, x) \\ 0 & \text{für } j \notin I(i, x). \end{cases}$$

Dabei bezeichnet $|I|$ die Anzahl der Elemente in einer endlichen Menge I. Wir erhalten so für Konsensfindung mit Vertrauensschranken das diskrete dynamische System

$$x(n+1) = Tx(n) \text{ mit } T : \mathbb{R}_+^m \to \mathbb{R}_+^m, \quad (Tx)_i = \sum_{j=1}^{m} a_{ij}(x)x_j,$$

wobei $x(n)$ den Vektor der Expertenschätzungen zum Zeitpunkt n bezeichnet. Es ist nicht leicht, das asymptotische Verhalten dieses mehrdimensionalen und nichtlinearen Systems zu beurteilen (vgl. Aufgabe 5).

5. Anwendung: Gleichgewichtiges Wachstum einer Volkswirtschaft

Für eine Volkswirtschaft läßt sich die Güterproduktion als Transformation von Inputs in Outputs auffassen. Indiziere $\{1, 2, \ldots, n\}$ die Menge der betrachteten Güter, sei $x = (x_1, \ldots, x_n)$ ein Inputvektor, der durch die Produktion in den Outputvektor $y = (y_1, \ldots, y_n)$ mit $y = Tx$ transformiert wird. Dabei bezeichnet x_i den Input von Gut i und y_i den durch den Produktionsprozeß erzielten Output von Gut i. In diesem *economic sausage grinder*-Modell wird die Güterproduktion beschrieben durch ein diskretes dynamisches System $M = \mathbb{R}^n_+$ und $T : M \to M$. Sei zunächst T linear, d. h. $Tx = A \cdot x$ mit einer Matrix A, deren Elemente a_{ij} nichtnegativ sind. In diesem System, das schon bei der Konsensbildung in Beispiel 4 eine Rolle spielte, ist eine Konvergenz der Iterierten im allgemeinen nicht zu erwarten. Unter gewissen Voraussetzungen (z. B. $a_{ij} > 0$ für alle i, j) ergibt sich jedoch eine Konvergenz gegen einen gleichgewichtigen Wachstumspfad: Es existiert ein Inputvektor x^*, für den alle Güter mit der gleichen Rate g wachsen, d. h.

$$\frac{y_i^* - x_i^*}{x_i^*} = g$$

für $i = 1, \ldots, n$ und $y^* = Tx^*$. Dies ist äquivalent mit dem Eigenwertproblem

$$Tx^* = \lambda x^*, \ \lambda = 1 + g.$$

Im Falle eines Nullwachstums, d. h. für $g = 0$, ist x^* ein Fixpunkt. Eine genauere Analyse des Langzeitverhaltens ergibt

$$\lim_{n \to \infty} \frac{1}{\lambda^n} T^n x = c(x) x^*$$

für alle $x \in \mathbb{R}^n_+ \setminus \{0\}$, wobei $c(x)$ eine von x abhängige positive Zahl ist. Sei beispielsweise $n = 2$ und

$$A = \begin{bmatrix} 2 & 3 \\ 3 & 2 \end{bmatrix}.$$

Der positive Eigenwert λ ist eindeutig bestimmt als $\lambda = 5$ und $x^* = (\frac{1}{2}, \frac{1}{2})$ ist eindeutig bis auf einen positiven skalaren Faktor. In der Formel für das Langzeitverhalten ist $c(x) = x_1 + x_2$.

Aus ökonomischen Gründen ist ein lineares Modell jedoch nur begrenzt sinnvoll. Während im linearen Modell $\partial y_i / \partial x_j = a_{ij}$ ist und daher ein zusätzlicher Input einer Einheit des Gutes j stets einen zusätzlichen Output von a_{ij} Einheiten des Gutes i liefert, ist es oft realistischer anzunehmen, daß $\partial y_i / \partial x_j$ mit wachsendem Input kleiner wird (sogenannte abnehmende Skalenerträge). In der Theorie sogenannter *positiver diskreter dynamischer Systeme* wird gezeigt, daß auch für solche nichtlinearen Transformationen das oben diskutierte Langzeitverhalten noch gültig sein kann (vgl. Kapitel 6).

6. Diskreter Zustandsraum: Das $(3x + 1)$-Problem aus der Zahlentheorie

Sei $M = \mathbb{N}\backslash\{0\} := \{1, 2, 3, \dots\}$ und

$$
Tx = \begin{cases} \frac{1}{2}x & x \text{ gerade} \\ \frac{1}{2}(3x + 1) & x \text{ ungerade} \end{cases} , \quad x \in M.
$$

In diesem diskreten dynamischen System ist neben der Zeit auch der Zustandsraum diskret. Die interessierende Frage für dieses Systems lautet, wie sich $T^n x$ für $n \to \infty$ verhält? Für den Startpunkt $x_0 = 1$ erhält man die Folge $x_1 = 2$, $x_2 = 1$, $x_3 = 2, \dots$, d. h. einen Zyklus $\{1, 2\}$. Für den Startwert $x_0 = 7$ erhält man die Folge $x_1 = 11, x_2 = 17, x_3 = 26, x_4 = 13, x_5 = 20, x_6 = 10, x_7 = 5, x_8 = 8, x_9 = 4, x_{10} = 2, x_{11} = 1, \dots$, d. h. auch hier ergibt sich der Zyklus $\{1, 2\}$. Die Vermutung bei Untersuchung weiterer Anfangswerte ist, daß zu jedem $x_0 \in M$ ein $n \in \mathbb{N}$ existiert mit $T^n x_0 = 1$, d. h. das diskrete dynamische System konvergiert gegen den Zyklus $\{1, 2\}$ in endlicher Zeit für jeden Startpunkt x_0. Diese Vermutung ist bis heute weder bewiesen noch widerlegt.

$$\diamond$$

Referenzen

- Zum biologischen Hintergrund des Populationsmodells in Beispiel 2 siehe Pielou, E.C.: *An Introduction to Mathematical Ecology*. Wiley Interscience, New York, 1969.

- Zur Konsensbildung von Experten (Beispiel 4) siehe für die lineare Situation Chatterjee, S., Seneta, E.: *Towards consens: Some convergence theorems on repeated averaging*. J. Appl. Prob. 14 (1977), S.89-97; für die nichtlineare Situation siehe Krause, U.: *A discrete nonlinear and non-autonomous model of consensus formation*. In Elaydi, S. et.al. (Hrsg.): Proceedings of the 4th International Conference on Difference Equations and Applications, August 27–31, 1998, Poznan, Polen.

- Zum wirtschaftlichen Hintergrund des Wachstumsmodells in Beispiel 5 siehe Nikaido, H.: *Convex Structures and Economic Theory*. Academic Press, New York, 1968.

- Zum $3x+1$-Problem aus der Zahlentheorie (Beispiel 6) siehe Lagarias, J.C.: *The $3x+1$ problem and its generalizations*. Amer. Math. Monthly 92 (1985), S. 3-21.

- Eine Einführung in die Problematik mathematischer Modellierung findet der Leser in [21].

1.2 Differenzengleichungen

Im folgenden bezeichne $\mathbb{K}$ den Körper $\mathbb{C}$ der komplexen Zahlen oder den Körper $\mathbb{R}$ der reellen Zahlen. Es sei wieder $\mathbb{N} = \{0, 1, 2, 3, \dots\}$. Unter einer *Differenzengleichung* versteht man eine Gleichung der Gestalt

$$f(t, x(t), x(t + 1), \dots, x(t + n)) = 0 \text{ gültig für alle } t \in \mathbb{N}. \tag{1.1}$$

Dabei ist für eine feste Teilmenge $D \subset \mathbb{K}$ f eine Abb. $f : \mathbb{N} \times D^{n+1} \to \mathbb{K}$ und $t \mapsto x(t)$ eine Abbildung von $\mathbb{N}$ in D. Eine Differenzengleichung (1.1) heißt *autonom*, falls t nicht explizit als Argument enthalten ist. Die Zahl n heißt *Ordnung (Grad)* von (1.1). Der Operator $\Delta : \mathbb{K}^{\mathbb{N}} \to \mathbb{K}^{\mathbb{N}}$, definiert durch

$$\Delta x(t) := x(t+1) - x(t),$$

heißt *Differenzen-(Vorwärts-)Operator* mit den Iterierten

$$\Delta^0 x(t) := x(t), \quad \Delta^m x(t) := \Delta(\Delta^{m-1} x(t)), \, m > 1.$$

Beispielsweise gilt $\Delta^2 x(t) = \Delta(\Delta x(t)) = \Delta(x(t+1) - x(t)) = x(t+2) - 2x(t+1) + x(t)$. Damit hat man für (1.1) eine Darstellung

$$g(t, x(t), \Delta x(t), \dots, \Delta^n x(t)) = 0 \text{ für alle } t \in \mathbb{N}, \tag{1.2}$$

und damit eine formale Ähnlichkeit mit Differentialgleichungen

$$g(t, x(t), x'(t), \dots, x^{(n)}(t)) = 0 \text{ für alle } t \in \mathbb{R}.$$

Falls (1.1) bzw. (1.2) sich nach $x(t+n)$ bzw. $\Delta^n x(t)$ auflösen läßt, erhält man folgende *Normalgestalt* einer Differenzengleichung

$$x(t+n) = \tilde{f}(t, x(t), \dots, x(t+n-1))$$

mit $\tilde{f} : \mathbb{N} \times D^n \to D$ bzw.

$$\Delta^n x(t) = \tilde{g}(t, x(t), \dots, \Delta^{n-1} x(t))$$

Eine Abb. $t \mapsto x(t)$, die (1.1) erfüllt, heißt eine *Lösung* von (1.1). Zu Differenzengleichungen siehe insbesondere die im Literaturverzeichnis angeführten Referenzen [1, 10, 13, 14, 19, 20, 23, 28, 30, 35].

Beispiele. 1. Ein diskretes dynamisches System (M, T)

Für $x_{n+1} = Tx_n$, $n \in \mathbb{N}$, schreibt man auch $x(t+1) = Tx(t)$, $t \in \mathbb{N}$. Damit liefert (M, T) für $M \subset \mathbb{R}$ eine Differenzengleichung erster Ordnung, denn es gilt

$$Tx(t) - x(t+1) = 0$$

für alle $t \in \mathbb{N}$ und f ist gegeben durch $f : \mathbb{N} \times M^2 \to \mathbb{R}$ mit $f(t, x_1, x_2) = Tx_1 - x_2$. Die Form (1.2) erhält man aus

$$0 = Tx(t) - x(t+1) = Tx(t) - x(t) - \Delta x(t),$$

wobei $g(t, x_1, x_2) = Tx_1 - x_1 - x_2$. Beide Fälle lassen sich in Normalgestalt bringen mit $\tilde{f}(t, x) = Tx$ bzw. $\tilde{g}(t, x) = Tx - x$ für $x \in M$. Damit sind alle eindimensionalen Beispiele aus Abschnitt 1.1 auch Beispiele für Differenzengleichungen!

2. Fibonacci-Zahlen

Sei $x(t+2) = x(t+1) + x(t)$ für $t \in \mathbb{N}$ eine Differenzengleichung zweiter Ordnung in Normalgestalt. Wir wollen die Lösungen $x : t \mapsto x(t)$ dieser Differenzengleichung ermitteln. Als Ansatz setzen wir $x(t) = a^t$ mit $a \neq 0$ (der Fall $a = 0$ ist trivial). Dann gilt $a^{t+2} = a^{t+1} + a^t$ für alle $t \in \mathbb{N}$ genau dann, wenn $a^2 = a+1$. Daraus folgt $a_{1,2} = \frac{1 \pm \sqrt{5}}{2}$. Also gibt es zwei Lösungen a_1^t und a_2^t. Mit $c_1, c_2 \in \mathbb{R}$ ist dann

$$x(t) = c_1 a_1^t + c_2 a_2^t$$

jedenfalls eine Lösung. Daß hiermit bereits alle Lösungen gefunden sind, wird in Kapitel 2 gezeigt. Die Koeffizienten c_1, c_2 lassen sich vermöge von Anfangswerten bestimmen. Sei beispielsweise $x(0) = x(1) = 1$. Daraus folgt für die Konstanten c_1 und c_2

$$x(0) = 1 = c_1 + c_2 \quad \text{und}$$
$$x(1) = 1 = c_1 a_1 + c_2 a_2$$

und daraus wegen $a_{1,2} = \frac{1 \pm \sqrt{5}}{2}$

$$c_1 = \frac{a_2 - 1}{a_2 - a_1} = \frac{-\sqrt{5} - 1}{-2\sqrt{5}} \quad \text{und}$$
$$c_2 = \frac{a_1 - 1}{a_1 - a_2} = \frac{\sqrt{5} - 1}{2\sqrt{5}}.$$

Somit erhält man die eindeutige Lösung

$$x(t) = \frac{1 + \sqrt{5}}{2\sqrt{5}} \cdot \left(\frac{1 + \sqrt{5}}{2}\right)^t + \frac{\sqrt{5} - 1}{2\sqrt{5}} \cdot \left(\frac{1 - \sqrt{5}}{2}\right)^t$$
$$= \frac{1}{\sqrt{5}} \cdot \left(\left(\frac{1 + \sqrt{5}}{2}\right)^{t+1} - \left(\frac{1 - \sqrt{5}}{2}\right)^{t+1}\right),$$

wobei $x(t)$ stets eine natürliche Zahl ist! Die Zahlen $x(t) \in \mathbb{N}$, also $1, 1, 2, 3, 5, 8, \ldots$, sind die berühmten *Fibonacci-Zahlen*; die Formel für $x(t)$ heißt *Binetsche Formel*.

3. Rekurrente (rekursive) Folgen

Sei $h : \mathbb{R}^k \to \mathbb{R}$, $k \geq 1$ und $a_0, a_1, \ldots, a_{k-1} \in \mathbb{R}$. Definiere die rekursive Folge $(u_n)_{n \in \mathbb{N}}$ durch $u_i := a_i$ für alle $i \in \{0, 1, \ldots, k-1\}$ und

$$u_{i+k} := h(u_i, u_{i+1}, \ldots, u_{i+k-1}) \tag{1.3}$$

für alle $i \geq 0$. Dann ist durch (1.3) eine Differenzengleichung k-ter Ordnung definiert. Der Spezialfall $k = 2$, $h : \mathbb{R}^2 \to \mathbb{R}$ mit $h(x_1, x_2) = x_1 + x_2$ und $a_0 = a_1 = 1$ liefert die Fibonacci-Zahlen aus Beispiel 2.

4. Gamma-Funktion

Für komplexe Zahlen $z \in \mathbb{C}$ mit Realteil $\mathrm{Re}\, z > 0$ ist die Gamma-Funktion definiert durch

$$\Gamma(z) = \int_0^\infty e^{-t} t^{z-1}\, dt.$$

Für die Gammafunktion gilt

$$\Gamma(z+1) = \int_0^\infty e^{-t} t^z\, dt = -e^{-t} t^z \Big|_0^\infty - \int_0^\infty -e^{-t} z t^{z-1}\, dt$$
$$= z \cdot \int_0^\infty e^{-t} t^{z-1}\, dt = z\Gamma(z).$$

Also gilt die Rekursion $\Gamma(z+1) = z\Gamma(z)$, wobei z nicht unbedingt diskret ist. Die Gammafunktion kann daher für $z = t \in \mathbb{N}$ als eine nichtautonome Differenzengleichung erster Ordnung aufgefaßt werden. Es folgt für $n \in \mathbb{N}$

$$\Gamma(n) = (n-1)\Gamma(n-1) = (n-1)(n-2)\Gamma(n-2) = \ldots =$$
$$= (n-1)!\,\Gamma(1) = (n-1)!,$$

da $\Gamma(1) = \int_0^\infty e^{-t}\, dt = 1$.

5. Fibonacci-Zahlen (2)

Die Differenzengleichung zur Erzeugung der Fibonacci-Zahlen aus Beispiel 2 läßt sich als ein diskretes dynamisches System darstellen. Sei also wieder

$$x(t+2) = x(t+1) + x(t) \tag{1.4}$$

für alle $t \in \mathbb{N}$ und sei $x(0) = x(1) = 1$. Setze nun $y_1(t) = x(t)$ und $y_2(t) = x(t+1)$. Dann gilt

$$y_1(t+1) = x(t+1) = y_2(t) \quad \text{und}$$
$$y_2(t+1) = x(t+2) = x(t+1) + x(t) = y_1(t) + y_2(t).$$

Für $y(t) = [y_1(t), y_2(t)]^T$ gilt daher

$$y(t+1) = \begin{bmatrix} 0 & 1 \\ 1 & 1 \end{bmatrix} y(t)$$

für alle $t \in \mathbb{N}$. Also ist die Differenzengleichung zweiter Ordnung (1.4) dargestellt als ein diskretes dynamisches System mit einem zweidimensionalen Zustandsraum $M = \mathbb{R}^2$ und $Ty = \left[\begin{smallmatrix} 0 & 1 \\ 1 & 1 \end{smallmatrix}\right] y$. Für die Lösung mit den Anfangsbedingungen $x(0) = x(1) = 1$ gilt

$$y(t) = \begin{bmatrix} 0 & 1 \\ 1 & 1 \end{bmatrix}^t y(0) \quad \text{mit} \quad y(0) = \begin{bmatrix} y_1(0) \\ y_2(0) \end{bmatrix} = \begin{bmatrix} x(0) \\ x(1) \end{bmatrix} = \begin{bmatrix} 1 \\ 1 \end{bmatrix}.$$

Nun gilt für alle $t \geq 2$ die Behauptung

$$\begin{bmatrix} 0 & 1 \\ 1 & 1 \end{bmatrix}^{t} = \begin{bmatrix} u_{t-2} & u_{t-1} \\ u_{t-1} & u_t \end{bmatrix},$$

wobei die u_t für $t \in \mathbb{N}$ die Fibonacci-Zahlen sind. Wir zeigen diese Behauptung durch vollständige Induktion über t. Für $t = 2$ gilt

$$\begin{bmatrix} 0 & 1 \\ 1 & 1 \end{bmatrix}^{2} = \begin{bmatrix} 1 & 1 \\ 1 & 2 \end{bmatrix} = \begin{bmatrix} u_0 & u_1 \\ u_1 & u_2 \end{bmatrix}.$$

Für $t \to t+1$ gilt

$$\begin{bmatrix} 0 & 1 \\ 1 & 1 \end{bmatrix}^{t+1} = \begin{bmatrix} 0 & 1 \\ 1 & 1 \end{bmatrix}^{t} \cdot \begin{bmatrix} 0 & 1 \\ 1 & 1 \end{bmatrix} = \begin{bmatrix} u_{t-2} & u_{t-1} \\ u_{t-1} & u_t \end{bmatrix} \cdot \begin{bmatrix} 0 & 1 \\ 1 & 1 \end{bmatrix}$$

$$= \begin{bmatrix} u_{t-1} & u_{t-2} + u_{t-1} \\ u_t & u_{t-1} + u_t \end{bmatrix} = \begin{bmatrix} u_{t-1} & u_t \\ u_t & u_{t+1} \end{bmatrix}.$$

$\Diamond$

1.3　Zum Verhältnis von diskreten dynamischen Systemen und Differenzengleichungen

Ähnlich wie in Beispiel 5 von Kapitel 1.2 läßt sich jede Differenzengleichung in Normalgestalt als ein diskretes dynamisches System darstellen. Sei

$$x(t + n) = f(t, x(t), x(t+1), \ldots, x(t+n-1))$$

für alle $t \in \mathbb{N}$ mit $f : \mathbb{N} \times D^n \to D$. Setze

$$y_1(t) = x(t)$$
$$y_2(t) = x(t+1)$$
$$\vdots$$
$$y_{n-1}(t) = x(t+n-2)$$
$$y_n(t) = x(t+n-1).$$

Die Differenzengleichung lautet dann $y_n(t+1) = f(t, y_1(t), y_2(t), \ldots, y_n(t))$ und die Setzungen sind äquivalent zu

$$y_1(t+1) = y_2(t)$$
$$y_2(t+1) = y_3(t)$$

$$\vdots$$

$$y_{n-1}(t+1) = y_n(t).$$

Mit $y(t) = [y_1(t), \dots, y_n(t)]^T$ und $T_t : D^n \longrightarrow D^n$, $T_t y = [y_2, \dots, y_n, f(t,y)]^T$ für $y = [y_1, \dots, y_n]^T$ ergibt sich das nichtautonome diskrete dynamische System

$$y(t+1) = T_t y(t)$$

mit Zustandsraum $M = D^n \subset \mathbb{K}^n$. Hat die Differenzengleichung die Ordnung n, so ist der Zustandsraum des resultierenden diskreten dynamischen Systems n-dimensional. Ist die gegebene Differenzengleichung autonom, so auch das resultierende diskrete dynamische System. Obiger Sachverhalt läßt sich auch so ausdrücken, daß die gegebene Differenzengleichung n-ter Ordnung äquivalent ist zu einem System von n Differenzengleichungen erster Ordnung. Ist die gegebene Differenzengleichung linear, so auch das resultierende diskrete dynamische System. Dabei versteht man unter einer (affin) *linearen Differenzengleichung n-ter Ordnung* eine Gleichung der Form

$$\sum_{i=0}^{n} a_i(t) x(t+i) = b_n(t) \text{ für alle } t \in \mathbb{N}. \tag{1.5}$$

Gilt $a_n(t) \neq 0$ für alle t, so ist $x(t+n) = f(t, x(t), \dots, x(t+n-1))$ mit

$$f(t,y) = -\frac{1}{a_n(t)} \sum_{i=0}^{n-1} a_i(t) y_{i+1} + \frac{b_n(t)}{a_n(t)}$$

die Normalgestalt von (1.5). Das resultierende (affin) lineare diskrete dynamische System ist $y(t+1) = A(t) y(t) + b(t)$ für alle $t \in \mathbb{N}$ mit

$$A(t) = \begin{bmatrix} 0 & 1 & & & 0 \\ 0 & 0 & 1 & & \\ \vdots & \vdots & \ddots & \ddots & \\ 0 & 0 & \cdots & 0 & 1 \\ -\frac{a_0(t)}{a_n(t)} & -\frac{a_1(t)}{a_n(t)} & \cdots & \cdots & -\frac{a_{n-1}(t)}{a_n(t)} \end{bmatrix}, \qquad b(t) = \begin{bmatrix} 0 \\ 0 \\ \vdots \\ 0 \\ \frac{b_n(t)}{a_n(t)} \end{bmatrix}.$$

Ist $a_n(t) = 0$ für gewisse t, so ist eine Darstellung als diskretes dynamisches System im allgemeinen nicht möglich, wie z. B. bei $tx(t+2) - x(t) = 0$. Es ist im allgemeinen auch nicht möglich, ein diskretes dynamisches System als eine Differenzengleichung höherer Ordnung darzustellen. Z. B. wird durch

$$y_1(t+1) = y_1(t) + t y_2(t)$$
$$y_2(t+1) = (t-1) y_1(t) + y_2(t)$$

für $t \in \mathbb{N}$ ein nichtautonomes lineares diskretes dynamisches System gegeben, in dem weder $y_1(t)$ noch $y_2(t)$ für alle t eliminierbar ist.

Aufgaben

1. Durch $Tx = a\sqrt{x} + b$ mit $a > 0$, $b > 0$ und $x_0 \geq 0$ wird ein nichtlineares System definiert (vgl. Beispiel 1b, S.13).

   (a) Führen Sie die auf S.13f skizzierten Überlegungen im Detail durch.

   (b) Erstellen Sie in einer Programmiersprache Ihrer Wahl ein Programm zur Berechnung der Iterierten von T.
   Hinweis: Eine Lösung ist das Programm COBWEB, das am Endes dieses Kapitels abgedruckt ist.

   (c) Überzeugen Sie sich mit Hilfe Ihres Programms, daß für $a = 1$, $b = 2$ und unterschiedlichen Werten von $x_0 \geq 0$ stets $\lim_{n \to \infty} T^n x_0 = 4$ gilt.

2. Zeigen Sie für das Populationsmodell

$$x_{n+1} = \frac{x_n}{c + x_n}$$

   mit $c \geq 0$, $x_0 > 0$ (vgl. Beispiel 2b, S.15) folgende Aussagen

   (a) Es gibt genau dann einen positiven Gleichgewichtspunkt x^*, wenn $c < 1$ ist.

   (b) Ist $c < 1$, so gilt $\lim_{n \to \infty} x_n = 1 - c$ für alle $x_0 > 0$.

3. Betrachten Sie folgende Variante des $3x + 1$-Problems der Zahlentheorie (vgl. Beispiel 6, S.19):

$$M = \mathbb{N} \backslash \{0\}, \qquad \begin{cases} \frac{1}{2}x, & x \text{ gerade} \\ x + 1, & x \text{ ungerade.} \end{cases}$$

   Zeigen Sie, daß es für $x_n = T^n x$ zu jedem $x \in M$ ein $n \in \mathbb{N}$ gibt, so daß $x_n \in \{0, 1\}$.

4. Sei durch

$$P_{n+1} = \frac{5P_n}{(1 + P_n)^2}, \qquad P_0 > 0$$

   ein nichtlineares Populationsmodell gegeben.

   (a) Ermitteln Sie die positiven Gleichgewichtspopulationen P^*.

   (b) Erstellen Sie in einer Programmiersprache Ihrer Wahl ein Programm, das Ihnen für jedes $P_0 > 0$ und jedes $n \in \mathbb{N}$ die Populationsgröße P_n angibt.

   (c) Überzeugen Sie sich mit Hilfe Ihres Programms, daß $\lim_{n \to} P_n = P^*$ für alle $P_0 > 0$ gilt.

   (d) Versuchen Sie, Aussage (c) analytisch zu begründen.

5. Beweisen Sie für das Modell der Konsensfindung mit Vertrauensschranken (vgl. Beispiel 4, S.16) die folgenden Aussagen für den Fall von zwei Experten ($m = 2$):

   (a) Es ergibt sich genau dann ein Konsens, wenn für die Anfangsschätzung $x = (x_1, x_2)$ gilt, daß $|x_1 - x_2| \leq \max\{\varepsilon_1, \varepsilon_2\}$.

   (b) Falls sich ein Konsens ergibt, wird er nach endlich vielen Schritten erreicht. Dabei ist die Anzahl der Schritte die kleinste natürliche Zahl oberhalb der Zahl

$$\log_2 \frac{|x_1 - x_2|}{\min\{\varepsilon_1, \varepsilon_2\}}.$$

Programm 1: COBWEB

```pascal
program cobweb;

uses crt,graph;

const bgipath='c:\dos-pr~1\bp\bgi';    { Verzeichnis der BGI-Dateien }
      u0=0.2;                          { Startwert u(0) }
      xmin=0.0;        xmax=1.0;       { zu zeichnendes Intervall }
      tmax=100;                        { Anzahl der Iterationsschritte }

var u, ystep, xstep                    : extended;
    tempstr                            : string;
    t                                  : Longint;
    Gd, Gm                             : Integer;
    Color                              : Word;
    maxy, maxx, y0, y1, x0, x1         : Integer;

{ Funktionsvorschrift }
function f(u: extended): extended;
  begin
    f:=4*u*(1-u)
  end;

begin

  { Initialisierung des Grafiktreibers }
  Gd := Detect;
  InitGraph(Gd, Gm, bgipath);
  if GraphResult <> grOk then
    Halt(1);
  Color := GetmaxColor;

  { Festlegung der Koordinaten und Schrittweiten fr die Zeichung }
  maxx:= GetmaxX;              maxy:= GetmaxY;
  x0:=Trunc(0.1*maxx);         x1:=Trunc(0.95*maxx);
  y0:=Trunc(0.9*maxy);         y1:=Trunc(0.05*maxy);
  xstep:=(x1-x0)/(xmax-xmin);  ystep:=(y1-y0)/(xmax-xmin);
```

```
{ Zeichnen des Koordinatensystems }
Setcolor(Color);
line(Trunc(0.05*maxx),y0,x1,y0);
line(x0,Trunc(0.95*maxy),x0,y1);
Outtextxy(Trunc(0.01*maxx), Trunc((y1+y0)/2.5), 'u(t+1)');
SetTextJustify(RightText, TopText);
Str(xmax:3:2, tempstr);
Outtextxy(Trunc(0.09*maxx), y1, tempstr);
SetTextJustify(RightText, CenterText);
Str((xmax+xmin)/2:3:2, tempstr);
Outtextxy(Trunc(0.09*maxx), Trunc((y0+y1)/2), tempstr);
SetTextJustify(RightText, BottomText);
Str(xmin:3:2, tempstr);
Outtextxy(Trunc(0.09*maxx), Trunc(0.89*maxy), tempstr);
SetTextJustify(CenterText, CenterText);
Str((xmax+xmin)/2:3:2, tempstr);
Outtextxy(Trunc((x0+x1)/2), Trunc(0.95*maxy), tempstr);
SetTextJustify(CenterText, BottomText);
Outtextxy(Trunc((x0+x1)/2), Trunc(0.99*maxy), 'u(t)');
SetTextJustify(RightText, CenterText);
Str(xmax:3:2, tempstr);
Outtextxy(x1, Trunc(0.95*maxy), tempstr);
SetTextJustify(LeftText, CenterText);
Str(xmin:3:2, tempstr);
Outtextxy(x0+Trunc(0.01*maxx), Trunc(0.95*maxy), tempstr);

{ Zeichnen der 45-Grad-Linie und der Funktionskurve }
Line(x0,y0+Trunc(xmin*ystep),x1,y0+Trunc(xmax*ystep));
u:=xmin;
For t:=0 to 4*(x1-x0) do
  begin
    PutPixel(x0+Trunc(t/4), y0+Trunc(f(u)*ystep), color-2);
    u:=u+1/(4*xstep);
  end;

{ Zeichnen der Iterationen }
Setcolor(Color-1);
u:=u0;
MoveTo(x0+Trunc((u-xmin)*xstep),y0);
for t:=1 to tmax do
  begin
    LineTo(x0+Trunc((u-xmin)*xstep),y0+Trunc(f(u)*ystep));
    u:=f(u);
    LineTo(x0+Trunc((u-xmin)*xstep),y0+Trunc(u*ystep));
  end;
  readln;
  CloseGraph;
end.
```

2 Differenzenkalkül

2.1 Differenzenoperator und Summenoperator

$\mathbb{K}$ sei im folgenden ein beliebiger Körper, in der Regel $\mathbb{K} \in \{\mathbb{R}, \mathbb{C}\}$, und sei $x \in \mathbb{K}^n$. Als diskrete Zeitmenge verwenden wir in der Regel $\mathbb{N} = \{0, 1, 2, \dots\}$, obwohl sich einige Aussagen auch für allgemeinere Teilmengen von $\mathbb{R}_+ := \{x \in \mathbb{R} \mid x \geq 0\}$ aussprechen ließen. Gelegentlich werden wir von einer Zeitmenge im folgenden Sinne sprechen:

Definition 1. Unter einer *Zeitmenge* N verstehen wir eine Menge $N \subset \mathbb{R}_+$ mit der Eigenschaft

$$x \in N \Longrightarrow 1 + x \in N \text{ für alle } x \in N.$$

Für $a \in \mathbb{N}$ bezeichne $\mathbb{N}(a) := \{a, a+1, a+2, \dots\}$ die *Zeitmenge mit Ursprung a*. Für $a, b \in \mathbb{N}$, $a + 1 \leq b$, bezeichne $\mathbb{N}(a, b) := \{a, a+1, \dots, b-1, b\}$ ein *Zeitintervall*.

Analog zur reellen Analysis wollen wir in diesem Kapitel eine 'Ableitung' und ein 'Integral' auf solchen Zeitmengen definieren. Ersteres bezeichnet man im Kalkül der Differenzengleichungen als Differenzenoperator, letzteres als Summenoperator. Zunächst führen wir den Differenzenoperator und den sogenannten Shiftoperator ein und untersuchen einige Eigenschaften dieser beiden Operatoren.

Definition 2. 1. Die lineare Abb. $E : \mathbb{K}^{\mathbb{N}} \longrightarrow \mathbb{K}^{\mathbb{N}}$ mit

$$(Ex)(t) := x(t+1) \text{ für } x \in \mathbb{K}^{\mathbb{N}}$$

heißt *Shiftoperator*.

2. Die lineare Abb. $\triangle : \mathbb{K}^{\mathbb{N}} \longrightarrow \mathbb{K}^{\mathbb{N}}$ mit

$$(\triangle x)(t) := x(t+1) - x(t) \text{ für } x \in \mathbb{K}^{\mathbb{N}}$$

heißt *(Vorwärts-) Differenzenoperator*. Analog heißt ∇ mit

$$(\nabla x)(t) := x(t) - x(t-1) \text{ für } x \in \mathbb{K}^{\mathbb{N}}$$

Rückwärts-Differenzenoperator.

Ist die Situation eindeutig, so schreiben wir für diese Operatoren kurz $Ex(t)$ bzw. $\triangle x(t)$ und $\nabla x(t)$. Mitunter taucht mehr als ein Argument auf, z. B. wie bei $x(t + 3k)$. In diesem Fall bezeichnen wir mit $\triangle_{/t}x(t+3k)$ die Differenz nach t und mit $\triangle_{/k}x(t+3k)$ die Differenz nach k.

Offenbar ist $E - \triangle$ die Identität id, also ist $E = \triangle + \mathrm{id}$. Weiterhin gilt $\nabla E = \triangle = E\nabla$, d. h. E, $\triangle$ und ∇ kommutieren. Die Existenz des Shiftopeprators E, der kein Analogon in der reellen Analysis besitzt, rührt daher, daß die Zeitschritte diskret sind. Den Zusammenhang zwischen dem Differenzenoperator $\triangle$ und dem Differentialoperator d/dt der reellen Analysis kann man sich wie folgt klarmachen: Sei $\triangle_h$ der verallgemeinerte Differenzenoperator mit $(\triangle_h x)(t) := \frac{1}{h}(x(t + h) - x(t))$ für $h > 0$, dann ist $\triangle$ wegen $\triangle = \triangle_1$ ein Spezialfall von $\triangle_h$. Außerdem gilt gerade $\lim_{h\to 0}\triangle_h = d/dt$. Analog kann man den Shiftoperator E als Spezialfall des verallgemeinerten Shiftoperators E_h mit $(E_h x) := x(t + h)$ für $h = 1$ auffassen. Hier gilt aber $\lim_{h\to 0}E_h = \mathrm{id}$. Daher ist der Shiftoperator in der reellen Analysis bedeutungslos.

Aufgrund dieser Verwandtschaft von $\triangle$ und d/dt ergeben sich zum Teil auffällige Ähnlichkeiten zwischen den Eigenschaften von $\triangle$ und d/dt, wobei aber wichtige Unterschiede zu beachten sind. Wir wollen jetzt einige nützliche Eigenschaften des Differenzenoperators und des Shiftoperators angeben.

Eigenschaften von E und $\triangle$. Für $x, y \in \mathbb{K}^{\mathbb{N}}$ gilt

1. $\triangle^n(\triangle^m x) = \triangle^{n+m}x$ für alle $m, n \in \mathbb{N}$

2. $\triangle(x + y) = \triangle x + \triangle y$ und $\triangle(cx) = c\triangle x$ für alle $c \in \mathbb{K}$

3. $\triangle(xy) = x(\triangle y) + (\triangle x)(Ey)$ (Produktregel)

4. $\triangle\left(\frac{x(t)}{y(t)}\right) = \frac{y(t)\triangle x(t) - x(t)\triangle y(t)}{y(t)Ey(t)}$ für alle $t \in \mathbb{N}$ mit $y(t)Ey(t) \neq 0$

5. $\triangle^n x(t) = \sum_{i=0}^{n}(-1)^i\binom{n}{i}x(t + n - i)$ für alle $t \in \mathbb{N}$

6. $E^n x = \sum_{i=0}^{n}\binom{n}{i}\triangle^{n-i}x$ (Formel von Gregory)

7. $\triangle^n(xy) = \sum_{i=0}^{n}\binom{n}{i}\triangle^i x\triangle^{n-i}(E^i y)$ (Diskrete Leibnizformel)

8. Ist $p(r) = r^n + a_{n-1}r^{n-1} + \ldots + a_1 r + a_0 \in \mathbb{K}[r]$, so ist $p(\triangle) : \mathbb{K}^{\mathbb{N}} \to \mathbb{K}^{\mathbb{N}}$ mit

$$p(\triangle) = \triangle^n + a_{n-1}\triangle^{n-1} + \ldots + a_1\triangle + a_0\mathrm{id}$$

eine lineare Abbildung. Gilt $p(r) = (r - \lambda_1)\cdot\ldots\cdot(r - \lambda_n)$ für $\lambda_i \in \mathbb{K}$, dann ist

$$p(\triangle) = (\triangle - \lambda_1 \cdot \mathrm{id}) \circ \ldots \circ (\triangle - \lambda_n \cdot \mathrm{id}).$$

Beweis. 1.-4. zeigt man durch direkte Verifikation (vgl. Aufgabe 1).

5. Durch Anwendung von $\triangle = \mathrm{E} - \mathrm{id}$ erhält man

$$\triangle^n x(t) = (\mathrm{E} - \mathrm{id})^n x(t) = \sum_{i=0}^{n} \binom{n}{i} \mathrm{E}^{n-i} x(t)(-1)^i \mathrm{id}^i x(t)$$

$$= \sum_{i=0}^{n} \binom{n}{i} (-1)^i x(t + n - i).$$

6. Durch Anwendung von $E = \mathrm{id} + \triangle$ folgt $\mathrm{E}^n x = (\mathrm{id} + \triangle)^n x = \sum_{i=0}^{n} \binom{n}{i} \triangle^{n-i} x$.

7. Wir zeigen die Behauptung durch vollständige Induktion über n. Für $n = 1$ folgt die Behauptung aus Eigenschaft 3. Für den Induktionsschritt $n \longrightarrow n + 1$ gilt durch Anwendung von Eigenschaft 2 und 3

$$\triangle^{n+1}(xy) = \triangle \left(\sum_{i=0}^{n} \binom{n}{i} \triangle^i x \triangle^{n-i}(\mathrm{E}^i y) \right)$$

$$= \sum_{i=0}^{n} \binom{n}{i} \left(\triangle^i x \triangle^{n+1-i}(\mathrm{E}^i y) + \triangle^{i+1} x \mathrm{E}(\triangle^{n-i}(\mathrm{E}^i y)) \right)$$

$$= \sum_{i=0}^{n} \binom{n}{i} \triangle^i x \triangle^{n+1-i}(\mathrm{E}^i y) + \sum_{\substack{j=1 \\ (j=i+1)}}^{n} \binom{n}{j-1} \triangle^j x \triangle^{n+1-j}(\mathrm{E}^j y) +$$

$$+ \triangle^{n+1} x(\mathrm{E}^{n+1} y)$$

$$= \sum_{i=1}^{n} \left(\binom{n}{i} + \binom{n}{i-1} \right) \triangle^i x \triangle^{n+1-i}(\mathrm{E}^i y) + x \triangle^{n+1} y +^{n+1} x(\mathrm{E}^{n+1} y)$$

$$= \sum_{i=0}^{n+1} \binom{n+1}{i} \triangle^i x \triangle^{n+1-i}(\mathrm{E}^i y)$$

8. Sei $\mathfrak{L}(\mathbb{K}^\mathbb{N}, \mathbb{K}^\mathbb{N})$ der $\mathbb{K}$-Vektorraum aller linearen Abbildungen von $\mathbb{K}^\mathbb{N}$ in sich und sei $\phi : \mathbb{K}[r] \longrightarrow \mathfrak{L}(\mathbb{K}^\mathbb{N}, \mathbb{K}^\mathbb{N})$ mit

$$\phi(p) = \sum_{i=0}^{n} a_i \triangle^i \text{ für } p(r) = \sum_{i=0}^{n} a_i r^i.$$

Dann ist ϕ eine lineare Abbildung. Außerdem ist $\mathfrak{L}(\mathbb{K}^\mathbb{N}, \mathbb{K}^\mathbb{N})$ sogar eine $\mathbb{K}$-Algebra bezüglich der Komposition von Abbildungen und ϕ ist ein Homomorphismus von Algebren. Dazu reicht es zu zeigen: $\phi(r^i r^j) = \phi(r^i)\phi(r^j)$, da ϕ linear ist. Es gilt

$$\phi(r^i r^j) = \phi(r^{i+j}) = \triangle^{i+j} = \triangle^i \triangle^j = \phi(r^i)\phi(r^j).$$

Wegen $\phi(p(r)) = p(\triangle)$ folgt daraus die Behauptung.

$\square$

In der reellen Analysis zeigt man, daß die Ableitung der Potenzfunktion $x_n(t) := t^n$ einer einfachen Regel gehorcht, denn es gilt $\frac{d}{dt}t^n = nt^{n-1}$. Ein erneuter Vergleich zwischen Differential- und Differenzenoperator zeigt, daß die Anwendung von $\triangle$ auf $x_n(t) = t^n$ nicht dieser Regel genügt. Es gilt nämlich

$$\triangle t^n = (t+1)^n - t^n = \sum_{i=0}^{n} \binom{n}{i} t^i - t^n = \sum_{i=0}^{n-1} \binom{n}{i} t^i.$$

Nun stellt sich die Frage, ob es eine Funktion $y_n(t)$ gibt, die gerade bezüglich des Differenzenoperators die Eigenschaft $\triangle y_n(t) = n y_{n-1}(t)$ besitzt. Um für den Differenzenoperator ein solches Analogon zur Potenzfunktion zu haben, definieren wir die folgende Fakultätenfunktion.

Definition 3. Die Funktion

$$t^{[0]} := 1$$
$$t^{[n]} := t \cdot (t-1) \cdot \ldots \cdot (t-n+1) \text{ für alle } n \in \mathbb{N} \backslash \{0\}$$
$$t^{[-n]} := \frac{1}{(t+1) \cdot \ldots \cdot (t+n)}$$

heißt *Fakultätenfunktion*. Allgemeiner definiert man für reelle Zahlen $r \in \mathbb{R}$:

$$t^{[r]} := \frac{\Gamma(t+1)}{\Gamma(t-r+1)} \text{ für alle } r \in \mathbb{R} \text{ mit } -(t-r+1) \notin \mathbb{N}.$$

Bemerkungen. 1. Die Gammafunktion $\Gamma(z)$ ist nur für $z > 0$ definiert. Für $z < 0$ läßt sich $\Gamma(z)$ wegen $\Gamma(z+1) = z\Gamma(z)$ sukzessive für jedes z mit $-z \notin \mathbb{N}$ definieren durch

$$\Gamma(z) = \frac{\Gamma(z+1)}{z}.$$

2. Für $r = n$ gilt

$$t^{[n]} = \frac{\Gamma(t+1)}{\Gamma(t-n+1)} = \frac{t(t-1) \cdot \ldots \cdot (t-n+1)\Gamma(t-n+1)}{\Gamma(t-n+1)}$$
$$= t(t-1) \cdot \ldots \cdot (t-n+1)$$

und für $r = -n$ gilt

$$t^{[-n]} = \frac{\Gamma(t+1)}{\Gamma(t+n+1)} = \frac{\Gamma(t+1)}{(t+n) \cdot \ldots \cdot (t+1)\Gamma(t+1)} = \frac{1}{(t+1) \cdot \ldots \cdot (t+n)}.$$

Für die so definierte Fakultätenfunktion gilt in der Tat $\triangle t^{[r]} = rt^{[r-1]}$, wie folgendes Lemma zeigt.

Lemma 2.1. Es gilt $\triangle t^{[r]} = r t^{[r-1]}$ im Definitionsbereich der Fakultätenfunktion und für den verallgemeinerten Binomialkoeffizienten

$$\binom{t}{r} := \frac{t^{[r]}}{\Gamma(r+1)}$$

gilt im Definitionsbereich von r

$$\triangle\binom{t}{r} = \binom{t}{r-1}.$$

Beweis. Es ist

$$\triangle t^{[r]} = \triangle\left(\frac{\Gamma(t+1)}{\Gamma(t-r+1)}\right) = \frac{\Gamma(t+2)}{\Gamma(t-r+2)} - \frac{\Gamma(t+1)}{\Gamma(t-r+1)}$$
$$= \frac{(t+1)\Gamma(t+1)}{\Gamma(t-r+2)} - \frac{(t-r+1)\Gamma(t+1)}{(t-r+1)\Gamma(t-r+1)}$$
$$= \frac{(t+1)\Gamma(t+1) - (t-r+1)\Gamma(t+1)}{\Gamma(t-r+2)} = \frac{r\Gamma(t+1)}{\Gamma(t-r+2)} = r t^{[r-1]}.$$

Damit gilt insbesondere

$$\triangle\binom{t}{r} = \triangle\frac{t^{[r]}}{\Gamma(r+1)} = \frac{r t^{[r-1]}}{r\Gamma(r)} = \frac{t^{[r-1]}}{\Gamma(r)} = \binom{t}{r-1}.$$

$\square$

Beispiel. Gesucht ist eine Lösung der Differenzengleichung

$$x(t+2) - 2x(t+1) + x(t) = t(t-1) \text{ für alle } t \in \mathbb{N}.$$

Es gilt $x(t+2) - 2x(t+1) + x(t) = \Delta^2 x(t)$ und $t(t-1) = t^{[2]}$. Mit Lemma 2.1 gilt

$$\Delta^2(t^{[4]}) = \Delta(4t^{[3]}) = 12 t^{[2]}.$$

Daraus folgt: $x(t) = \frac{1}{12}t^{[4]}$ ist eine Lösung. $\diamond$

Wir wollen nun die Umkehrung zum Differenzenoperator einführen. In der reellen Analysis bezeichnet man eine Funktion $u(t) = \int x(t)\,dt$ als unbestimmtes Integral von x, falls $\frac{d}{dt}u(t) = x(t)$ für alle $t \in \mathbb{R}$ gilt. Daher gehen wir hier analog vor.

Definition 4. Eine Funktion $u \in \mathbb{K}^{\mathbb{N}}$ heißt *unbestimmte Summe* für $x \in \mathbb{K}^{\mathbb{N}}$, wenn

$$\triangle u(t) = x(t) \text{ für alle } t \in \mathbb{N}.$$

Für u schreibt man $u = \Sigma x$ (Summenoperator) bzw. $u = \triangle^{-1}x$ (Antidifferenz).

Wie beim Differenzenoperator wollen wir einige nützliche Eigenschaften des Summenoperators untersuchen.

Eigenschaften von Σ. Für $x, y \in \mathbb{K}^{\mathbb{N}}$ gilt

1. $\Sigma(x + y) = \Sigma x + \Sigma y$ und $\Sigma(cx) = c\Sigma x$ für alle $c \in \mathbb{K}$

2. $\Sigma(x \triangle y) = xy - \Sigma(\triangle x E y)$ (Partielle Summation)

3. Ist $u = \Sigma x$ und $m, n \in \mathbb{N}$ mit $m \le n$, dann gilt

$$\sum_{t=m}^{n} x(t) = u(n + 1) - u(m) \quad \text{(Fundamentalsatz des Differenzenkalküls)}$$

   (Auf der linken Seite steht eine Summe im üblichen Sinn!)

4. Jedes $x \in \mathbb{K}^{\mathbb{N}}$ besitzt eine unbestimmte Summe. Zwei unbestimmte Summen von x unterscheiden sich nur durch eine Konstante (konstante Funktion).

Beweis. 1. und 2. folgen aus den entsprechenden Eigenschaften des Differenzenoperators.

3. Es gilt nach Definition $u = \Sigma x$ genau dann, wenn $\triangle u = x$. Daraus folgt $u(t + 1) - u(t) = x(t)$ für alle $t \in \mathbb{N}$. Damit gilt

$$\sum_{t=m}^{n} x(t) = \sum_{t=m}^{n} u(t + 1) - \sum_{t=m}^{n} u(t) = u(n + 1) - u(m).$$

4. Für $x \in \mathbb{K}^{\mathbb{N}}$ ist $u(n) = \sum_{t=0}^{n-1} x(t)$ eine unbestimmte Summe von x, denn es gilt $u(n + 1) - u(n) = x(n)$ für alle $n \in \mathbb{N}$ $(u(0) := 0)$. Ist $u = \Sigma x$, $v = \Sigma x$, dann gilt $u(t + 1) - u(t) = x(t) = v(t + 1) - v(t)$ für alle $t \in \mathbb{N}$. Daraus folgt $u(t + 1) - v(t + 1) = u(t) - v(t)$ für alle $t \in \mathbb{N}$ und damit $u(t) - v(t) = u(0) - v(0) = konst.$ für alle $t \in \mathbb{N}$.

$\square$

Beispiele. 1. $\Sigma \log t = \log \Gamma(t) + c$ für $t > 0$, denn es gilt:

$$\triangle(\log \Gamma(t) + c) = \log \Gamma(t + 1) - \log \Gamma(t) = \log \frac{\Gamma(t + 1)}{\Gamma(t)} = \log t.$$

2. *Abel-Transformation.* Es gilt:

$$\sum_{t=1}^{n} x(t)y(t) = x(n + 1) \sum_{t=1}^{n} y(t) - \sum_{t=1}^{n} \left(\triangle x(t) \sum_{i=1}^{t} y(i) \right).$$

Beweis. Aus den Eigenschaften 2 und 3 folgt

$$\sum_{t=1}^{n} f(t)\triangle g(t) = f(n + 1)g(n + 1) - f(1)g(1) - \sum_{t=1}^{n} \triangle f(t)g(t + 1). \qquad (*)$$

Setze $f(t) = x(t)$ und $\triangle g(t) = y(t)$ (g existiert immer!), dann folgt aus Eigenschaft 3

$$\sum_{i=1}^{t-1} y(i) = g(t) - g(1), \text{ also } g(t) = g(1) + \sum_{i=1}^{t-1} y(i).$$

Mit $(*)$ folgt daraus

$$\sum_{t=1}^{n} x(t)y(t) = x(n+1)\left(g(1) + \sum_{i=1}^{n} y(i)\right) - x(1)g(1) +$$

$$- \sum_{t=1}^{n} \triangle x(t)\left(\sum_{i=1}^{t} y(i) + g(1)\right)$$

$$= x(n+1)\sum_{i=1}^{n} y(i) - \sum_{t=1}^{n}\left(\triangle x(t)\sum_{i=1}^{t} y(i)\right) + x(n+1)g(1) +$$

$$- x(1)g(1) - \sum_{t=1}^{n} \triangle x(t)g(1)$$

Wegen $\sum_{t=1}^{n} \triangle x(t) = x(n+1) - x(1)$ heben sich die letzten Summanden auf, d. h. es gilt schließlich

$$\sum_{t=1}^{n} x(t)y(t) = x(n+1)\sum_{i=1}^{n} y(i) - \sum_{t=1}^{n}\left(\triangle x(t)\sum_{i=1}^{t} y(i)\right).$$

$\square$

3. Man berechne die Summe $\sum_{t=1}^{n} t^4$.

Ansatz: Suche u mit $u = \Sigma t^4$, dann gilt $\sum_{t=1}^{n} t^4 = u(n+1) - u(1)$. Setze

$$(t+1)^4 = c_0 + c_1 t^{[1]} + c_2 t^{[2]} + c_3 t^{[3]} + c_4 t^{[4]}$$
$$= c_0 + c_1 t + c_2 t(t-1) + c_3 t(t-1)(t-2) + c_4 t(t-1)(t-2)(t-3)$$

Für $t = 0$ erhält man $c_0 = 1$ und durch Einsetzen erhält man aus den nächsten Werten für t nacheinander $c_1 = 2^4 - c_0 = 15$, $c_2 = 25$, $c_3 = 10$ und $c_4 = 1$. Damit erhält man

$$\Sigma(t+1)^4 = t + \frac{15}{2}t(t-1) + \frac{25}{3}t(t-1)(t-2) + \frac{10}{4}t(t-1)(t-2)(t-3) +$$
$$+ \frac{1}{5}t(t-1)(t-2)(t-3)(t-4),$$

da $\Sigma t^{[k]} = \frac{1}{k+1}t^{[k+1]}$ nach Lemma 2.1. Daraus folgt

$$\sum_{t=0}^{n-1}(t+1)^4 = n + \frac{15}{2}n(n-1) + \frac{25}{3}n(n-1)(n-2) + \frac{10}{4}n(n-1)(n-2)(n-3)$$
$$+ \frac{1}{5}n(n-1)(n-2)(n-3)(n-4)$$

$$= \frac{n(6n^4 + 15n^3 + 10n^2 - 1)}{30}.$$

$\diamond$

Die folgende Tabelle enthält eine unbestimmte Summe für diverse Funktionen

x	Σx
1	t
a^t	$\dfrac{a^t}{a-1}, \; a \neq 1$
ta^t	$\dfrac{a^t}{a-1}\left(t - \dfrac{a}{a-1}\right), \; a \neq 1$
$(at+b)^{[k]}$	$\dfrac{(at+b)^{[k+1]}}{a\cdot(k+1)}, \; k \in \mathbb{N}$
$\sin(at+b)$	$-\cos\left(at+b-\dfrac{a}{2}\right)\dfrac{1}{2\sin(a/2)}$
$\cos(at+b)$	$\sin\left(at+b-\dfrac{a}{2}\right)\dfrac{1}{2\sin(a/2)}$

Referenzen

- Für eine Analysis auf allgemeinen Zeitmengen siehe Aulbach, B., Hilger, S.: A united Approach to continuous and discrete dynamics. In: *Colloquia Mathematica Societatis János Bolyai*, 53rd Qualitative Theory of Differential Equations, Szeged, 1988, S.37-56.

Aufgaben

1. Verifizieren Sie die ersten vier Eigenschaften des Differenzenoperators $\triangle$.

2. Zeigen Sie, daß $\lim_{h \to 0} \triangle_h(t^n) = \frac{d}{dt}t^n \; (= nt^{n-1})$ für alle $n \in \mathbb{N}(1)$ gilt.

3. Zeigen Sie, daß $\triangle \sin(at) = 2\sin\frac{a}{2}\cos a(t+\frac{1}{2})$ für jede Konstante $a \in \mathbb{R}$ gilt.

4. Berechnen Sie $\triangle(a^t \sin t)$ durch zwei verschiedene Methoden

   (a) direkt durch Anwendung von $\triangle$

   (b) mit Hilfe von Aufgabe 3 und der Produktregel für $\triangle$.

5. Berechne für jedes $n \in \mathbb{N}(1)$

   (a) $\triangle^n t^{[4]}$

   (b) $\triangle^n t^4$.

6. Überlegen Sie, ob die Fakultätenfunktion die von der Potenzfunktion her bekannte Eigenschaft $t^{[r]} \cdot t^{[s]} = t^{[r+s]}$ besitzt.

7. Finde eine Lösung der folgenden Differenzengleichungen

   (a) $x(t+1) - x(t) = t^{[3]} + 3^t$

   (b) $x(t+2) + x(t) = 2x(t+1) + \binom{t}{5}$.

8. Verifizieren Sie die unbestimmten Summen aus der obigen Tabelle.

9. Ermitteln Sie die folgenden unbestimmten Summen

   (a) $\sum t^2 \sin(t+1)$

   (b) $\sum t^3 \cdot 3^t$

   (c) $\sum \binom{t}{2}^2$.

10. Berechnen Sie

    (a) $\displaystyle\sum_{t=1}^{n-1} t^2 \cdot e^t$

    (b) $\displaystyle\sum_{t=1}^{n} t^3$.

11. Beweisen Sie folgende Behauptung

$$\sum_{k=1}^{n} a_k b_k = b_0 \sum_{k=1}^{n} a_k + \sum_{k=1}^{n} \left(\sum_{i=k}^{n} a_i \right) \triangle b_{k-1}.$$

2.2 Diskreter Satz von Rolle und Diskreter Mittelwertsatz

Im Differentialkalkül der reellen Analysis spielt das Verhältnis zwischen der Ableitung einer Funktion und der Funktion selbst eine zentrale Rolle. Zwei wichtige Sätze in diesem Zusammenhang sind der Satz von Rolle und, als Folgerung davon, der Mittelwertsatz. Im folgenden soll daher untersucht werden, wie sich dieses Verhältnis im Differenzenkalkül gestaltet.

Der Satz von Rolle sagt insbesondere aus, daß zwischen zwei Nullstellen einer auf den reellen Zahlen definierten, differenzierbaren Funktion $x : t \mapsto x(t)$ wenigstens eine Nullstelle der Ableitung $\frac{d}{dt}x$ liegt. Folglich läßt sich der Satz von Rolle auch so formulieren, daß die Anzahl der Nullstellen der Ableitung $\frac{d}{dt}x$ um höchstens eine geringer ist

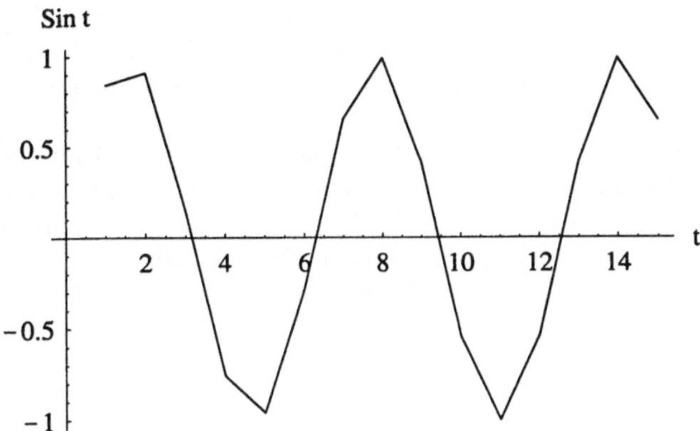

Abb. 2.1   Knoten einer Abb. $x : t \mapsto x(t)$

als die Anzahl der Nullstellen der Funktion x selbst. Im Gegensatz zur reellen Analysis muß zwischen einem Vorzeichenwechsel einer auf den natürlichen Zahlen definierten Funktion $x : t \mapsto x(t)$ aber keine Nullstelle der Funktion liegen; daher ist die analoge Untersuchung von Nullstellen von x und $\triangle x$ völlig unzureichend. Stattdessen erweitert man den Nullstellenbegriff im Differenzenkalkül zum Begriff des Knotens: Unter einem Knoten versteht man eine Stelle $t \in \mathbb{N}$, die entweder Nullstelle ist oder der unmittelbarer ein Vorzeichenwechsel vorausgeht. Im folgenden sei wieder $\mathbb{N}(a, b) := \{a, a + 1, \ldots, b\}$ und $\mathbb{N}(a) := \{a, a + 1, \ldots\}$ für $a, b \in \mathbb{N}$ mit $b \geq a + 1$.

Definition 5. Sei $x : \mathbb{N}(a, b) \longrightarrow \mathbb{R}$. Ein $t \in \mathbb{N}(a, b)$ heißt *Knoten* für x, wenn eine der folgenden Bedingungen erfüllt ist:

1. $t = a$ und $x(t) = 0$;

2. $a < t \leq b$ und $x(t) = 0$ oder $x(t - 1)x(t) < 0$.

Beispiel. Für $x(t) = \sin t$, $t \in \mathbb{N}(1)$, erhalten wir den folgenden Graphen
Der Graph täuscht einen reellen Definitionsbereich von x vor. In Wirklichkeit sind nur die ersten 15 Werte von $x(t)$ durch Linien miteinander verbunden, um die Vorzeichenwechsel zu verdeutlichen. Die dargestellte Funktion hat keine einzige Nullstelle, sie hat aber Knoten an den Stellen $t = 4$, $t = 7$, $t = 10$ und $t = 13$. $\diamond$

Analog zur reellen Analysis gilt im Differenzenkalkül, daß die Anzahl der Knoten der Funktion $\triangle x$ um höchstens einen geringer ist, als die Anzahl der Knoten der Funktion x selbst. Wir bezeichnen dieses Resultat als diskreten Satz von Rolle.

Satz 2.2 (Diskreter Satz von Rolle). Sei $x : \mathbb{N}(1, m) \longrightarrow \mathbb{R}$ mit p_m Knoten und $\triangle x : \mathbb{N}(1, m - 1) \longrightarrow \mathbb{R}$ mit q_m Knoten für $m \geq 2$. Dann gilt

$$q_m \geq p_m - 1.$$

Beweis. Wir führen eine vollständige Induktion über $m \geq 2$ durch. Für den Induktionsanfang $m = 2$ ist die Behauptung klar, falls $p_2 < 2$. Für $p_2 \geq 2$ folgt $p_2 = 2$ wegen $m = 2$. Dann muß definitionsgemäß $x(1) = x(2) = 0$ gelten. Daraus folgt $\triangle x(1) = 0$ und damit gilt $q_2 = 1 = p_2 - 1$.

Für den Induktionsschritt $m-1 \longrightarrow m$ gilt folgendes: Sei $q_i \geq p_i - 1$ für alle $2 \leq i \leq m-1$ (Induktionsvoraussetzung). Ist $p_m = p_{m-1}$, dann folgt aus der Induktionsvoraussetzung sofort $q_m \geq q_{m-1} \geq p_{m-1} - 1 = p_m - 1$. Sei daher $p_m > p_{m-1}$. Dann gilt $p_m = p_{m-1} + 1$, da m ein Knoten sein muß, d.h. $x(m) = 0$ oder $x(m-1)x(m) < 0$.

1. Fall: $x(m) = 0$ und $x(m-1) = 0$. Dann gilt $\triangle x(m-1) = 0$. Daraus folgt mit der Induktionsvoraussetzung

$$q_m = q_{m-1} + 1 \geq p_{m-1} - 1 + 1 = p_{m-1} = p_m - 1.$$

2. Fall: $x(m) = 0$ und $x(m-1) \neq 0$, d.h. o.B.d.A. $x(m-1) > 0$. Sonst wähle $-x$ statt x; die Knoten bleiben dadurch erhalten. Sei nun i der größte Knoten für x auf $\mathbb{N}(1, m-1)$. Es ist $x(i+1) > 0$, denn aus $x(i+1) = 0$ folgt, daß $i+1$ ein Knoten ist, und aus $x(i+1) < 0$ folgt $x(i+2) < 0$ und sukzessive $x(m-2) < 0$, d.h. $m-1 > i$ ist ein Knoten, da $x(m-1) > 0$ ist. Damit gilt $x(i) = 0$ oder $x(i-1)x(i) < 0$:

(a) Aus $x(i) = 0$ folgt $\triangle x(i) = x(i+1) - x(i) = x(i+1) > 0$. Dann hat $\triangle x$ einen Knoten $k > i$, da nach Voraussetzung $\triangle x(m-1) = x(m) - x(m-1) = -x(m-1) < 0$. Daraus folgt mit der Induktionsvoraussetzung

$$q_m \geq q_{i+1} + 1 \geq q_i + 1 \geq p_i - 1 + 1 = p_m - 1,$$

da i größter Knoten auf $\mathbb{N}(1, m-1)$ ist und daher $p_i = p_m - 1$ gilt.

(b) Für $x(i-1)x(i) < 0$ muß wegen $x(i+1) > 0$ auch $x(i) > 0$ gelten, da andernfalls $i+1$ ein Knoten wäre. Aus $x(i) > 0$ folgt in diesem Fall aber $x(i-1) < 0$, d.h. $\triangle x(i-1) > 0$. Also hat $\triangle x$ einen Knoten $k > i-1$, da nach Voraussetzung $\triangle x(m-1) = -x(m-1) < 0$ gilt. Damit gilt mit der Induktionsvoraussetzung

$$q_m \geq q_i + 1 \geq p_i - 1 + 1 = p_m - 1.$$

Man beachte dabei noch einmal, daß q_i im Gegensatz zu p_i nur alle Knoten bis einschließlich zur Stelle $i-1$ erfaßt.

3. Fall: $x(m)x(m-1) < 0$. Dann ist $x(m) \neq 0$ und wir können ohne Einschränkung $x(m) < 0$ annehmen. Dann gilt aber $x(m-1) > 0$, d.h. $\triangle x(m-1) < 0$. Daraus folgt die Behauptung analog zum 2. Fall. $\qquad\square$

Beispiel. Wir wollen den Satz anhand der Funktion $x(t) = \sin t$ auf $\mathbb{N}(1, 10)$ überprüfen. Für x erhalten wir die 'Ableitung' $\triangle x(t) = \sin(t+1) - \sin t$. Es ergeben sich die folgenden Werte für x und $\triangle x$

t	1	2	3	4	5	6	7	8	9	10
$x(t)$	0.84	0.91	0.14	-0.76	-0.96	-0.28	0.66	0.99	0.41	-0.54
$\triangle x(t)$	0.07	-0.77	-0.9	-0.2	0.68	0.94	0.33	-0.42	-0.95	–

Wie wir schon in der Grafik von x im Beispiel zuvor beobachtet haben, hat x an den Stellen 4, 7 und 10 einen Knoten, d. h. es ist $p_{10} = 3$. Aus der Tabelle folgt weiter, daß Δx an den Stellen 2, 5 und 8 einen Knoten hat, d. h. es ist ebenfalls $q_{10} = 3$. Somit gilt insbesondere $q_{10} > 2 = p_{10} - 1$. $\diamond$

Als Folgerung aus dem Satz von Rolle beweist man in der reellen Analysis den Mittelwertsatz. Er besagt, daß es zwischen je zwei Stellen $a < b$ einer auf dem abgeschlossenen Intervall $[a, b]$ stetigen, im offenen Intervall (a, b) differenzierbaren Funktion x eine Stelle $a < c < b$ gibt, für die gilt

$$x'(c) = \frac{d}{dt}x(t)\bigg|_{t=c} = \frac{x(b) - x(a)}{b - a}.$$

Da x im Differenzenkalkül nur auf den natürlichen Zahlen definiert ist, kann es hier im allgemeinen ein solches c nicht geben. Aber es gilt der folgende Satz.

Satz 2.3 (Diskreter Mittelwertsatz). Sei $x : \mathbb{N}(a, b) \longrightarrow \mathbb{R}$ mit $b \geq a + 2$. Es existiert ein $c \in \mathbb{N}(a + 1, b - 1)$ mit

$$\Delta x(c) \leq \frac{x(b) - x(a)}{b - a} \leq \Delta x(c - 1) \text{ oder } \Delta x(c) \geq \frac{x(b) - x(a)}{b - a} \geq \Delta x(c - 1).$$

Beweis. 1. Sei $f : \mathbb{N}(a, b) \longrightarrow \mathbb{R}$ eine Funktion, die in $c \in \mathbb{N}(a + 1, b - 1)$ ein Maximum annimmt. Dann gilt $-f(c) + f(c - t) \leq 0$ für $t \in \mathbb{N}(0, c - a)$ und $f(c + t) - f(c) \leq 0$ für $t \in \mathbb{N}(0, b - c)$. Daraus folgt

$$f(c - t) - f(c) \leq 0 \leq -f(c + t) + f(c)$$

für alle $t \in \mathbb{N}(0, \min\{c - a, b - c\})$. Besitzt f ein Minimum in $c \in \mathbb{N}(a + 1, b - 1)$, so gilt analog

$$f(c - t) - f(c) \geq 0 \geq -f(c + t) + f(c)$$

für alle $t \in \mathbb{N}(0, \min\{c - a, b - c\})$. Gilt $f(a) = f(b)$, so besitzt f ein Maximum oder ein Minimum in $c \in \mathbb{N}(a + 1, b - 1)$.

2. Sei $y(t) := x(t) - t\dfrac{x(b) - x(a)}{b - a}$. Dann gilt

$$y(a) = x(a) - a\frac{x(b) - x(a)}{b - a} = x(a)\left(1 + \frac{a}{b - a}\right) - \frac{a}{b - a}x(b)$$

$$= \frac{b}{b - a}x(a) - \frac{a}{b - a}x(b).$$

Analog gilt

$$y(b) = \frac{b}{b - a}x(a) - \frac{a}{b - a}x(b).$$

Also ist $y(a) = y(b)$. Damit gilt nach 1. für den Fall eines Maximums: Es existiert ein $c \in \mathbb{N}(a+1, b-1)$ mit

$$\left(x(c-t) - (c-t)\frac{x(b)-x(a)}{b-a} \right) - \left(x(c) - c\frac{x(b)-x(a)}{b-a} \right) \leq 0$$

$$\leq \left(x(c) - c\frac{x(b)-x(a)}{b-a} \right) - \left(x(c+t) - (c+t)\frac{x(b)-x(a)}{b-a} \right)$$

für alle $t \in \mathbb{N}(0, \min\{c-a, b-c\})$. Durch Äquivalenzumformung erhält man

$$x(c-t) - x(c) + t\frac{x(b)-x(a)}{b-a} \leq 0 \leq x(c) - x(c+t) + t\frac{x(b)-x(a)}{b-a}$$

und daraus

$$x(c+t) - x(c) \leq t\frac{x(b)-x(a)}{b-a} \leq x(c) - x(c-t)$$

für alle $t \in \mathbb{N}(0, \min\{c-a, b-c\})$. Für den Fall eines Minimums ergibt sich analog mit einem $d \in \mathbb{N}(a+1, b-1)$:

$$x(d+t) - x(d) \geq t\frac{x(b)-x(a)}{b-a} \geq x(d) - x(d-t)$$

für alle $t \in \mathbb{N}(0, \min\{d-a, b-d\})$. Da $c - a \geq 1$, $b - c \geq 1$ ist, d. h. c ist innerer Punkt, gilt $1 \in \mathbb{N}(0, \min\{c-a, b-c\})$. Analoges gilt für d. Für $t = 1$ folgt daraus die Behauptung.

$$\square$$

Wir zeigen noch ein Analogon zu einer aus der Analysis bekannten Folgerung.

Korollar 2.4. Ist $x : \mathbb{N}(a, b) \longrightarrow \mathbb{R}$ mit $b \geq a + 2$ und $M = \max\{|\Delta x(t)| \,|\, t \in \mathbb{N}(a, b)\}$, so gilt

$$\left| \frac{x(b)-x(a)}{b-a} \right| \leq M.$$

Beweis. Die Behauptung folgt unmittelbar aus der ersten Ungleichung von Satz 2.3. $\square$

Satz 2.5 (Diskrete Taylorentwicklung). Sei $x : \mathbb{N}(a) \longrightarrow \mathbb{R}$ und $n \in \mathbb{N}$ mit $n > 0$. Dann gilt für alle $t \in \mathbb{N}(a)$

$$x(t) = \underbrace{\sum_{i=0}^{n-1} \frac{(t-a)^{[i]}}{i!} \Delta^i x(a)}_{\text{Taylor- (Newton-)Polynom}} + \underbrace{\frac{1}{(n-1)!} \sum_{l=a}^{t-n} (t-l-1)^{[n-1]} \Delta^n x(l)}_{\text{Restglied}}.$$

Beweis. Vollständige Induktion über n. Für $n = 1$ gilt nach dem Fundamentalsatz (Eigenschaft 3 von Σ)

$$x(a) + \sum_{l=a}^{t-1} \Delta x(l) = x(a) + x(t) - x(a) = x(t).$$

Die Taylorentwicklung gelte für n. Für die 'Ableitung' Δ_l nach l gilt

$$\Delta_l(t - l)^{[n]} = -n(t - l - 1)^{[n-1]}$$

wegen Lemma 2.1 und folgender Formel für eine Funktion f:

$$\Delta f(-t) = f(-(t + 1)) - f(-t) = -(f(-t) - f(-t - 1)) = -\Delta f(-t - 1).$$

Damit hat man

$$\sum_{l=a}^{t-n}(t - l - 1)^{[n-1]}\Delta^n x(l) = -\frac{1}{n} \sum_{l=a}^{t-n} \underbrace{\Delta_l(t - l)^{[n]}}_{=:\Delta u}\underbrace{\Delta^n x(l)}_{=:v}$$

$$= \text{(Partielle Summation, Fundamentalsatz)} =$$

$$= -\frac{1}{n} \left(\left[(t - l)^{[n]}\Delta^n x(l)\right]_a^{t-n+1} - \sum_{l=a}^{t-n}(t - l - 1)^{[n]}\Delta^{n+1}x(l) \right)$$

$$= -\frac{1}{n} \left(\underbrace{(n - 1)^{[n]}}_{=0} \Delta^n x(t - n + 1) - (t - a)^{[n]}\Delta^n x(a) - \sum_{l=a}^{t-n}(t - l - 1)^{[n]}\Delta^{n+1}x(l) \right)$$

(Es gilt $(n - 1)^{[n]} = 0$, denn aus $t < n$ folgt $t^{[n]} = t(t-1) \cdot \ldots \cdot (t-t) \cdot \ldots \cdot (t-n+1) = 0$.)
Nach Induktionsvoraussetzung folgt daraus

$$x(t) = \sum_{i=0}^{n-1} \frac{(t - a)^{[i]}}{i!}\Delta^i x(a) - \frac{1}{n!}\left(-(t - a)^{[n]}\Delta^n x(a) - (n - 1)^{[n]}\Delta^{n+1}x(t - n) + \right.$$

$$\left. - \sum_{l=a}^{t-n-1}(t - l - 1)^{[n]}\Delta^{n+1}x(l) \right)$$

$$= \sum_{i=0}^{n} \frac{(t - a)^{[i]}}{i!}\Delta^i x(a) + \frac{1}{n!}\sum_{l=a}^{t-(n+1)}(t - l - 1)^{[n]}\Delta^{n+1}x(l).$$

$\square$

Bemerkung. Für das Restglied existiert keine Lagrangeform, aber es gilt

$$\left| x(t) - \sum_{i=0}^{n-1} \frac{(t - a)^{[i]}}{i!}\Delta^i x(a) \right| \leq \frac{1}{(n - 1)!}\left| \sum_{l=a}^{t-n}(t - l - 1)^{[n-1]} \right| \cdot \max_{a \leq l \leq t-n} |\Delta^n x(l)|$$

$$= \frac{1}{(n - 1)!} \cdot \frac{1}{n}\left| \left[(t - l)^{[n]}\right]_{l=a}^{t-n} \right| \cdot \max_{a \leq l \leq t-n} |\Delta^n x(l)|$$

$$\leq \frac{1}{n!}(t - a)^{[n]} \cdot \max_{a \leq l \leq t-n} |\Delta^n x(l)|.$$

Aufgaben

1. Bestimmen Sie alle Knoten der folgenden Funktionen

   (a) $x(t) = t^{[n]} - 10$ für jedes $n \in \mathbb{N}$;

   (b) $x(t) = t \sin \frac{t\pi}{2}$;

   (c) $x(t) = 2^t \cos t$.

2. Bestimmen Sie alle Knoten der folgenden Funktionen

   (a) $x(t)$, $\Delta x(t)$ und $\Delta^2 x(t)$, wobei $x(t) = \Sigma u(t)$ mit $u(t) = te^t + \sin t$;

   (b) $x(t)$, $\Delta x(t)$ und $\Delta^2 x(t)$, wobei $x(t) = \Delta^2 u(t)$ mit $u(t) = t^2 \sin \frac{t\pi}{2}$.

3. Berechnen Sie ein c mit der Eigenschaft von Satz 2.3 für $x(t) = te^t$ mit $a = 1$ und $b = 7$.

4. Berechnen Sie ein c mit der Eigenschaft von Satz 2.3 für $x(t) = 4t(1 - t)$ mit $a = 5$ und $b = 13$.

5. Bestimmen Sie für $x(t) = 3t^{[s]}$, $t \in \mathbb{N}$, das Taylor-Polynom 3. Grades $(n = 4)$ und berechnen Sie das jeweilige Restglied für $t = 0, \dots, 10$.

6. Bestimmen Sie für $x(t) = t^3 e^t - t^{[2]}$, $t \in \mathbb{N}$, das Taylor-Polynom 3. Grades $(n = 4)$ und berechnen Sie das jeweilige Restglied für $t = 0, \dots, 10$.

2.3   Erzeugende Funktion und Z-Transformation

Die Z-Transformation für Differenzengleichungen ist ein Analogon zur Laplace-Transformation für Differentialgleichungen und soll das Kapitel über den Differenzenkalkül abrunden. Da sich mit Hilfe von Z-Transformationen bzw. erzeugenden Funktionen Lösungen von linearen Differenzengleichungen ermitteln lassen, stellt es gleichzeitig einen Übergang zum nächsten Kapitel dar, in dem wir systematisch nach Lösungen von Differenzengleichungen suchen. Im folgenden sei wieder $\mathbb{K} = \mathbb{R}$ oder $\mathbb{K} = \mathbb{C}$.

Definition 6. Für $x \in \mathbb{K}^{\mathbb{N}}$ heißt die Funktion

$$X(s) := \sum_{k=0}^{\infty} x(k) s^k \text{ für } s \in \mathbb{K}$$

die *erzeugende Funktion* von x (Schreibweise: $X = G(x)$ oder $X = G(x(k))$), falls die Potenzreihe einen positiven Konvergenzradius hat. Weiter heißt für $s = \frac{1}{z}$ die Funktion

$$X\left(\frac{1}{z}\right) = \sum_{k=0}^{\infty} \frac{x(k)}{z^k} \text{ für } z \in \mathbb{K}\backslash\{0\}$$

die *Z-Transformation* (Laurent-Transformation) (Schreibweise: $X(\frac{1}{z}) = Z(x)(z)$) von x.

Bemerkungen. 1. Potenzreihen konvergieren auf reellen Intervallen bzw. komplexen Kreisscheiben, d.h. auf Bereichen $\{s \in \mathbb{K} \,|\, |s| < c\}$ für ein $c > 0$, falls der Konvergenzradius größer 0 ist.

2. In vielen Anwendungen gilt $|x(t)| \leq \rho^t$ mit $\rho > 0$. Dann existiert die Z-Transformation für $|z| > \rho$, da $\left|\frac{x(t)}{z^t}\right| \leq c^t$ mit $c = \frac{\rho}{|z|} < 1$.

3. Die Funktion x läßt sich folgendermaßen aus X zurückgewinnen: Es gilt

$$\frac{d^k X(s)}{ds^k}\bigg|_{s=0} = k!x(k).$$

4. Eine erzeugende Funktion existiert nicht immer, z.B. nicht für $x(t) = t!$, da $\sum_{k=0}^{\infty} k!s^k$ nur für $s = 0$ konvergiert.

Beispiele. 1. Gesucht ist die erzeugende Funktion von $x(k) = \beta^k$ für $\beta \neq 0$. Es ist

$$\sum_{k=0}^{\infty} \beta^k s^k = \frac{1}{1 - \beta s} = X(s),$$

wenn $|\beta s| < 1$ bzw. $|s| < \frac{1}{|\beta|}$.

2. Bestimme eine Lösung der Differenzengleichung

$$(n+2)u(n+2) - (n+3)u(n+1) + 2u(n) = 0, \quad n \in \mathbb{N}, \tag{†}$$

mit $u(0) = 1$ und $u(1) = 2$.
Sei G die Erzeugende von u, dann gilt

$$G(u) = \sum_{n=0}^{\infty} u(n)s^n.$$

Wir mulitplizieren jeden Summanden in (†) mit s^n und Summieren über n von 0 bis unendlich. Dann gilt

$$0 = \sum_{n=0}^{\infty}(n+2)u(n+2)s^n - \sum_{n=0}^{\infty}(n+3)u(n+1)s^n + 2\sum_{n=0}^{\infty} u(n)s^n$$

$$= \sum_{n=2}^{\infty} nu(n)s^{n-2} - \sum_{n=1}^{\infty}(n+2)u(n)s^{n-1} + 2\sum_{n=0}^{\infty} u(n)s^n. \tag{‡}$$

Wegen $G'(u) = \frac{d}{ds}G(u) = \sum_{n=1}^{\infty} nu(n)s^{n-1}$ gilt für die beiden ersten Summanden

$$\sum_{n=2}^{\infty} nu(n)s^{n-2} = \frac{1}{s}(G'(u) - u(1)) \qquad \text{bzw.}$$

$$\sum_{n=1}^{\infty}(n+2)u(n)s^{n-1} = \sum_{n=1}^{\infty}nu(n)s^{n-1} + 2\sum_{n=1}^{\infty}u(n)s^{n-1} = G'(u) + \frac{2}{s}(G(u) - u(0)).$$

Damit ist (‡) äquivalent zu

$$\frac{1}{s}(G'(u) - u(1)) - G'(u) - \frac{2}{s}(G(u) - u(0)) + 2G(u) = 0$$

oder

$$G'(u) - 2G(u) = \frac{u(1) - 2u(0)}{1-s} = 0.$$

Damit haben wir statt einer Differenzengleichung eine einfache Differentialgleichung zu lösen. Es gilt

$$G(u) = e^{2s} = \sum_{n=0}^{\infty}\frac{2^n}{n!}s^n.$$

Daraus folgt $u(n) = \frac{2^n}{n!}$. $\diamond$

Um erzeugende Funktionen überhaupt sinnvoll einsetzen zu können, beweisen wir die folgenden interessanten Eigenschaften.

Eigenschaften der erzeugenden Funktion. Für $x, y \in \mathbb{K}^{\mathbb{N}}$ gilt

1. $G(x+y) = G(x) + G(y)$ im gemeinsamen Konvergenzbereich von x und y und $G(cx) = cG(x)$ für alle $c \in \mathbb{K}$ (Linearität von G).

2. $G(x * y) = G(x)G(y)$ im gemeinsamen Konvergenzbereich von x und y. Dabei bezeichnet $x * y$ die *Konvolution* von x und y. Sie ist definiert durch

$$(x * y)(k) := \sum_{i=0}^{k}x(i)y(k-i) = \sum_{i=0}^{k}x(k-i)y(i).$$

3. $G(E^n x)(s) = \dfrac{G(x)(s) - \sum_{j=0}^{n-1}x(j)s^j}{s^n}$ für $s \neq 0$. (Shifting Theorem)

4. $G(x) = G(y)$ genau dann, wenn $x = y$.

Beweis. 1. Sei $G(x)(s) = \sum_{k=0}^{\infty}x(k)s^k$ für $|s| < c_1$ und $G(y)(s) = \sum_{l=0}^{\infty}x(l)s^l$ für $|s| < c_2$. Dann gilt

$$G(x+y) = \sum_{k=0}^{\infty}(x(k)+y(k))s^k = \sum_{k=0}^{\infty}x(k)s^k + \sum_{k=0}^{\infty}y(k)s^k \text{ für } |s| < \min\{c_1, c_2\}$$

und

$$G(cx) = \sum_{k=0}^{\infty}cx(k)s^k = c\sum_{k=0}^{\infty}x(k)s^k.$$

2. Für $|s| < \min\{c_1, c_2\}$ gilt:

$$(G(x)G(y))(s) = \left(\sum_{k=0}^{\infty} x(k)s^k\right) \cdot \left(\sum_{l=0}^{\infty} y(l)s^l\right)$$

$$= \sum_{k,l=0}^{\infty} x(k)y(l)s^{k+l} = \sum_{i=0}^{\infty}\left(\sum_{k=0}^{i} x(k)y(i-k)\right)s^i$$

$$= \sum_{i=0}^{\infty}(x*y)(i)s^i = G(x*y)(s)$$

3. Falls $s \neq 0$, so gilt:

$$G(E^n x)(s) = \sum_{j=0}^{\infty} x(j+n)s^j = \sum_{j=n}^{\infty} x(j)s^{j-n} = \sum_{j=0}^{\infty} x(j)s^{j-n} - \sum_{j=0}^{n-1} x(j)s^{j-n}$$

$$= s^{-n} \cdot G(x)(s) - s^{-n} \cdot \sum_{j=0}^{n-1} x(j)s^j$$

4. Zwei Potenzreihen mit positivem Konvergenzradius stimmen genau dann überein, wenn ihre Koeffizienten übereinstimmen.

$\square$

Um eine Lösung einer linearen Differenzengleichung zu finden, kann man nun wie folgt vorgehen: Man bestimmt zunächst die erzeugende Funktion einer allgemeinen (noch unbekannten) Lösung x dieser Differenzengleichung. Anschließend versucht man, rückwärts die gesuchte Lösung x zu ermitteln, indem die (bekannten) erzeugenden Funktionen einfacherer und bekannter Funktionen geschickt kombiniert werden. Dabei kommen insbesondere die oben gezeigten Eigenschaften der erzeugenden Funktion zur Anwendung. Der erste der beiden Schritte wird durch den folgenden Satz abgedeckt.

Satz 2.6. Ist $x \in \mathbb{K}^{\mathbb{N}}$ eine Lösung der linearen inhomogenen Differenzengleichung

$$\sum_{i=0}^{n} a_i x(k+i) = b(k) \text{ für } k \in \mathbb{N}, \ a_0 \cdot a_n \neq 0,$$

so gilt

$$G(x)(s) = \frac{\sum_{j=0}^{n-1}\left(\sum_{i=0}^{j} a_{n-i}x(j-i)\right)s^j + s^n B(s)}{a_n s^n p(\frac{1}{s})},$$

wobei B erzeugende Funktion von b ist und $p(\lambda) = \sum_{i=0}^{n} \frac{a_i}{a_n}\lambda^i$.

Beweis. Nach den Eigenschaften 1 und 3 der erzeugenden Funktion $G(x)$ gilt

$$G(b)(s) = \sum_{i=0}^{n} a_i G(E^i x)(s) = \sum_{i=0}^{n} a_i \left(\frac{G(x)(s) - \sum_{j=0}^{i-1} x(j)s^j}{s^i} \right)$$

$$= G(x)(s) \sum_{i=0}^{n} \frac{a_i}{s^i} - \sum_{i=0}^{n} a_i \sum_{j=0}^{i-1} x(j)s^{j-i}.$$

Daraus folgt

$$G(x)(s) = \frac{\sum_{i=0}^{n} a_i \sum_{j=0}^{i-1} x(j)s^{j+n-i} + s^n G(b)(s)}{a_n s^n p(\frac{1}{s})}.$$

Durch Umsortieren erhält man

$$\sum_{i=0}^{n} a_i \sum_{j=0}^{i-1} x(j)s^{j+n-i} = \sum_{i=0}^{n} \sum_{j=0}^{i-1} a_i x(j)s^{j+n-i} = \sum_{\substack{k=0 \\ k=n-i}}^{n} \sum_{j=0}^{n-k-1} a_{n-k} x(j)s^{j+k}$$

$$= \sum_{\substack{l=0 \\ l=j+k}}^{n-1} \left(\sum_{k=0}^{l} a_{n-k} x(l-k) \right) s^l.$$

$\square$

Wir wollen jetzt die oben erläuterte Vorgehensweise an einigen Beispielen demonstrieren. Dazu geben wir die Erzeugende zu einigen Funktionen in der folgenden Tabelle an; dabei bezeichne für $x \in \mathbb{K}^{\mathbb{N}}$ und $r \in \mathbb{N}$ $x_r \in \mathbb{K}^{\mathbb{N}}$ die Folge mit $x_r(k) = 0$ für $r < k$ und $x_r(k) = x(k - r)$ für $k \geq r$.

$y(k)$	$G(y)(s)$
$x_r(k)$	$s^r G(x)(s)$
$k^r x(k)$	$\left(s\dfrac{d}{ds} \right)^r G(x)(s)$
$e^{\alpha k}$	$(1 - e^\alpha s)^{-1}$
$\dfrac{\alpha^k}{k!}$	$e^{\alpha s}$
$(k+r)^{[r]} \beta^k$	$\dfrac{r!}{(1 - \beta s)^{r+1}}$

Beispiele. 1. $x(k+1) - ax(k) = b(k)$, $k \in \mathbb{N}$.

Mit $n = 1$, $a_0 = -a$, $a_1 = 1$, $a_i = 0$ für $i > 1$ kann man Satz 2.6 anwenden und erhält

$$G(x)(s) = \frac{x(0) + sB(s)}{s(\frac{1}{s} - a)} = x(0)\frac{1}{1 - as} + \frac{sB(s)}{1 - as}, \ as \neq 1. \tag{§}$$

Wir versuchen, die rechte Seite in (§) als Linearkombination von Erzeugenden einfacherer Funktionen zu schreiben. Aus der Tabelle folgt

$$G(a^k)(s) = \frac{1}{1 - as} \text{ für } |s| < \frac{1}{|a|}, \ a \neq 0 \text{ und damit}$$

$$G(a^{k-1})(s) = \frac{s}{1 - as} \text{ für } |s| < \frac{1}{|a|}, \ a \neq 0.$$

Mit Hilfe der Konvolution (Eigenschaft 2) folgt daraus

$$G\left(\sum_{i=1}^{k} a^{i-1}b(k-i)\right)(s) = G(a^{k-1})(s)G(b(k))(s) = \frac{s}{1 - as}B(s).$$

Damit gilt

$$G(x)(s) = x(0) \cdot G(a^k)(s) + G\left(\sum_{i=1}^{k} a^{i-1}b(k-i)\right)(s).$$

Daraus folgt wegen der Linearität und Eindeutigkeit von G (Eigenschaften 1 und 4) für gegebenes $x(0)$ schließlich

$$x(k) = x(0)a^k + \sum_{i=1}^{k} a^{i-1}b(k-i).$$

Wir haben also aus der Erzeugenden $G(x)$ der unbekannten, gesuchten Funktion x dieselbe dadurch bestimmt, daß wir $G(x)$ als Linearkombination von Erzeugenden von uns bekannten Funktionen ausgedrückt haben.

2. $x(k+2) + a_1 x(k+1) + a_0 x(k) = b(k)$, $k \in \mathbb{N}$.

Mit $a_2 = 1$ kann man Satz 2.6 anwenden und erhält

$$\begin{aligned} G(x)(s) &= \frac{a_2 x(0)s^0 + a_2 x(1)s^1 + a_1 x(0)s^1 + s^2 B(s)}{a_2 s^2 \left(\frac{a_0}{a_2} + \frac{a_1}{a_2} \cdot \frac{1}{s} + \frac{a_2}{a_2} \cdot \left(\frac{1}{s}\right)^2\right)} \\ &= \frac{x(0) + (x(1) + a_1 x(0))s + s^2 B(s)}{1 + a_1 s + a_0 s^2} \end{aligned}$$

Wir machen zunächst die Annahme, wir hätten y mit $G(y)(s) = \frac{1}{1 + a_1 s + a_0 s^2}$. Dann gilt

$$\frac{s}{1 + a_1 s + a_0 s^2} = G(y')(s) \text{ mit } y'(k) := y(k-1) \text{ und}$$

$$\frac{s^2}{1 + a_1 s + a_0 s^2} = G(y'')(s) \text{ mit } y''(k) := y(k-2).$$

Daraus folgt

$$G(x)(s) = x(0)G(y)(s) + (x(1) + a_1 x(0))\, G(y')(s) + G(y'')(s)B(s).$$

Wegen $G(y'')(s)B(s) = G\left(\sum_{i=0}^{k} y''(i)b(k-i)\right)(s)$ gilt

$$G(x)(s) = G\left(x(0)y(k) + (x(1) + a_1 x(0))y(k-1) + \sum_{i=0}^{k} y(i-2)b(k-i)\right)(s)$$

Mit Eigenschaft 4 folgt daraus wie im ersten Beispiel

$$x(k) = x(0)y(k) + (x(1) + a_1 x(0))y(k-1) + \sum_{i=0}^{k} y(i-2)b(k-i).$$

Nun bleibt noch y zu bestimmen. Es gilt $1 + a_1 s + a_0 s^2 = s^2\left(\frac{1}{s^2} + a_1 \frac{1}{s} + a_0\right) = (*)$. Da das Polynom $\lambda^2 + a_1\lambda + a_0$ in $\mathbb{C}$ Nullstellen λ_1 und λ_2 hat, gilt

$$(*) = s^2(\tfrac{1}{s} - \lambda_1)(\tfrac{1}{s} - \lambda_2) = (1 - \lambda_1 s)(1 - \lambda_2 s).$$

Damit hat man

$$\frac{1}{1 + a_1 s + a_0 s^2} = \frac{1}{(1 - \lambda_1 s)(1 - \lambda_2 s)} = \left(\frac{\lambda_1}{1 - \lambda_1 s} - \frac{\lambda_2}{1 - \lambda_2 s}\right) \cdot \frac{1}{\lambda_1 - \lambda_2}$$

falls $\lambda_1 \neq \lambda_2$. Daraus folgt vermöge des letzten Eintrages der Tabelle und Eigenschaft 4 weiter

$$y(k) = \begin{cases} \frac{1}{\lambda_1 - \lambda_2}(\lambda_1^{k+1} - \lambda_2^{k+1}) & , \lambda_1 \neq \lambda_2 \\ (k+1)\lambda_1^k & , \lambda_1 = \lambda_2 \end{cases}$$

Damit haben wir eine Lösung $x(k)$ der ursprünglichen Differenzengleichung erhalten. Für den Fall, daß λ_1, λ_2 konjugiert komplex und verschieden sind, d. h. $\lambda_1 = \rho e^{i\varphi}$, $\lambda_2 = \rho e^{-i\varphi}$ mit $\varphi \neq 0$, ergibt sich beispielsweise

$$y(k) = \frac{\rho^{k+1}\left(e^{i(k+1)\varphi} - e^{-i(k+1)\varphi}\right)}{\rho(e^{i\varphi} - e^{-i\varphi})} = \frac{\rho^k \cdot 2i\sin(k+1)\varphi}{2i\sin\varphi} = \rho^k \cdot \frac{\sin(k+1)\varphi}{\sin\varphi}$$

Als Spezialfall erhalten wir für die *Fibonacci-Zahlen*

$$x(k+2) = x(k+1) + x(k), \quad x(0) = x(1) = 1$$

also mit $a_0 = a_1 = -1$, $b(k) = 0$ für $k \in \mathbb{N}$

$$x(k) = x(0)y(k) = y(k).$$

Für die Nullstellen von $\lambda^2 - \lambda - 1 = 0$ gilt $\lambda_{1,2} = \frac{1 \pm \sqrt{5}}{2}$. Also handelt es sich um zwei verschiedene reelle Nullstellen und daher ist

$$x(k) = \frac{1}{\sqrt{5}} \left(\left(\frac{1 + \sqrt{5}}{2} \right)^{k+1} - \left(\frac{1 - \sqrt{5}}{2} \right)^{k+1} \right) \quad (\textit{Binetsche Formel}) \ .$$

3. *Volterra-Summation:* $x(k+1) = a + b \sum_{i=0}^{k} (k-i)x(i)$, $a, b \in \mathbb{R}$.

Hier ist Satz 2.6 nicht direkt anwendbar, jedoch läßt sich die Gleichung trotzdem mit der erzeugenden Funktion behandeln, da auf der rechten Seite eine Konvolution steht. Es folgt

$$G(\mathrm{E}x)(s) = G(a)(s) + b \cdot G(x * y)(s) \text{ mit } y(k) = k.$$

Mit Eigenschaft 3 gilt

$$\frac{G(x)(s) - x(0)}{s} = \frac{a}{1-s} + b(G(x)G(y))(s) \tag{¶}$$

Wegen $G(y)(s) = \frac{s}{(1-s)^2}$ ist (¶) äquivalent zu

$$G(x)(s) \left(\frac{1}{s} - \frac{bs}{(1-s)^2} \right) = \frac{x(0)}{s} + \frac{a}{1-s}.$$

Daraus folgt wegen $(1-s)^2 - bs^2 = (1 - s + \sqrt{b}s)(1 - s - \sqrt{b}s)$

$$G(x)(s) = \frac{as + x(0)(1-s)}{(1-s)^2 - bs^2}(1-s) = \frac{as + x(0)(1-s)}{(1 + (\sqrt{b}-1)s)(1 - (\sqrt{b}+1)s)}(1-s).$$

Zahlenbeispiel: Sei $a = 1$, $b = 16$ und $x(0) = 1$. Damit erhält man

$$G(x)(s) = \frac{s + (1-s)}{(1-s)^2 - 16s^2}(1-s) = \frac{(1-s)}{(1+3s)(1-5s)} = \frac{1}{2} \left(\frac{1}{1+3s} + \frac{1}{1-5s} \right)$$

$$= \frac{1}{2} G\left((-3)^k \right)(s) + \frac{1}{2} G\left(5^k \right)(s).$$

Also gilt $x(k) = \frac{1}{2}(-3)^k + \frac{1}{2}5^k$.

4. Anwendung: Ein Beispiel aus der Epidemiologie.

Sei $y(t)$ der Anteil der anfälligen Individuen in einer Population zum Zeitpunkt t und A_t das Ausmaß, wie ansteckend die Individuen zum Zeitpunkt t sind. Das Modell sei dann beschrieben durch

$$\log \frac{1}{y(t+1)} = \sum_{i=0}^{t} (1 + \varepsilon - y(t-i))A_i, \quad t \in \mathbb{N}, \tag{||}$$

wobei $\epsilon > 0$ eine Konstante ist. Wir definieren $x(t)$ durch $y(t) = e^{-x(t)}$. Dann ist (‖) äquivalent zu

$$x(t+1) = \sum_{i=0}^{t} (1 + \varepsilon - e^{-x(t-i)}) A_i.$$

Am Anfang der Epidemie ist der Anteil $y(t)$ noch sehr klein, d. h. $x(t)$ ist ebenfalls sehr klein. Daher kann man näherungsweise $e^{-x(t-i)} \approx 1 - x(t-i)$ annehmen. Dann gilt

$$x(t+1) = \sum_{i=0}^{t} (\varepsilon + x(t-i)) A_i, \quad t \in \mathbb{N}, \; x(0) = 0.$$

Ähnlich wie bei der Volterra-Summation folgt

$$\frac{G(x)(s)}{s} = G(A)(s) G(\varepsilon + x)(s) = G(A)(s) \left(\frac{\varepsilon}{1-s} + G(x)(s) \right)$$

Daraus folgt

$$G(x)(s) \left(\frac{1}{s} - G(A)(s) \right) = \frac{\varepsilon G(A)(s)}{1-s}$$

und weiter

$$G(x)(s) = \frac{\varepsilon s G(A)(s)}{(1-s)(1 - s G(A)(s))}.$$

Gilt $A_i = c\alpha^i$ mit $\alpha \in [0,1] \subset \mathbb{R}$, $c > 0$, $\alpha + c \neq 1$, dann erhält man $G(A)(s) = \frac{c}{1-\alpha s}$. Daraus folgt

$$G(x)(s) = \frac{\varepsilon s c \cdot \frac{1}{1-\alpha s}}{(1-s)(1 - sc \cdot \frac{1}{1-\alpha s})} = \frac{\varepsilon s c}{(1-s)(1 - (\alpha + c)s)}.$$

Durch die Partialbruchzerlegung $\frac{s(1-(\alpha+c))}{(1-s)(1-(\alpha+c)s)} = \frac{1}{1-s} - \frac{1}{1-(\alpha+c)s}$ folgt daraus

$$G(x)(s) = \frac{\varepsilon c}{1 - (\alpha + c)} \left(\frac{1}{1 - s} - \frac{1}{1 - (\alpha + c)s} \right)$$

Aus der Tabelle folgt $\frac{1}{1-s} = G(1)(s)$ und $\frac{1}{1-(\alpha+c)s} = G\left((a+c)^k\right)$. Dann liefern die Linearität und Eindeutigkeit von G

$$x(k) = \frac{\varepsilon c}{1 - (\alpha + c)} \left(1 - (\alpha + c)^k \right).$$

$\Diamond$

Referenzen

- Zum Beispiel 4 siehe ausführlich Lauwerier, H.: *Mathematical Models of Epidemics*, Math. Centrum, Amsterdam, 1981.

Aufgaben

1. Wie lauten die erzeugenden Funktionen der Folgen

   (a) $x(t) = \frac{1}{t!}$

   (b) $x(t) = \frac{2^t}{t}$ für $t \in \mathbb{N}(1)$ und $x(0) = 0$

   (c) $x(t) = t2^t$?

2. Bestimmen Sie die erzeugende Funktion von $x_k(t) = \cos(kt)$.

3. (a) Wie lauten die erzeugenden Funktionen von für $x(t) = \binom{n}{t}$ $(t = 0, \ldots, n)$, $x(t) = 0$ $(n > t)$?

   (b) Berechnen Sie $\sum_{t=0}^{n} t\binom{n}{t}$ durch Anwendung von Aufgabe (a) und durch Differenzieren.

4. Zeigen Sie die Behauptung in Bemerkung 3 auf S.43.

5. Verifizieren Sie, daß die in Beispiel 2 auf S.43 ermittelte Lösung $u(n) = \frac{2^n}{n!}$ tatsächlich eine Lösung der gegebenen Differenzengleichung ist.

3 Lineare diskrete dynamische Systeme und Differenzengleichungen

Ist eine Differenzengleichung n-ter Ordnung in Normalgestalt gegeben, so läßt sich offenbar der Zustand $x(t)$ des Systems zum Zeitpunkt t rekursiv aus den n vorangehenden Zuständen ermitteln, denn $x(t) = f(x(t-1), \dots, x(t-n), t)$ für alle $t \geq n$. Man ist jedoch daran interessiert, wie sich der t-te Zustand $x(t)$ *direkt* in Abhängigkeit der Zeit t ergibt und nennt eine solche Funktion $t \mapsto x(t)$ dann Lösung der Differenzengleichung zu den Anfangsbedingungen $x(0), x(1), \dots, x(n-1)$.

So wie man in der Linearen Algebra nicht nur eine einzelne Gleichung, sondern ein ganzes System von Gleichungen betrachtet, läßt sich auch ein System von Differenzengleichungen obigen Typs betrachten. Die Untersuchung solcher Systeme stellt sich in der Tat sehr häufig in den Naturwissenschaften, den Sozialwissenschaften und der Technik. Im ersten Kapitel haben wir schon gesehen, wie sich eine Differenzengleichung obigen Typs als ein System von mehreren Differenzengleichungen erster Ordnung auffassen läßt. Daher können wir ein System von Differenzengleichungen höherer Ordnung als ein – offensichtlich sehr großes – System von Differenzengleichungen erster Ordnung, d. h. als ein diskretes dynamisches System auffassen. Wie bereits die Beispiele im ersten Kapitel zeigen, kann die Behandlung eines solchen Systems für nichtlineare Funktionen f extrem schwierig sein. Daher empfiehlt es sich, zunächst lineare Funktionen zu betrachten. Dies auch deswegen, weil für viele wichtige Fragen, wie z. B. Stabilitätseigenschaften, die im vierten Kapitel betrachtet werden, lineare Systeme eine geeignete Approximation für nichtlineare Systeme darstellen.

Die ersten beiden Abschnitte befassen sich mit der Gestalt der Lösungen von Systemen linearer Differenzengleichungen in ihrer allgemeinsten Form. Der dritte Abschnitt untersucht, welche zusätzlichen Aussagen man über Lösungen machen kann, wenn die Koeffizienten dieser Systeme konstant sind. Für diese speziellen Systeme, aber auch nur hierfür, lassen sich alle Lösungen auf eine systematische Weise ermitteln.

3.1 Lineare Unabhängigkeit

Unter einem *linearen, nichtautonomen, inhomogenen System linearer Differenzenglei-chungen* versteht man das System

$$x(t+1) = A(t)x(t) + b(t) \tag{3.1}$$

bzw. in Operatorschreibweise auch kurz

$$Ex = Ax + b,$$

wobei $x(t) = [x_1(t), \dots, x_n(t)]^T$, $A(t) \in \mathbb{K}^{n \times n}$, $b(t) = [b_1(t), \dots, b_n(t)]^T$ und $t \in N$. Das System $Ex = Ax$ ist das zugehörige *homogene* System. Dabei ist N wieder eine Zeitmenge, d. h. $N \in \{\mathbb{N}, \mathbb{N}(a), \mathbb{N}(a,b) \mid 0 < a \leq b - 1\}$ (vgl. Definition 1).

Offensichtlich besitzt ein inhomogenes System zu jedem Anfangswert $x(t_0)$ genau eine Lösung, wenn $A(t)$ und $b(t)$ für alle $t \in N$ gegeben sind. Für jedes $t \in N$ sind dann nämlich alle Funktionswerte $x(t)$ über Gleichung (3.1) eindeutig bestimmt. Die Frage lautet nun, ob man für diese eindeutige Folge von Werten $x(t)$ zu jedem Anfangswert eine explizite Berechnungsformel angeben kann. Hat man zu dem System $Ex = Ax + b$ durch Variation der Anfangswerte eine Menge von Lösungen gefunden, so ist jedenfalls jede Linearkombination dieser Lösungen wieder eine Lösung des Systems:

Superpositionsprinzip.
Ist x eine Lösung des Systems $Ex = Ax + b$ und y eine Lösung des Systems $Ey = Ay + \hat{b}$, dann ist $z := c_1 x + c_2 y$ für $c_1, c_2 \in \mathbb{K}$ eine Lösung des Systems $Ez = Az + c_1 b + c_2 \hat{b}$, denn es gilt

$$Ez = c_1(Ax + b) + c_2(Ay + \hat{b}) = A(c_1 x + c_2 y) + c_1 b + c_2 \hat{b}.$$

Daraus folgt insbesondere, daß die Menge der Lösungen des homogenen Systems $Ex = Ax$ ein Untervektorraum des $(\mathbb{K}^n)^N$ ist. Außerdem gilt die folgende

Folgerung. Die allgemeine Lösung des inhomogenen Systems $Ex = Ax + b$ hat die Gestalt $x = x^s + x^o$, wobei x^s eine spezielle Lösung des inhomogenen Systems und x^o die allgemeine Lösung des homogenen Systems ist.

Beweis. Für $x = x^s + x^o$ gilt

$$E(x^s + x^o) = Ex^s + Ex^o = Ax^s + b + Ax^o = A(x^s + x^o) + b,$$

also ist x eine Lösung des inhomogenen Systems. Ist x eine beliebige und x^s eine spezielle Lösung des inhomogenen Systems, so gilt

$$E(x - x^s) = Ex - Ex^s = Ax + b - Ax^s - b = A(x - x^s),$$

also ist $x^o = x - x^s$ Lösung des homogenen Systems. $\square$

Wir werden uns somit zunächst auf die Beschreibung der allgemeinen Lösung des homogenen Systems $Ex = Ax$ konzentrieren. Dabei gilt, daß jede Linearkombination von Lösungen des Systems $Ex = Ax$ wieder eine Lösung dieses Systems ist. Es zeigt sich dann, daß sich jede Lösung von $Ex = Ax$ als Linearkombination aus einer minimalen Lösungsmenge, d. h. einer Menge von linear unabhängigen Lösungen gewinnen läßt.

Definition 7. Die Funktionen $x_1, \ldots, x_m \in \mathbb{K}^N$ heißen *linear abhängig*, wenn es Skalare $c_1, \ldots, c_m \in \mathbb{K}$, $[c_1, \ldots, c_m] \neq [0, \ldots, 0]$ gibt mit

$$c_1 x_1(t) + \ldots + c_m x_m(t) = 0 \text{ für alle } t \in N. \tag{3.2}$$

Gilt (3.2) genau dann, wenn $[c_1, \ldots, c_m] = [0, \ldots, 0]$, so heißen $x_1, \ldots, x_m$ *linear unabhängig*. Allgemeiner heißen die Funktionen $x^1, \ldots, x^m \in (\mathbb{K}^n)^N$ linear abhängig, wenn es Skalare $c_1, \ldots, c_m \in \mathbb{K}$, $[c_1, \ldots, c_m] \neq [0, \ldots, 0]$ gibt mit

$$c_1 x^1(t) + \ldots + c_m x^m(t) = 0 \text{ für alle } t \in N.$$

Andernfalls heißen $x^1, \ldots, x^m$ linear unabhängig.

Offenbar spannt eine maximale Menge linear unabhängiger Lösungen des homogenen Systems $Ex = Ax$ den gesamten Lösungsraum des homogenen Systems auf. Wir benötigen daher einfache Kriterien, um Lösungen auf lineare Unabhängigkeit zu untersuchen.

Definition 8. Seien $x^1, \ldots, x^n \in (\mathbb{K}^n)^N$. Die Matrix $C(t) = C(x^1, \ldots, x^n)(t)$ mit den Spalten $x^j(t)$ heißt *Casorati-Matrix* der Funktionen $x^1, \ldots, x^n$ im Punkt $t \in N$, also

$$C(t) = \begin{bmatrix} x_1^1(t) & \cdots & x_1^n(t) \\ \vdots & \ddots & \vdots \\ x_n^1(t) & \cdots & x_n^n(t) \end{bmatrix}$$

Die Determinante $\det C(t)$ heißt *Casorati-Determinante.*.

Satz 3.1. Sei $C(t)$ für $t \in N$ die Casorati-Matrix der Funktionen $x^1, \ldots, x^n \in (\mathbb{K}^n)^N$. Es gelten folgende Aussagen:

1. Ist $\det C(t_0) \neq 0$ für ein $t_0 \in N$, dann sind $x^1, \ldots, x^n$ linear unabhängig.

2. Sind $x^1, \ldots, x^n$ linear unabhängige Lösungen des homogenen Systems $Ex = Ax$ mit $\det A(t) \neq 0$ für alle $t \in N$, dann gilt $\det C(t) \neq 0$ für alle $t \in N$.

3. Sind $x^1, \ldots, x^n$ Lösungen des homogenen Systems $Ex = Ax$ mit $\det A(t) \neq 0$ für alle $t \in N$, dann gilt

    $$\det C(t_0) \neq 0 \text{ für ein } t_0 \in N \iff x^1, \ldots, x^n \text{ linear unabhängig.}$$

4. Sind $x^1, \ldots, x^n$ Lösungen des homogenen Systems $Ex = Ax$, dann gilt

    $$\det C(t_0) \neq 0 \text{ für } t_0 = \min N \iff x^1, \ldots, x^n \text{ linear unabhängig.}$$

Beweis. 1. Sei $c_1 x^1(t) + \ldots + c_n x^n(t) = 0$ für alle $t \in N$ mit $c_1, \ldots, c_n \in \mathbb{K}$, dann ist $C(t)c = 0$ für $c := [c_1, \ldots, c_n]^T$ und alle $t \in N$. Dann folgt aus $\det C(t_0) \neq 0$ für ein $t_0 \in N$ sofort $c = [0, \ldots, 0]^T$. Also sind $x^1, \ldots, x^n$ linear unabhängig.

2. Sei $\det C(t_0) = 0$ für ein $t_0 \in N$. Dann gilt $C(t_0)c = 0$ für ein $c \in \mathbb{K}^n$ mit $c \neq [0, \ldots, 0]^T$. Setze $x(t) = c_1 x^1(t) + \ldots + c_n x^n(t)$. Dann ist x nach dem Superpositionsprinzip eine Lösung des homogenen Systems und es gilt $x(t_0) = C(t_0)c = 0$. Wegen $x(t + 1) = A(t)x(t)$ folgt daraus jedenfalls $x(t) = 0$ für alle $t \geq t_0$. Da nach Voraussetzung $\det A(t) \neq 0$ für alle $t \in N$, ist $A(t)$ für alle $t \leq t_0$ invertierbar. Damit gilt $x(t) = A(t)^{-1}x(t+1)$ und mit $x(t_0) = 0$ folgt daraus $x(t) = 0$ auch für alle $t \leq t_0$. Damit gilt für alle $t \in N$

$$0 = x(t) = \sum_{j=1}^{n} c_j x^j(t) \text{ für } c \neq [0, \ldots, 0]^T$$

Also sind $x^1, \ldots, x^n$ linear abhängig.

3. Diese Aussage ergibt sich aus den Aussagen 1 und 2.

4. Diese Aussage ergibt sich ebenfalls aus Aussage 1 und dem Beweis von Aussage 2 mit $t_0 := \min N$.

$\square$

Bemerkung. Die Umkehrung in Satz 3.1 (1.) gilt im allgemeinen nicht. Beispiel:

$$x^1(t) = \begin{bmatrix} 1 \\ t \end{bmatrix}, \quad x^2(t) = \begin{bmatrix} t \\ t^2 \end{bmatrix}, \quad n = 2, \, N = \mathbb{N}.$$

Dann sind x^1, x^2 linear unabhängig, denn

$$0 = c_1 x^1(t) + c_2 x^2(t) = \begin{bmatrix} c_1 + c_2 t \\ c_1 t + c_2 t^2 \end{bmatrix} \implies c_1 + c_2 t = 0 \text{ und } c_1 t + c_2 t^2 = 0$$

für alle $t \in \mathbb{N}$. Daraus folgt $c_2 = 0$ und $c_1 = 0$. Für die Casorati-Matrix $C(t) = \begin{bmatrix} 1 & t \\ t & t^2 \end{bmatrix}$ gilt jedoch $\det C(t) = t^2 - t \cdot t = 0$ für alle $t \in \mathbb{N}$.

Aufgaben

1. (a) Sei $a_n u(t+n) + a_{n-1} u(t+n-1) + \ldots + a_0 u(t) = 0$ eine homogene Differenzengleichung n-ter Ordnung und seien $u_1(t), \ldots, u_n(t)$ verschiedene Lösungen hiervon. Stellen Sie die Casorati-Matrix dieser Differenzengleichung auf.

    Hinweis: Überführen Sie die Differenzengleichung zunächst in ein diskretes dynamisches System (vgl. Kapitel 1.3).

(b) Zeigen Sie, daß die Casorati-Determinante aus (a) in folgender Form geschrieben
    werden kann

$$
\det C(t) = \det \begin{bmatrix}
u_1(t) & \cdots & u_n(t) \\
\triangle u_1(t) & \cdots & \triangle u_n(t) \\
\vdots & \ddots & \vdots \\
\triangle^{n-1} u_1(t) & \cdots & \triangle^{n-1} u_n(t)
\end{bmatrix} .
$$

2.* (a) Beweisen Sie: Sind $x^1(t), \dots, x^n(t)$ linear unabhängige Lösungen des Systems
      $Ex = Ax$, dann kann jede Lösung $x(t)$ von $Ex = Ax$ in der Form

$$
x(t) = c_1 x^1(t) + \dots + c_n x^n(t)
$$

   mit gewissen Konstanten $c_1, \dots, c_n$ geschrieben werden.
   Hinweis: Der Beweis ist Gegenstand des nächsten Abschnittes.

(b) Was folgt aus (a) für eine Differenzengleichung n-ter Ordnung?

3. Zeigen Sie

   (a) direkt und

   (b) mit Hilfe der Casorati-Determinante (vgl. Aufgabe 1),

   daß $u_1(t) = 2^t$, $u_2(t) = 3^t$ und $u_3(t) = 1$ für $t \in N$ linear unabhängige Lösungen der
   Differenzengleichung $u(t+3) - 6u(t+2) + 11u(t+1) - 6u(t) = 0$ mit $N = \mathbb{N}$ sind.

4. Zeigen Sie

   (a) direkt und

   (b) mit Hilfe der Casorati-Determinante (vgl. Aufgabe 1),

   daß $u_1(t) = 2^t$ und $u_2(t) = 3^t$ für $t \in \mathbb{N}(3)$ linear unabhängige Lösungen der Differenzengleichung $u(t+2) - 5u(t+1) + 6u(t) = 0$ mit $N = \mathbb{N}(3)$ sind.

5. Benutzen Sie die Ergebnisse aus Aufgabe 2 und 3, um die Lösung des Anfangswertproblems $u(t+3) - 6u(t+2) + 11u(t+1) - 6u(t) = 0$ mit $u(0) = 1$, $u(1) = 2$ und
   $u(2) = 2$ zu bestimmen.

6. Benutzen Sie die Ergebnisse aus Aufgabe 2 und 4, um die Lösung des Anfangswertproblems $u(t+2) - 5u(t+1) + 6u(t) = 0$ mit $u(3) = 0$, und $u(4) = 12$ zu bestimmen.

7. (a) Zeigen Sie, daß $u_1(t) = t^2 + 2$, $u_2(t) = t^2 - 3t$ und $u_3(t) = 2t - 1$ Lösungen von
      $\triangle^3 u(t) = 0$ sind.

   (b) Berechnen Sie die Casorati-Determinante der Funktionen aus (a) und ermitteln
       Sie, ob diese Funktionen linear unabhängig sind.
       Hinweis: Benutzen Sie Aufgabe 1.

8. Sind $u_1(t) = 2^t \cos \frac{2\pi t}{3}$ und $u_2(t) = 2^t \sin \frac{2\pi t}{3}$ linear unabhängige Lösungen von $u(t + 2) + 2u(t+1) + 4u(t) = 0$?

9. Prüfen Sie auf lineare Unabhängigkeit

   (a) $x^1(t) = [1, 2^t]^T$, $x^2(t) = [2^t, t2^t]^T$;

   (b) $x^1(t) = [2^t, 2^{t+1}]^T$, $x^2(t) = [t2^t, t2^{t+1}]^T$;

   (c) $x^1(t) = [\sin(2\pi t), t]^T$, $x^2(t) = [\cos(2\pi t), t^2]^T$.

10. Bestimmen Sie mit Hilfe von Aufgabe 1 die Casorati-Determinante der folgenden Funktionen und entscheiden Sie, ob sie linear unabhängig sind.

    (a) 2^t, $3 \cdot 2^{t+2}$, e^t;

    (b) 3^t, $t3^t$, $t^2 3^t$;

    (c) $(-2)^t$, 2^t, 3.

3.2 Fundamentalmatrizen und Green-Matrix

In diesem Abschnitt wird untersucht, wie sich die allgemeine Lösung des Systems $Ex = Ax + b$ darstellen läßt. Wir wissen bereits, daß man dazu die allgemeine Lösung des homogenen Systems $Ex = Ax$, sowie eine spezielle Lösung des inhomogenen Systems benötigt. Die allgemeine Lösung des homogenen Systems läßt sich folgendermaßen durch linear unabhängige Lösungen des homogenen Systems beschreiben. Sei x^j die eindeutig bestimmte Lösung zum Anfangswert e^j (=j-ter Einheitsvektor) von $Ex = Ax$, d. h. für $t_0 = \min N$ sei $x^j(t_0) = e^j$. Ist $x^j(t_0) = e^j$ für alle $j = 1, \ldots, n$, so gilt für die Casorati-Determinante

$$\det C(x^1, \ldots, x^n)(t_0) = \det E_n \neq 0.$$

Daraus folgt mit Satz 3.1 (1.), daß $x^1, \ldots, x^n$ linear unabhängig sind. Sei nun x eine beliebige Lösung von $Ex = Ax$ und sei

$$y(t) := \sum_{j=1}^{n} x^j(t) x_j(t_0).$$

Dann ist y eine Lösung, d. h. es gilt $Ey = Ay$, mit

$$y(t_0) = \sum_{j=1}^{n} x^j(t_0) x_j(t_0) = \sum_{j=1}^{n} e^j x_j(t_0) = [x_1(t_0), \ldots, x_n(t_0)]^T = x(t_0).$$

Daraus folgt $x(t) = y(t)$ für alle $t \in N$ und damit gilt $x(t) = \sum_{j=1}^{n} x^j(t) x_j(t_0)$. Also bilden $x^1, \ldots, x^n$ eine Basis aller Lösungen von $Ex = Ax$.

Sei $X(t) = [x^1(t), \ldots, x^n(t)]$, dann ist $X(t_0) = E_n$ und für jede Lösung x von $Ex = Ax$ gilt $x(t) = X(t) x(t_0)$. Sind nun $z^1, \ldots, z^n$ beliebige linear unabhängige Lösungen von $Ez = Az$ und ist $Z(t) = [z^1(t), \dots, z^n(t)]$, so folgt insbesondere $z^j(t) = X(t)z^j(t_0)$ und daher $Z(t) = X(t)Z(t_0)$ für alle $t \in N$. Nach Satz 3.1 (4.) ist $\det Z(t_0) \neq 0$, also $X(t) = Z(t)Z(t_0)^{-1}$ und daher gilt für jede Lösung x, daß $x(t) = Z(t)c$ ist für alle $t \in N$ mit einem Vektor $c = Z(t_0)^{-1}x(t_0) \in \mathbb{K}^n$. Zusammenfassend gilt also

Korollar 3.2. Die Menge aller Lösungen des homogenen Systems $Ex = Ax$ mit $x(t) \in \mathbb{K}^n$ ist ein n-dimensionaler Untervektorraum des $(\mathbb{K}^n)^N$. Sind $z^1, \dots, z^n$ beliebige linear unabhängige Lösungen, so ist die Menge aller Lösungen gegeben durch

$$\{x \in (\mathbb{K}^n)^N \mid x(t) = Z(t)c,\ c \in \mathbb{K}^n\},$$

wobei $Z(t) = [z^1(t), \dots, z^n(t)]$. $\qquad\qquad\qquad\qquad\qquad\qquad\qquad\qquad\square$

Definition 9. Sind $z^1, \dots, z^n$ linear unabhängige Lösungen des homogenen Systems $Ex = Ax$, so heißt die (Casorati-)Matrix

$$Z(t) := [z^1(t), \dots, z^n(t)]$$

eine *Fundamentalmatrix* des homogenen Systems. Die Fundamentalmatrix $X(t)$ mit $X(t_0) = E_n$ heißt *Hauptfundamentalmatrix*.

Wir haben oben gezeigt, daß für eine beliebige Fundamentalmatrix $Z(t)$ stets $Z(t) = X(t)Z(t_0)$ gilt. Somit sind alle Fundamentalmatrizen äquivalent, denn sind $Y(t)$ und $Z(t)$ zwei Fundamentalmatrizen, dann gilt

$$Z(t) = X(t)Z(t_0) = \left(Y(t)Y(t_0)^{-1}\right)Z(t_0) = Y(t)C,$$

wobei $C = Y(t_0)^{-1}Z(t_0)$ eine invertierbare Matrix ist. Ist umgekehrt $Y(t)$ eine Fundamentalmatrix und $C \in \mathbb{K}^{n \times n}$ invertierbar, dann ist $Y(t)C$ auch eine Fundamentalmatrix, denn es gilt

$$Y(t+1)C = A(t)Y(t)C.$$

Man beachte, daß $CY(t)$ im allgemeinen jedoch keine Fundamentalmatrix ist!

Korollar 3.2 zeigt, wie sich die Menge aller Lösungen von $Ex = Ax$ bei Kenntnis einer Fundamentalmatrix beschreiben läßt. Die Frage lautet nun, ob man daraus auch Lösungen des inhomogenen Systems $Ex = Ax + b$ gewinnen kann. Eine Antwort darauf gibt die folgende Methode.

Variation der Konstanten. Sei nun $x(t+1) = A(t)x(t) + b(t)$, $t \in N$. Für die Lösungen des homogenen Systems gilt $x(t) = Y(t)c$, wobei $Y(t)$ eine Fundamentalmatrix und $c \in \mathbb{K}^n$ ist. Durch Variation des Vektors c mit der Zeit t lassen sich mit $x(t) = Y(t)c(t)$ auch Lösungen des inhomogenen Systems gewinnen (Variation der Konstanten). Ein solches $x(t)$ ist genau dann eine Lösung des inhomogenen Systems, wenn $Y(t+1)c(t+1) = A(t)Y(t)c(t)+b(t)$, d. h. wegen $Y(t+1) = A(t)Y(t)$ also $Y(t+1)(c(t+1)-c(t)) = b(t)$ bzw.

$$Y(t+1)\Delta c(t) = b(t).$$

Wir nehmen an, es gilt $\det A(t) \neq 0$ für alle $t \in N$. Dann ist $Y(t)$ nach Satz 3.1 (2.) invertierbar für alle $t \in N$ und es gilt $\Delta c(t) = Y(t+1)^{-1}b(t)$. Mit dem Fundamentalsatz des Differenzenkalküls (vgl. S.33) folgt daraus

$$c(t) = \sum_{k=t_0}^{t-1} Y(k+1)^{-1}b(k) + c(t_0) = \sum_{k=t_0+1}^{t} Y(k)^{-1}b(k-1) + c(t_0).$$

Gemäß der Anfangsbedingung $x(t_0) = x^0$ muß für $c(t_0)$ gelten $Y(t_0)c(t_0) = x(t_0) = x^0$. Daraus folgt $c(t_0) = Y(t_0)^{-1}x^0$. Für die Lösung des inhomogenen Systems gilt also

$$x(t) = Y(t)c(t) = Y(t)\left(Y(t_0)^{-1}x^0 + \sum_{k=t_0+1}^{t} Y(k)^{-1}b(k-1)\right) \quad \text{für alle } t \in N \quad (3.3)$$

für eine beliebige Fundamentalmatrix $Y(t)$ und ein beliebiges $t_0 \in N$ mit $x(t_0) = x^0$. Verwendet man die Hauptfundamentalmatrix $X(t, t_0) := X(t) = Y(t)Y(t_0)^{-1}$, so gilt

$$x(t) = X(t, t_0)x^0 + \sum_{k=t_0+1}^{t} Y(t)Y(t_0)^{-1}Y(t_0)Y(k)^{-1}b(k-1)$$

$$= X(t, t_0)x^0 + \sum_{k=t_0+1}^{t} X(t, t_0)X(k, t_0)^{-1}b(k-1). \quad (3.4)$$

Damit haben wir die allgemeine Lösung des inhomogenen Systems $Ex = Ax+b$ gefunden. Dabei ist der erste Summand in (3.4) die allgemeine Lösung des homogenen Systems $Ex = Ax$ und der zweite Summand eine spezielle Lösung des inhomogenen Systems. Wir wollen jetzt (3.4) noch etwas anders formulieren.

Definition 10. Für das homogene System $x(t+1) = A(t)x(t)$, $t \in N$, mit $\det A(t) \neq 0$ für alle $t \in N$ und ein $t_0 \in N$ heißt die Matrix

$$G(t, k) := X(t, t_0)X(k, t_0)^{-1}, \qquad k, t \in N,$$

die *Green-Matrix* des homogenen Systems.

Folgerung. Für die allgemeine Lösung des Systems $Ex = Ax + b$ mit Anfangswert $x(t_0) = x^0$ gilt

$$x(t) = X(t, t_0)x^0 + \sum_{k=t_0+1}^{t} G(t, k)b(k-1). \quad (3.5)$$

$\square$

Sowohl in der Darstellung (3.4) als auch in der Darstellung (3.5) der allgemeinen Lösung von $Ex = Ax+b$ taucht die Hauptfundamentalmatrix auf, die a priori aber nicht bekannt ist. Schöner wäre es, eine Lösungsdarstellung zu haben, die nur die bekannten Koeffizienten $A(t)$ und den Vektor $b(t)$ enthält. Dazu zeigen wir einige Eigenschaften der Hauptfundamentalmatrix und der Green-Matrix.

Lemma 3.3 (Eigenschaften der Hauptfundamentalmatrix). Sei $t_0 \in N$.

1. Es gilt

$$
X(t, t_0) = \begin{cases}
E_n & , t = t_0 \\
A(t-1)A(t-2) \cdot \ldots \cdot A(t_0) & , t > t_0 \\
A(t)^{-1}A(t+1)^{-1} \cdot \ldots \cdot A(t_0-1)^{-1} & , t < t_0 \text{ und } \det A(t) \neq 0 \\
& \text{für alle } t < t_0
\end{cases}
$$

2. Ist $A(t) = A$ für alle $t \in N$, so gilt

$$
X(t, t_0) = \begin{cases}
A^{t-t_0} & , t \geq t_0 \\
A^{-(t_0-t)} & , t < t_0 \text{ und } \det A \neq 0
\end{cases}
$$
$$
= A^{t-t_0}, \text{ falls } A \text{ invertierbar ist.}
$$

3. Ist $Z(t)$ eine Fundamentalmatrix, so gilt:

$$
\det Z(t) = \det Z(t_0) \cdot \begin{cases}
\det A(t-1) \det A(t-2) \cdot \ldots \cdot \det A(t_0), & t > t_0 \\
(\det A(t))^{-1}(\det A(t+1))^{-1} \cdot \ldots \cdot (\det A(t_0-1))^{-1}, & t < t_0,
\end{cases}
$$

wobei im zweiten Fall $\det A(t) \neq 0$ für alle $t < t_0$ gelten muß.

Beweis. 1. Da $X(t+1, t_0) = A(t)X(t, t_0)$ für $t \in N$, folgt für $t > t_0$:

$$
X(t, t_0) = A(t-1)X(t-1, t_0) = A(t-1)A(t-2)X(t-2, t_0) = \ldots =
$$
$$
= A(t-1)A(t-2) \cdot \ldots \cdot A(t_0)X(t_0, t_0)
$$

und für $t < t_0$, $\det A(t) \neq 0$ für alle $t \in N$:

$$
X(t, t_0) = A(t)^{-1}X(t+1, t_0) = A(t)^{-1}A(t+1)^{-1}X(t+2, t_0) = \ldots =
$$
$$
= A(t)^{-1}A(t+1)^{-1} \cdot \ldots \cdot A(t_0-1)^{-1}X(t_0, t_0).
$$

Da $X(t_0, t_0) = E_n$, folgt daraus die Behauptung.

2. und 3. folgen aus 1.

$\square$

Lemma 3.4 (Eigenschaften der Green-Matrix). Sei $k \in N$. Dann gilt:

1. $G(t, t) = E_n$

2. $G(t, k)^{-1} = G(k, t)$

3. $G(t+1, k) = A(t)G(t, k)$ und $G(t, k+1) = G(t, k)A(k)^{-1}$

4.

$$G(t,k) = \begin{cases} A(t-1)A(t-2)\cdot\ldots\cdot A(k) & ,\ t > k \\ A(t)^{-1}A(t+1)^{-1}\cdot\ldots\cdot A(k-1)^{-1} & ,\ t < k \end{cases}$$

5. $G(t,k) = G(t,l)G(l,k)$ für alle $l \in N$

6. Ist $A(t) = A$ für alle $t \in N$, so ist $G(t,k) = A^{t-k}$.

Beweis. 1. und 2. sind klar.

3. Es gilt

$$G(t+1,k) = X(t+1,t_0)X(k,t_0)^{-1} = A(t)X(t,t_0)X(k,t_0)^{-1} = A(t)G(t,k)$$

für gegebenes $t_0 \in N$. Daraus folgt mit Hilfe von 2.:

$$\begin{aligned} G(t,k+1) &= G(k+1,t)^{-1} = (A(k)G(k,t))^{-1} = G(k,t)^{-1}A(k)^{-1} \\ &= G(t,k)A(k)^{-1}. \end{aligned}$$

4. Für $t > k$ gilt nach 3.

$$\begin{aligned} G(t,k) &= A(t-1)G(t-1,k) = \ldots = \\ &= A(t-1)A(t-2)\cdot\ldots\cdot A(k)G(k,k). \end{aligned}$$

Mit 1. folgt daraus die Behauptung für $t > k$. Für $t < k$ gilt daher $G(k,t) = A(k-1)A(k-2)\cdot\ldots\cdot A(t)$, also mit 2. $G(t,k) = A(t)^{-1}A(t+1)^{-1}\cdot\ldots\cdot A(k-1)^{-1}$.

5. $G(t,k) = X(t,t_0)X(k,t_0)^{-1} = X(t,t_0)X(l,t_0)^{-1}X(l,t_0)X(k,t_0)^{-1} = G(t,l)G(l,k)$

6. folgt aus 4. und 1.

$\square$

Bemerkung. In Definition 10 der Green-Matrix wurde vorausgesetzt, daß det $A(t) \neq 0$ für alle $t \in N$ ist. Eigenschaft 4. von Lemma 3.4 zeigt, daß für $t > k$ diese Voraussetzung unnötig ist, indem man $G(t,k) = A(t-1)A(t-2)\cdot\ldots\cdot A(k)$ für $t > k$ definiert.

Mit Hilfe von Lemma 3.3 (1.) und Lemma 3.4 (4.) können wir in (3.5) die Hauptfundamentalmatrix und die Green-Matrix ersetzen und erhalten den folgenden

Satz 3.5. Sei $x(t+1) = A(t)x(t) + b(t)$, $t \in N$, ein lineares inhomogenes System von Differenzengleichungen und sei $t_0 := \min N$. Dann hat die allgemeine Lösung dieses Systems die Gestalt

$$x(t) = (A(t-1)\cdots A(t_0))\,x(t_0) + \sum_{k=t_0+1}^{t} (A(t-1)\cdots A(k))\,b(k-1) \qquad (3.6)$$

für alle $t \geq t_0$. (Dabei ist das Produkt bzw. die Summe von Matrizen über eine leere Indexmenge als Einheitsmatrix bzw. Nullmatrix zu verstehen.) Ist $A(t) = A$ für alle $t \in N$, so gilt

$$x(t) = A^{t-t_0} x(t_0) + \sum_{k=t_0+1}^{t} A^{t-k} b(k-1)$$

für alle $t \geq t_0$.

Beweis. Siehe Aufgabe 7. $\square$

Wir wollen jetzt diese Ergebnisse auf eine lineare Differenzengleichung höherer Ordnung anwenden. Dazu benutzen wir die schon in Abschnitt 1.3 aufgeführte Methode, eine Differenzengleichung höherer Ordnung in ein mehrdimensionales diskretes dynamisches System erster Ordnung umzuwandeln. Die Differenzengleichung n-ter Ordnung

$$\sum_{i=0}^{n} a_i(t) u(t+i) = b_n(t), \quad t \in N \tag{3.7}$$

mit $a_0(t) a_n(t) \neq 0$ für alle $t \in N$ und $t_0 = \min N$ läßt sich als System $x(t+1) = A(t)x(t) + b(t)$ linearer Differenzengleichungen erster Ordnung schreiben, wenn man wie folgt definiert:

$$x(t) = \begin{bmatrix} x_1(t) \\ x_2(t) \\ \vdots \\ x_n(t) \end{bmatrix} := \begin{bmatrix} u(t) \\ u(t+1) \\ \vdots \\ u(t+n-1) \end{bmatrix}, \qquad b(t) := \begin{bmatrix} 0 \\ \vdots \\ 0 \\ \frac{b_n(t)}{a_n(t)} \end{bmatrix}$$

$$A(t) := \begin{bmatrix} 0 & 1 & 0 & \cdots & 0 \\ 0 & 0 & 1 & \cdots & 0 \\ \vdots & \vdots & \vdots & \ddots & \vdots \\ 0 & 0 & 0 & \cdots & 1 \\ -\frac{a_0(t)}{a_n(t)} & -\frac{a_1(t)}{a_n(t)} & -\frac{a_2(t)}{a_n(t)} & \cdots & -\frac{a_{n-1}(t)}{a_n(t)} \end{bmatrix}.$$

Insbesondere gilt dann $\det A(t) = -\frac{a_0(t)}{a_n(t)} \neq 0$ nach Voraussetzung.

Sind $u_1, \ldots, u_n$ linear unabhängige Lösungen der homogenen Differenzengleichung $a_n(t) u(t+n) + \ldots + a_0 u(t) = 0$, so sind die entsprechend definierten $x^1, \ldots, x^n$ Lösungen des homogenen Systems $x(t+1) = A(t)x(t)$ und umgekehrt. Die zugehörige Casorati-Matrix lautet damit

$$C(t) = \begin{bmatrix} x_1^1(t) & \cdots & x_1^n(t) \\ \vdots & \ddots & \vdots \\ x_n^1(t) & \cdots & x_n^n(t) \end{bmatrix} = \begin{bmatrix} u_1(t) & \cdots & u_n(t) \\ \vdots & \ddots & \vdots \\ u_1(t+n-1) & \cdots & u_n(t+n-1) \end{bmatrix}.$$

Die Lösungen $x^1, \dots, x^n$ sind genau dann linear unabhängig, wenn die Lösungen $u_1, \dots, u_n$ von (3.7) linear unabhängig sind, denn es gilt

$$\sum_{j=1}^{n} c_j x^j(t) = 0 \text{ für alle } t \in N \tag{3.8}$$

genau dann, wenn (3.8) komponentenweise erfüllt ist. Das ist äquivalent zu

$$\sum_{j=1}^{n} c_j u_j(t + i - 1) = 0 \text{ für alle } t \in N, \text{ für alle } 1 \leq i \leq n,$$

was gleichbedeutend ist mit

$$\sum_{j=1}^{n} c_j u_j(t) = 0 \text{ für alle } t \in N.$$

Da elementare Zeilenumformungen die Determinante nicht verändern, gilt für die Casorati-Determinante

$$\det C(t) = \det \begin{bmatrix} u_1(t) & \cdots & u_n(t) \\ \triangle u_1(t) & \cdots & \triangle u_n(t) \\ \vdots & \ddots & \vdots \\ \triangle^{n-1} u_1(t) & \cdots & \triangle^{n-1} u_n(t) \end{bmatrix}.$$

Wir wenden Korollar 3.2 auf diese spezielle Situation an und erhalten, daß die zu (3.7) gehörige homogene Differenzengleichung

$$\sum_{i=0}^{n} a_i(t) u(t + i) = 0 \tag{3.9}$$

genau n linear unabhängige Lösungen $u_1, \dots, u_n$ hat und jede Lösung u von (3.9) hat die Gestalt

$$u(t) = c_1 u_1(t) + \dots + c_n u_n(t),$$

da $C(t)$ in diesem Fall eine Fundamentalmatrix ist und daher $x(t) = C(t)c$ gilt. Weiterhin hat jede Lösung des inhomogenen Systems (3.7) die Gestalt $z(t) = u(t) + v(t)$, wobei v eine spezielle Lösung von (3.7) und u eine Lösung von (3.9) ist. Durch Variation der Konstanten c erhält man mit $x(t) = C(t)c(t)$ aus $x(t + 1) = A(t)x(t) + b(t)$ das System

$$C(t + 1)\triangle c(t) = b(t)$$

von n Gleichungen für die n Unbekannten $\triangle c_1(t), \dots, \triangle c_n(t)$.

Beispiel. $u(t+2) - 7u(t+1) + 6u(t) = t$.

Man finde zunächst die beiden linear unabhängigen Lösungen $u_1(t) = 1$ und $u_2(t) = 6^t$ des zugehörigen homogenen Systems. (Für eine systematische Methode hierzu siehe Abschnitt 3.3). Dann gilt $C(t+1)\triangle c(t) = b(t)$ genau dann, wenn

$$\begin{bmatrix} 1 & 6^{t+1} \\ 1 & 6^{t+2} \end{bmatrix} \cdot \begin{bmatrix} \triangle c_1(t) \\ \triangle c_2(t) \end{bmatrix} = \begin{bmatrix} 0 \\ t \end{bmatrix}.$$

Daraus folgt

$$\begin{bmatrix} \triangle c_1(t) \\ \triangle c_2(t) \end{bmatrix} = \begin{bmatrix} \frac{6}{5} & -\frac{1}{5} \\ -\frac{1}{5\cdot 6^{t+1}} & \frac{1}{5\cdot 6^{t+1}} \end{bmatrix} \cdot \begin{bmatrix} 0 \\ t \end{bmatrix}$$

und man erhält $\triangle c_1(t) = -\frac{1}{5}t$ und $\triangle c_2(t) = \frac{1}{5}t \cdot \frac{1}{6^{t+1}}$. Durch partielle Summation folgt daraus $c_1(t) = -\frac{t^{[2]}}{10} + c_1$ und $c_2(t) = -\frac{t}{25\cdot 6^t} - \frac{1}{125\cdot 6^t} + c_2$ mit Konstanten $c_1, c_2 \in \mathbb{K}$. Für die allgemeine Lösung gilt dann

$$\begin{aligned} u(t) &= c_1(t)u_1(t) + c_2(t)u_2(t) \\ &= -\frac{t(t-1)}{10} + c_1 + c_2 6^t - \frac{t}{25} - \frac{1}{125} \\ &= c_2 6^t - \frac{t^2}{10} + \frac{3t}{50} - \frac{1}{125} + c_1. \end{aligned}$$

$\diamond$

Der folgende Satz faßt die Anwendung von Satz 3.5 auf eine Differenzengleichung höherer Ordnung noch einmal zusammen.

Satz 3.6. Die allgemeine Lösung der inhomogenen Differenzengleichung höherer Ordnung

$$\sum_{i=0}^{n} a_i(t)u(t+i) = b_n(t) \tag{3.10}$$

mit $a_0(t) \cdot a_n(t) \neq 0$ für alle $t \in N$ ist gegeben durch

$$u(t) = \sum_{i=1}^{n} c_i u_i(t) + \sum_{k=t_0+1}^{t-n+1} \mathcal{G}(t,k) \cdot \frac{b_n(k-1)}{a_n(k-1)}, \tag{3.11}$$

wobei $u_1, \ldots, u_n$ linear unabhängige Lösungen der homogenen Differenzengleichung $a_n u(t+n) + \ldots + a_0 u(t) = 0$ sind, $c_i \in \mathbb{K}$ beliebig und $\mathcal{G}(t,k)$ die *Green-Funktion* ist, definiert durch

$$\mathcal{G}(t,k) := \det \begin{bmatrix} u_1(k) & \cdots & u_n(k) \\ \vdots & \ddots & \vdots \\ u_1(k+n-2) & \cdots & u_n(k+n-2) \\ u_1(t) & \cdots & u_n(t) \end{bmatrix} \cdot$$

$$\cdot \det^{-1} \begin{bmatrix} u_1(k) & \cdots & u_n(k) \\ \vdots & \ddots & \vdots \\ u_1(k+n-2) & \cdots & u_n(k+n-2) \\ u_1(k+n-1) & \cdots & u_n(k+n-1) \end{bmatrix} \cdot$$

Beweis. Sei $x(t+1) = A(t)x(t) + b(t)$ das zu (3.10) äquivalente diskrete dynamische System und sei $Y(t)$ die folgende Fundamentalmatrix

$$Y(t) := C(t) = \begin{bmatrix} u_1(t) & \cdots & u_n(t) \\ \vdots & \ddots & \vdots \\ u_1(t+n-1) & \cdots & u_n(t+n-1) \end{bmatrix} \cdot$$

Dann gilt nach (3.3) jedenfalls

$$x(t) = Y(t) \cdot c + \sum_{k=t_0+1}^{t} Y(t)Y(k)^{-1}b(k-1) \tag{3.12}$$

mit $c = [c_1, \ldots, c_n]^T = Y(t_0)^{-1}x(t_0)$. Wegen $x(t) = [u(t), u(t+1), \ldots, u(t+n-1)]^T$ genügt es, die erste Komponente von (3.12) zu berechnen. Die erste Komponente von $Y(t)c$ ist $c_1u_1(t) + \ldots + c_nu_n(t)$. Sei weiter $z(t,k)$ die erste Komponente von $Y(t)Y(k)^{-1}b(k-1)$. Da $b(k-1) = [0, \ldots, 0, \frac{b_n(k-1)}{a_n(k-1)}]^T$ ist, ist $Y(k)^{-1}b(k-1)$ das Produkt der letzten Spalte von $Y(k)^{-1}$ mit dem Skalar $\frac{b_n(k-1)}{a_n(k-1)}$. Es gilt

$$Y(k)^{-1} = \frac{1}{\det Y(k)} Y^*(k),$$

wobei die Elemente der adjungierten Matrix $Y^*(k)$ durch $y_{ji}^* = (-1)^{i+j} \det Y_{ij}(k)$ gegeben sind ($Y_{ij}(k)$ entsteht aus $Y(k)$ durch Streichen der i-ten Zeile und der j-ten Spalte). Damit gilt

$$z(t,k) = \sum_{i=1}^{n} u_i(t)y_{in}^* \cdot \frac{1}{\det Y(k)} \cdot \frac{b_n(k-1)}{a_n(k-1)}$$

$$= \underbrace{\sum_{i=1}^{n} u_i(t)(-1)^{i+n} \det Y_{ni}(k)}_{\text{Laplace-Entwicklung nach der n-ten Zeile}} \cdot \frac{1}{\det Y(k)} \cdot \frac{b_n(k-1)}{a_n(k-1)}$$

$$= \det \begin{bmatrix} u_1(k) & \cdots & u_n(k) \\ \vdots & \ddots & \vdots \\ u_1(k+n-2) & \cdots & u_n(k+n-2) \\ u_1(t) & \cdots & u_n(t) \end{bmatrix} \cdot \frac{1}{\det Y(k)} \cdot \frac{b_n(k-1)}{a_n(k-1)}$$

$$= \mathcal{G}(t,k) \cdot \frac{b_n(k-1)}{a_n(k-1)}.$$

Die erste Zeile von (3.12) ist damit gegeben durch

$$u(t) = \sum_{i=1}^{n} c_i u_i(t) + \sum_{k=t_0+1}^{t} \mathcal{G}(t,k) \cdot \frac{b_n(k-1)}{a_n(k-1)}.$$

Daraus folgt die Behauptung, denn für $k \geq t - n + 2$ ist $t \leq k + n - 2$ und daraus folgt $\mathcal{G}(t,k) = 0$. $\hfill \square$

Beispiele. 1. Wir wollen Satz 3.6 anhand des Beispiels von S.64 illustrieren, d. h. es sei $u(t+2) - 7u(t+1) + 6u(t) = t$, $t \in \mathbb{N}$, mit den beiden linear unabhängigen Lösungen des homogenen Systems $u_1(t) = 1$ und $u_2(t) = 6^t$. Nach Satz 3.6 gilt dann wegen $t_0 = 0$

$$u(t) = c_1 + c_2 6^t + \sum_{k=1}^{t-1} \mathcal{G}(t,k)(k-1)$$

für alle $t \geq 0$ mit Konstanten $c_1, c_2 \in \mathbb{R}$. Für die Green-Funktion gilt

$$\mathcal{G}(t,k) = \det \begin{bmatrix} 1 & 6^k \\ 1 & 6^t \end{bmatrix} \cdot \det^{-1} \begin{bmatrix} 1 & 6^k \\ 1 & 6^{k+1} \end{bmatrix} = \frac{6^t - 6^k}{6^{k+1} - 6^k} = \frac{1}{5} 6^{t-k} - \frac{1}{5}.$$

Daraus folgt

$$\sum_{k=1}^{t-1} \mathcal{G}(t,k)(k-1) = \sum_{l=1}^{t-2} \mathcal{G}(t,l+1)l = 6^t \sum_{l=1}^{t-2} \frac{l}{5 \cdot 6^{l+1}} - \frac{1}{5} \sum_{l=1}^{t-2} l$$

$$= 6^t (c_2(t-1) - c_2(1)) - \frac{(t-2)(t-1)}{10}$$

mit $c_2(t) = -\frac{t}{25 \cdot 6^t} - \frac{1}{125 \cdot 6^t} + c_2'$ nach dem Fundamentalsatz (vgl. Beispiel S.64). Also gilt

$$u(t) = c_1 + c_2 6^t - \frac{(t-1)6^t}{25 \cdot 6^{t-1}} - \frac{6^t}{125 \cdot 6^{t-1}} + \frac{6^t}{25 \cdot 6} + \frac{6^t}{125 \cdot 6} - \frac{t^2}{10} + \frac{3t}{10} - \frac{2}{10}$$

$$= c_1' + c_2'' 6^t + \frac{3}{50} t - \frac{1}{10} t^2.$$

Das Ergebnis stimmt daher mit dem auf S.64 überein.

2. $(2t+1)u(t+2) - 4(t+1)u(t+1) + (2t+3)u(t) = (2t+1)(2t+3)$, $t \in \mathbb{N}$.

Man finde die Lösungen des homogenen Systems $u_1(t) = 1$ und $u_2(t) = t^2$. Für die Green-Funktion gilt

$$\mathcal{G}(t,k) = \det \begin{bmatrix} 1 & k^2 \\ 1 & t^2 \end{bmatrix} \cdot \det{}^{-1} \begin{bmatrix} 1 & k^2 \\ 1 & (k+1)^2 \end{bmatrix}$$

$$= (t^2 - k^2) \cdot \frac{1}{(k+1)^2 - k^2} = \frac{t^2 - k^2}{2k+1}.$$

Daraus folgt

$$\mathcal{G}(t,k) \cdot \frac{b_n(k-1)}{a_n(k-1)} = \frac{t^2 - k^2}{2k+1} \cdot \frac{(2k-1)(2k+1)}{2k-1} = t^2 - k^2.$$

Nach Satz 3.6 gilt dann wegen $t_0 = 0$ für alle $t \geq 0$

$$u(t) = c_1 + c_2 t^2 + \sum_{k=1}^{t-1}(t^2 - k^2) = c_1 + c_2 t^2 + t^2(t-1) - \sum_{k=1}^{t-1} k^2$$

$$= c_1 + c_2 t^2 + t^2(t-1) - \frac{t(t-1)(2t-1)}{6}$$

$$= c_1 + c_2 t^2 + \frac{1}{6}t(t-1)(4t+1).$$

$\diamond$

In beiden Beispielen wurden die linear unabhängigen Lösungen des homogenen Systems vorgegeben. In der Tat gibt es für diskrete dynamische Systeme mit zeitabhängigen Koeffizienten keinen einfachen systematischen Weg zur Ermittlung aller Lösungen des homogenen Systems; wenigstens eine Lösung muß bekannt sein (vgl. Aufgabe 4). Als Begründung denke man an Systeme der Form $x(t+1) = A(t)x(t)$, in denen die Matrizen $A(t)$ zufällig aus einer unendlich großen Menge gewählt werden. Im nächsten Abschnitt werden wir jedoch Methoden kennenlernen, mit denen man wenigstens für lineare Systeme mit konstanten Koeffizienten auf systematische Weise alle Lösungen des homogenen Systems bestimmen kann.

Aufgaben

1. Lösen Sie die folgenden Differenzengleichungen. In Klammern sind linear unabhängige Lösungen des homogenen Systems angegeben.

   (a) $u(t+2) + u(t+1) - 12u(t) = t2^t$ $(u_1(t) = 3^t,\ u_2(t) = (-4)^t)$;

   (b) $u(t+2) - 5u(t+1) + 4u(t) = 4^t - t^2$ $(u_1(t) = 1,\ u_2(t) = 4^t)$.

2. Lösen Sie die folgenden Differenzengleichungen.

   (a) $u(t+1) - \frac{2}{t+2}u(t) = t2^t$;

(b) $u(t+1) + 3^t u(t) = t \cos \frac{t\pi}{2}$.

3. Seien $u_1(t), \dots, u_n(t)$ linear unabhängige Lösungen des homogenen Systems

$$a_n u(t+n) + \dots + a_0 u(t) \tag{3.13}$$

und sei $C(t)$ die zugehörige Casorati-Matrix. Zeigen Sie

$$\det C(t+1) = (-1)^n \frac{a_0(t)}{a_n(t)} \cdot \det C(t).$$

4. Sei $u_1(t)$ eine von Null verschiedene Lösung des homogenen Systems (3.13) und sei $\det C(t) \neq 0$ für alle $t \in N$. Zeigen Sie, daß dann $u_2(t)$ mit

$$u_2(t) = u_1(t) \sum \frac{\det C(t)}{u_1(t) u_1(t+1)} \tag{3.14}$$

ebenfalls eine von Null verschiedene Lösung von (3.13) ist.

5. Lösen Sie die folgenden Differenzengleichungen.
Hinweis: Benutzen Sie Gleichung (3.14).

(a) $t(t+1)\Delta^2 u(t) - 5t\Delta u(t) + 9u(t) = t \qquad (u_1(t) = (t+2)^{[3]})$;

(b) $(t+2)u(t+2) - (t+3)u(t+1) + 2u(t) = 2^t \qquad (u_1(t) = \frac{2^t}{t!})$.

6. Ermitteln Sie die allgemeine Lösung der folgenden Differenzengleichungen.
Hinweis: Finden Sie zunächst eine von Null verschiedene Lösung des homogenen Systems durch probieren und ermitteln Sie weitere Lösungen mit Hilfe von (3.14).

(a) $u(t+2) - \frac{2}{t+1}u(t+1) - u(t) = t^2$;

(b) $(E - (t+1))(E+1)u(t) = 5t \qquad (E$ bezeichnet den Shift-Operator!$)$.

7. Beweisen Sie Satz 3.5.

8. Leiten aus Satz 3.6 die allgemeine Lösung einer Differenzengleichung n-ter Ordnung für $n = 1, 2, 3$ ab.

9.* Beweisen Sie das Abelsche Lemma: Seien $u_1(t), \dots, u_n(t)$ Lösungen des homogenen Systems (3.13) und sei $C(t)$ die zugehörige Casorati-Matrix. Dann gilt für jedes $t \geq t_0 = \min N$

$$\det C(t) = (-1)^{n(t-t_0)} \left(\prod_{k=t_0}^{t-1} \frac{a_0(k)}{a_n(k)} \right) \det C(t_0). \tag{3.15}$$

3.3 Differenzengleichungssysteme mit konstanten Koeffizienten

In den beiden vorangehenden Abschnitten haben wir hergeleitet, wie man systematisch sämtliche Lösungen des inhomogenen linearen diskreten dynamischen Systems

$$x(t+1) = A(t)x(t) + b(t), \qquad t \in N, \tag{3.16}$$

bestimmt (vgl. Satz 3.5). Da nichtautonome lineare Differenzengleichungen der Form

$$\sum_{i=0}^{n} a_i(t)u(t+i) = b_n(t), \qquad t \in N, \tag{3.17}$$

ein Spezialfall von (3.16) sind, konnten wir Satz 3.5 auch auf (3.17) anwenden (Satz 3.6). Ein grundlegendes Problem bei der Anwendung von Satz 3.6 besteht darin, die n linear unabhängigen Lösungen des homogenen Systems $\sum_{i=0}^{n} a_i(t)u(t+i) = 0$ zu ermitteln, die explizit für die Bestimmung der Lösung von (3.17) benötigt werden. Im allgemeinen bereitet schon die Ermittlung irgendeiner Lösung des homogenen Systems zu (3.17) Schwierigkeiten. Daher wurden in den Beispielen und Aufgaben stets linear unabhängige Lösungen des homogenen Systems vorgegeben. Gleichung (3.14) (vgl. Aufgabe 4 in Abschnitt 3.2) stellte eine Möglichkeit dar, aus einer gegebenen Lösung weitere zu bestimmen.

Das Problem bei der Anwendung von Satz 3.5 bestand darin, die inhomogenen Iterierten $\prod_{k=t_0+1}^{t} A(t-k)$ zu berechnen. Selbst im Fall einer konstanten Koeffizientenmatrix $A(t) \equiv A$ für alle $t \in N$ stellt die Berechnung der Iterierten A^{t-t_0} für jedes $t \in N$ ein Problem dar. Allerdings kann man hier systematisch vorgehen, weshalb Differenzengleichungssysteme mit konstanten Koeffizienten von besonderem Interesse und Gegenstand dieses Abschnittes sind. Ist die Koeffizientenmatrix A konstant, dann lautet das homogene System $x(t+1) = Ax(t)$ für alle $t \in N$. In diesem Fall läßt sich die allgemeine Lösung des homogenen Systems schreiben als

$$x(t) = A^{t-t_0}x^0 \quad \text{für alle } t \in N$$

mit Anfangswert $x(t_0) = x^0$. Für n verschiedene, linear unabhängige Anfangswerte erhält man dann das gesuchte Fundamentalsystem von n (linear unabhängigen) Lösungen. Formt man eine Differenzengleichung höherer Ordnung (3.17) mit konstanten Koeffizienten $a_i(t) \equiv a_i$ in ein diskretes dynamisches System um, erhält man auf diese Weise auch ein Fundamentalsystem von Lösungen der homogenen Differenzengleichung.

Die Schwierigkeit besteht nun darin, die Iterierten der Matrix A für jedes $t \in N$ zu bestimmen. Eine von zwei hier vorgestellten Möglichkeiten dazu ist der diskrete Putzer-Algorithmus, der im zweiten Abschnitt vorgestellt wird. Die andere Möglichkeit besteht darin, die Lösung x zum Anfangswert x^0 nicht über die Iterierten von A, sondern direkt zu ermitteln, indem man die Matrix A in Jordansche Normalform überführt. Diese Vorgehensweise wird im ersten Abschnitt dargestellt. Im folgenden sei der Einfachheit halber $N = \mathbb{N}$ und $t_0 = 0$. Es sei $\mathbb{K}$ wieder der Körper $\mathbb{C}$ der komplexen Zahlen oder der Körper $\mathbb{R}$ der reellen Zahlen.

3.3.1   Lösung mittels Jordanscher Normalform

Um ein Fundamentalsystem von Lösungen des homogenen Systems $x(t+1) = Ax(t)$ zu bestimmen, versucht man, die Lösungsmenge des Systems $y(t+1) = By(t)$ zu ermitteln, wobei B die Jordansche Normalform zur Matrix A ist. Da eine Matrix in Jordanscher Normalform eine besonders einfache Gestalt hat, ist das letztere System einfacher zu lösen. Aus den Lösungen $y(t)$ lassen sich die Lösungen $x(t)$ ermitteln, da A und B konjugiert sind, d. h. es gibt eine invertierbare Matrix T mit $B = TAT^{-1}$. Der einfachste Fall einer Jordanschen Normalform liegt vor, wenn die Matrix A genau n verschiedene Eigenwerte hat.

Satz 3.7. Sei $A \in \mathbb{K}^{n \times n}$ mit n paarweise verschiedenen Eigenwerten $\lambda_1, \dots, \lambda_n$. Ist v^i ein Eigenvektor zu λ_i und $x^i(t) = \lambda_i^t v^i$, $1 \leq i \leq n$, so bilden $x^1, \dots, x^n$ ein Fundamentalsystem von Lösungen des homogenen Systems $x(t+1) = Ax(t)$. Die allgemeine Lösung des homogenen Systems hat die Gestalt

$$x(t) = \sum_{i=1}^{n} c_i x^i(t) \text{ mit beliebigen } c_i \in \mathbb{K}.$$

Beweis. Siehe Aufgabe 7. $\square$

Beispiel (Fibonacci-Zahlen). (Vgl. Kapitel 1.2, Beispiele 1 und 2) Sei $\mathbb{K} = \mathbb{R}$ und

$$x(t+1) = \begin{bmatrix} 0 & 1 \\ 1 & 1 \end{bmatrix} x(t), \quad t \in \mathbb{N}.$$

Wir berechnen die Eigenwerte der Matrix A. Das charakteristische Polynom lautet

$$\chi_A(X) = \det \begin{bmatrix} X & -1 \\ -1 & X-1 \end{bmatrix} = X(X-1) - 1.$$

Daraus erhält man die beiden Eigenwerte $\lambda_{1,2} = \frac{1 \pm \sqrt{5}}{2}$. Setzt man für die zugehörigen Eigenvektoren jeweils die zweite Komponente gleich 1, so erhält man die beiden Eigenvektoren $v^1 = \left[\frac{1+\sqrt{5}}{2}, 1 \right]^T$ und $v^2 = \left[\frac{1-\sqrt{5}}{2}, 1 \right]^T$. Durch Anwendung von Satz 3.7 erhält man daraus die allgemeine Lösung

$$x(t) = c_1 \left(\frac{1+\sqrt{5}}{2} \right)^t v^1 + c_2 \left(\frac{1-\sqrt{5}}{2} \right)^t v^2$$

mit Konstanten $c_1, c_2 \in \mathbb{R}$. $\Diamond$

Leider ist die Voraussetzung von n verschiedenen Eigenwerten in Satz 3.7 im allgemeinen nicht erfüllt. Die Matrix A läßt sich jedoch durch Konjugation in Jordansche Normalform bringen. Den Zusammenhang zweier Lösungen zu Systemen mit konjugierten Matrizen zeigt das folgende

Lemma 3.8. Sind $A, B \in \mathbb{K}^{n \times n}$ konjugierte Matrizen, d.h. $B = TAT^{-1}$ für eine invertierbare Matrix $T \in \mathbb{K}^{n \times n}$, so ist $T^{-1} : L_B \longrightarrow L_A$ mit $(T^{-1}y)(t) := T^{-1}y(t)$ ein Isomorphismus der Lösungsräume L_A und L_B von $x(t+1) = Ax(t)$ bzw. $y(t+1) = By(t)$.

Beweis. Siehe Aufgabe 8. $\qquad\qquad\qquad\qquad\qquad\qquad\qquad\qquad\qquad\qquad\qquad$ $\square$

Beispiel. Sei $x(t + 1) = Ax(t)$ mit

$$A = \begin{bmatrix} 1 & 0 & 0 \\ 1 & 2 & 0 \\ 1 & 0 & -1 \end{bmatrix}.$$

Dann ist A konjugiert zu der Diagonalmatrix

$$B = \begin{bmatrix} 1 & 0 & 0 \\ 0 & 2 & 0 \\ 0 & 0 & -1 \end{bmatrix},$$

denn für $T = \begin{bmatrix} 1/2 & 0 & 0 \\ 1 & 1 & 0 \\ -1/2 & 0 & 1 \end{bmatrix}$ gilt:

$$T^{-1}BT = \begin{bmatrix} 2 & 0 & 0 \\ -2 & 1 & 0 \\ 1 & 0 & 1 \end{bmatrix} \cdot \begin{bmatrix} 1 & 0 & 0 \\ 0 & 2 & 0 \\ 0 & 0 & -1 \end{bmatrix} \cdot \begin{bmatrix} 1/2 & 0 & 0 \\ 1 & 1 & 0 \\ -1/2 & 0 & 1 \end{bmatrix} = A.$$

Für $y(t + 1) = By(t)$ gilt nach Satz 3.7

$$y(t) = c_1 1^t e^1 + c_2 2^t e^2 + c_3 (-1)^t e^3 = \begin{bmatrix} c_1 \\ c_2 \cdot 2^t \\ c_3 \cdot (-1)^t \end{bmatrix},$$

wobei e^1, e^2 und e^3 die Einheitsvektoren im $\mathbb{R}^3$ sind. Daraus folgt mit Lemma 3.8

$$x(t) = T^{-1}y(t) = \begin{bmatrix} 2 & 0 & 0 \\ -2 & 1 & 0 \\ 1 & 0 & 1 \end{bmatrix} \cdot \begin{bmatrix} c_1 \\ c_2 \cdot 2^t \\ c_3 \cdot (-1)^t \end{bmatrix} = \begin{bmatrix} 2c_1 \\ -2c_1 + c_2 \cdot 2^t \\ c_1 + c_3 \cdot (-1)^t \end{bmatrix}$$

$$\diamondsuit$$

Für das weitere Vorgehen erinnern wir an die Jordansche Normalform von Matrizen, wie sie Gegenstand der Linearen Algebra ist.

Exkurs Jordansche Normalform

Sei $A \in \mathbb{K}^{n \times n}$ und $\chi_A(X) := \det(A - X \cdot E_n) = (X - \lambda_1)^{n_1} \cdot \ldots \cdot (X - \lambda_r)^{n_r}$ das charakteristische Polynom von A mit paarweise verschiedenen Eigenwerten $\lambda_1, \ldots, \lambda_r \in \mathbb{K}$, wobei E_n die $n \times n$-Einheitsmatrix bezeichnet. Der Exponent n_j ist die Ordnung der Nullstelle λ_j des charakteristischen Polynoms und heißt algebraische Vielfachheit von λ_j. Weiterhin bezeichne

$$J_m(\lambda) = \underbrace{\begin{bmatrix} \lambda & 1 & & 0 \\ & \ddots & \ddots & \\ 0 & & \ddots & 1 \\ & & & \lambda \end{bmatrix}}_{m}$$

einen Jordan-Block der Ordnung m zum Eigenwert λ. Dann ist A konjugiert zu einer Blockdiagonalmatrix B aus Jordan-Blöcken $J_{m_j}(\lambda_j)$ der Ordnung m_j, d.h. es gibt eine invertierbare Matrix T, so daß $B = TAT^{-1}$ ist. Um für eine gegebene Matrix A eine Jordansche Normalform B zu ermitteln, kann man sich der folgenden allgemeinen Informationen bedienen. Die geometrische Vielfachheit von λ_j, das ist die Dimension $\dim E(\lambda_j)$ des Eigenraumes $E(\lambda_j) = \{x \in \mathbb{K}^n \mid (A - \lambda_j E_n)x = 0\}$, gibt die Gesamtzahl der Jordan-Blöcke zu Eigenwert λ_j an. Die geometrische Vielfachheit eines Eigenwertes ist nie größer als die algebraische Vielfachheit und in dem Fall, daß sie echt kleiner als die algebraische Vielfachheit ist, ist der verallgemeinerte Eigenraum zu berücksichtigen. Die Dimension des verallgemeinerten Eigenraumes $F(\lambda_j) = \{x \in \mathbb{K}^n \mid (A - \lambda_j)^{r_j}x = 0\}$ zum Eigenwert λ_j ist gleich der algebraischen Vielfachheit von λ_j. Dabei ist r_j (die sogenannte Nilpotenzordnung von λ_j) gleich der größten Ordnung eines Jordan-Blocks zum Eigenwert λ_j. Eine Transformationsmatrix T läßt sich finden, indem man geeignete Basen der (verallgemeinerten) Eigenräume ermittelt. Wir illustrieren diese Konzepte an einem Beispiel.

Beispiel. Sei

$$A = \begin{bmatrix} 5 & -3 & 3 \\ 7 & -5 & 4 \\ 1 & -1 & 0 \end{bmatrix} \in \mathbb{R}^{3 \times 3}.$$

Eine direkte Rechnung ergibt für das charakteristische Polynom $\chi_A(X) = (X+1)^2(X-2)$. Also hat A die beiden Eigenwerte $\lambda_1 = -1$ und $\lambda_2 = 2$. Da $n_2 = 1$ ist, müssen $\dim E(2) = 1$ und $\dim F(2) = 1$ sein. Daraus folgt $E(2) = F(2)$ und somit $r_2 = 1$. Also gibt es genau einen Jordan-Block zum Eigenwert 2 und dieser hat die Ordnung 1. Da für den ersten Eigenwert $n_1 = 2$ ist, gibt es für diesen entweder einen Jordan-Block der Ordnung 2 oder zwei Jordan-Blöcke der Ordnung 1, je nachdem, ob $\dim E(-1) = 1$ oder

$\dim E(-1) = 2$ ist. Man findet $E(-1) = \{r \cdot [0,1,1]^T \mid r \in \mathbb{R}\}$, also gilt $\dim E(-1) = 1$. Somit ergibt sich als eine Jordansche Normalform von A die Matrix

$$B = \begin{bmatrix} -1 & 1 & 0 \\ 0 & -1 & 0 \\ 0 & 0 & 2 \end{bmatrix}.$$

Wir ermitteln abschließend noch eine Transformationsmatrix T. Für $\lambda_2 = 2$ können wir $v = [1,1,0]^T$ als Basis von $E(2) = \{x \in \mathbb{R}^3 \mid (A - 2E_3)x = 0\}$ wählen. Für $\lambda_1 = -1$ haben wir eine Basis des verallgemeinerten Eigenraumes $F(-1) = \{x \in \mathbb{R}^3 \mid (A + E_3)^2 x = 0\}$ zu finden. Es ist $w' = [0,1,1]^T$ im Eigenraum $E(-1)$ und wir suchen die Lösung w des Gleichungssystems $(A + E_3)w = w'$, was $w = [-1,-1,1]^T$ liefert. Die Vektoren w und w' liegen beide in $F(-1)$ und sind linear unabhängig, bilden also wegen $\dim F(-1) = 2$ eine Basis von $F(-1)$. Sei T^{-1} die Matrix, deren Spalten aus den Komponenten der Vektoren w', w und v (in dieser Reihenfolge) gebildet werden, also

$$T^{-1} = \begin{bmatrix} 0 & -1 & 1 \\ 1 & -1 & 1 \\ 1 & 1 & 0 \end{bmatrix} \quad \text{und damit} \quad T = \begin{bmatrix} -1 & 1 & 0 \\ 1 & -1 & 1 \\ 2 & -1 & 1 \end{bmatrix}.$$

Dann gilt $B = TAT^{-1}$, wie man auch leicht verifiziert. $\qquad\qquad \Diamond$

Falls $\mathbb{K} = \mathbb{C}$, so existiert stets eine komplexe Jordansche Normalform von A. Falls $\mathbb{K} = \mathbb{R}$, so gilt

$$\chi_A(X) = (X - \lambda_1)^{k_1} \cdot \ldots \cdot (X - \lambda_r)^{k_r} \cdot (X - \mu_1)^{l_1} \cdot \ldots \cdot (X - \mu_s)^{l_s} \cdot$$
$$\cdot (X - \overline{\mu}_1)^{l_1} \cdot \ldots \cdot (X - \overline{\mu}_s)^{l_s}$$

mit jeweils paarweise verschiedenen $\lambda_1, \ldots, \lambda_r \in \mathbb{R}$, $\mu_1, \ldots, \mu_s \in \mathbb{C}$ und $\overline{\mu}_1, \ldots, \overline{\mu}_s \in \mathbb{C}$. Für $\mu = \alpha + i\beta$ (o.B.d.A. $\beta > 0$; i die imaginäre Einheit $\sqrt{-1}$) bezeichne

$$J_{2m}(\alpha, \beta) = \begin{bmatrix} J_m(\alpha) & -\beta E_m \\ \beta E_m & J_m(\alpha) \end{bmatrix}$$

einen reellen Jordan-Block Dann ist A konjugiert zu einer Blockdiagonalmatrix B aus Jordan-Blöcken $J_{m_j}(\lambda_j)$ und $J_{2m_j}(\alpha_j, \beta_j)$. In der reellen Jordanschen Normalform entsteht $J_{2m_j}(\alpha_j, \beta_j)$ aus den komplexen Jordan-Blöcken auf folgende Weise

$$S \begin{bmatrix} J_{m_j}(\mu_j) & 0 \\ 0 & J_{m_j}(\overline{\mu}_j) \end{bmatrix} S^{-1} = \begin{bmatrix} J_{m_j}(\alpha_j) & -\beta_j E_{m_j} \\ \beta_j E_{m_j} & J_{m_j}(\alpha_j) \end{bmatrix}$$
$$\text{mit } S = \frac{1}{\sqrt{2}} \begin{bmatrix} i E_{m_j} & -i E_{m_j} \\ E_{m_j} & E_{m_j} \end{bmatrix}.$$

Um die Lösung eines beliebigen homogenen Systems $x(t+1) = Ax(t)$ zu bestimmen, genügt es also nach Lemma 3.8, die Lösung des konjugierten Systems mit Koeffizientenmatrix in Jordanscher Normalform zu ermitteln. Dazu untersuchen wir zunächst solche Systeme, deren Koeffizientenmatrix A aus genau einem Jordan-Block besteht. Lemma 3.9 beschreibt die Lösung für $A = J_n(\lambda)$, Lemma 3.10 für $A = J_{2m}(\alpha, \beta)$.

Lemma 3.9. Die allgemeine Lösung des Systems $x(t+1) = Ax(t)$ mit $A = J_n(\lambda)$ ist gegeben durch

1. $\lambda = 0$: $x(t) = \sigma^t x(0)$ für $\sigma[c_1, \dots, c_n]^T := [c_2, \dots, c_n, 0]^T$

2. $\lambda \neq 0$: $x_i(t) = \lambda^{t+i-1}\Delta^{i-1}p(t)$ für $1 \leq i \leq n$, wobei $p(t)$ ein beliebiges Polynom ist mit $\operatorname{Grad} p(t) \leq n - 1$.

Beweis. Nach Voraussetzung gilt

$$
x(t+1) = \begin{bmatrix} \lambda & 1 & & 0 \\ 0 & \ddots & \ddots & \\ \vdots & \ddots & \ddots & 1 \\ 0 & \cdots & 0 & \lambda \end{bmatrix} x(t),
$$

also

$$
\begin{aligned}
x_i(t+1) &= \lambda x_i(t) + x_{i+1}(t) \text{ für } i \leq n-1 \text{ und} \\
x_n(t+1) &= \lambda x_n(t)
\end{aligned}
\tag{3.18}
$$

Ist $\lambda = 0$, so ist (3.18) äquivalent zu $x(t+1) = \sigma x(t)$, also ist $x(t) = \sigma^t x(0)$. Ist $\lambda \neq 0$, so ist (3.18) äquivalent zu

$$
\begin{aligned}
\lambda^{-(t+1)}(x_i(t+1) - \lambda x_i(t)) &= \lambda^{-(t+1)}x_{i+1}(t) \text{ für } i \leq n-1 \text{ und} \\
\lambda^{-(t+1)}(x_n(t+1) - \lambda x_n(t)) &= 0.
\end{aligned}
$$

Weiterhin gilt

$$
\Delta(x_i(t)\lambda^{-t}) = \lambda^{-(t+1)}(x_i(t+1) - \lambda x_i(t)).
$$

Damit ist (3.18) äquivalent zu

$$
\begin{aligned}
\Delta(x_i(t)\lambda^{-t}) &= \lambda^{-(t+1)}x_{i+1}(t) \text{ für } i \leq n-1 \\
\Delta(x_n(t)\lambda^{-t}) &= 0
\end{aligned}
\tag{3.19}
$$

Wegen

$$
\begin{aligned}
\Delta^n(x_1(t)\lambda^{-t}) &= \Delta^{n-1}\Delta(x_1(t)\lambda^{-t}) \\
&= \Delta^{n-1}(x_{1+1}(t)\lambda^{-(t+1)}) = \frac{1}{\lambda}\Delta^{n-1}(x_2(t)\lambda^{-t})
\end{aligned}
$$

$$= \frac{1}{\lambda^2}\Delta^{n-2}(x_3(t)\lambda^{-t}) = \ldots = \frac{1}{\lambda^{n-1}}\Delta(x_n(t)\lambda^{-t}) = 0$$

erhält man das gesuchte Polynom $p(t)$, denn aus $\Delta t^{[k]} = kt^{[k-1]}$, $\Delta^n f(t) = 0$ folgt $f(t) = a_0 + a_1 t^{[1]} + \ldots + a_{n-1}t^{[n-1]}$ und aus $t^{[k]} = t(t-1)\cdot\ldots\cdot(t-k+1)$ folgt $\text{Grad}\, f(t) \leq n-1$. Also gilt $x_1(t)\lambda^{-t} = p(t)$, $p(t)$ ein Polynom mit $\text{Grad}\, p(t) \leq n-1$. Aus (3.19) folgt sukzessiv

$$x_2(t) = \lambda^{t+1}\Delta(x_1(t)\lambda^{-t}) = \lambda^{t+1}\Delta p(t)$$
$$x_3(t) = \lambda^{t+1}\Delta(x_2(t)\lambda^{-t}) = \lambda^{t+2}\Delta^2 p(t)$$
$$\vdots$$
$$x_i(t) = \lambda^{t+i-1}\Delta^{i-1}p(t).$$

Die Beweisführung zeigt, daß hierdurch auch wirklich eine Lösung gegeben wird. $\qquad\square$

Beispiel. Gegeben sei

$$x(t+1) = \begin{bmatrix} 2 & 1 & 0 \\ 0 & 2 & 1 \\ 0 & 0 & 2 \end{bmatrix} x(t).$$

Offenbar ist $A = J_3(2)$ ein Jordanblock der Ordnung 3, daher gilt $p(t) = a_0 + a_1 t + a_2 t^2$. Daraus folgt

$$\Delta p(t) = 0 + a_1 + a_2((t+1)^2 - t^2) = a_1 + a_2(2t+1) = a_1 + a_2 + 2a_2 t$$
$$\Delta^2 p(t) = 2a_2.$$

Damit gilt

$$x_1(t) = 2^t(a_0 + a_1 t + a_2 t^2)$$
$$x_2(t) = 2^{t+1}(a_1 + a_2 + 2a_2 t)$$
$$x_3(t) = 2^{t+2}(2a_2)$$

und somit gilt insbesondere $x_1(0) = a_0$, $x_2(0) = 2a_1 + 2a_2$ und $x_3(0) = 8a_2$, d.h. es ist $a_0 = x_1(0)$, $a_2 = \frac{1}{8}x_3(0)$ und $a_1 = \frac{1}{2}x_2(0) - \frac{1}{8}x_3(0)$. Dann gilt

$$x_1(t) = 2^t x_1(0) + \left(\frac{1}{2}x_2(0) - \frac{1}{8}x_3(0)\right)t\,2^t + \frac{1}{8}x_3(0)t^2 2^t$$
$$x_2(t) = x_2(0)2^t + \frac{1}{2}x_3(0)t\,2^t, \quad x_3(t) = x_3(0)2^t$$

Also lautet die Lösung

$$x(t) = 2^t x(0) + t2^t \begin{bmatrix} \frac{1}{2}x_2(0) - \frac{1}{8}x_3(0) \\ \frac{1}{2}x_3(0) \\ 0 \end{bmatrix} + t^2 2^t \begin{bmatrix} \frac{1}{8}x_3(0) \\ 0 \\ 0 \end{bmatrix}.$$

$\Diamond$

Bemerkung. Allgemein ist $x(t)$ eine Kombination von $\lambda^t, t\lambda^t, \ldots, t^{n-1}\lambda^t$, jeweils multipliziert mit gewissen Vektoren, wobei n die algebraische Vielfachheit von λ ist.

Lemma 3.10. Die allgemeine Lösung des Systems $x(t + 1) = Ax(t)$ mit $A = J_{2n}(\alpha, \beta)$, $\alpha, \beta \in \mathbb{R}$, (vgl. S.73) ist gegeben durch

$$x_j(t) = \rho^{t+j-1} \cdot \Big(\cos((t + j - 1)\varphi) \cdot \Delta^{j-1}q(t) + \sin((t + j - 1)\varphi) \cdot \Delta^{j-1}r(t) \Big)$$

$$x_{j+n}(t) = \rho^{t+j-1} \cdot \Big(\sin((t + j - 1)\varphi) \cdot \Delta^{j-1}q(t) - \cos((t + j - 1)\varphi) \cdot \Delta^{j-1}r(t) \Big)$$

für $1 \leq j \leq n$, wobei $\mu = \alpha + i\beta = \rho e^{i\varphi}$ (Polarkoordinaten) und $q(t), r(t)$ beliebige reelle Polynome vom Grad $\leq n - 1$ sind.

Beweis. Wir werden Lemma 3.9 anwenden und dann 'reellifizieren'. Nach Lemma 3.9 hat $z(t + 1) = J_n(\mu)z(t)$, $\mu = \alpha + i\beta \in \mathbb{C}$, $\beta > 0$ die allgemeine Lösung

$$z_j(t) = \mu^{t+j-1}\Delta^{j-1}p(t), \quad 1 \leq i \leq n,$$

wobei $p(t)$ ein komplexes Polynom, d. h. mit Koeffizienten in $\mathbb{C}$, vom Grad $\leq n - 1$ ist. Für $\mu = \rho e^{i\varphi} = \rho \cdot (\cos \varphi + i \sin \varphi)$ gilt

$$\mu^{t+j-1} = \rho^{t+j-1} \cdot \Big(\cos((t + j - 1)\varphi) + i \sin((t + j - 1)\varphi) \Big)$$

und für $p(t) = r'(t) + iq'(t)$ mit reellen Polynomen r' und q' gilt

$$\Delta^{j-1}p(t) = \Delta^{j-1}r'(t) + i\Delta^{j-1}q'(t).$$

Daraus folgt

$$\operatorname{Re} z_j(t) = \rho^{t+j-1} \cdot \Big(\cos((t + j - 1)\varphi) \cdot \Delta^{j-1}r'(t) - \sin((t + j - 1)\varphi) \cdot \Delta^{j-1}q'(t) \Big)$$

$$\operatorname{Im} z_j(t) = \rho^{t+j-1} \cdot \Big(\cos((t + j - 1)\varphi) \cdot \Delta^{j-1}q'(t) + \sin((t + j - 1)\varphi) \cdot \Delta^{j-1}r'(t) \Big).$$

$$(3.20)$$

Nun ist die allgemeine Lösung des homogenen Systems mit der Koeffizientenmatrix

$$B = \begin{bmatrix} J_n(\mu) & 0 \\ 0 & J_n(\overline{\mu}) \end{bmatrix}$$

gegeben durch $[z(t), \overline{z}(t)]^T$. In der reellen Jordanschen Normalform entsteht $J_{2n}(\alpha, \beta)$ aus B auf folgende Weise:

$$T \begin{bmatrix} J_n(\mu) & 0 \\ 0 & J_n(\overline{\mu}) \end{bmatrix} T^{-1} = \begin{bmatrix} J_n(\alpha) & -\beta E_n \\ \beta E_n & J_n(\alpha) \end{bmatrix} \text{ mit } T = \frac{1}{\sqrt{2}} \begin{bmatrix} iE_n & -iE_n \\ E_n & E_n \end{bmatrix}$$

(direkte Verifikation). Nach Lemma 3.8 sind die Lösungen von $x(t+1) = J_{2n}(\alpha, \beta)x(t)$ gegeben durch

$$x(t) = (T^{-1})^{-1} \begin{bmatrix} z(t) \\ \overline{z}(t) \end{bmatrix} = T \begin{bmatrix} z(t) \\ \overline{z}(t) \end{bmatrix}.$$

Mit $x(t) = [u(t), v(t)]^T$, $x_j(t) = u_j(t)$, $x_{j+n}(t) = v_j(t)$ für $1 \le j \le n$ folgt

$$u(t) = \frac{1}{\sqrt{2}}(iz(t) - i\overline{z}(t)) = \frac{1}{\sqrt{2}}i \cdot 2i \cdot \text{Im } z(t) = -\sqrt{2} \cdot \text{Im } z(t)$$

$$v(t) = \frac{1}{\sqrt{2}}(z(t) + \overline{z}(t)) = \frac{1}{\sqrt{2}} \cdot 2 \cdot \text{Re } z(t) = \sqrt{2} \cdot \text{Re } z(t),$$

wobei der Imaginär- und Realteil komponentenweise zu nehmen sind. Setzen wir $q(t) := -\sqrt{2}q'(t)$ und $r(t) := -\sqrt{2}r'(t)$, so folgt mit (3.20) die Behauptung. $\qquad\Box$

Beispiel. Gegeben sei

$$x(t+1) = \begin{bmatrix} 1 & -1 \\ 1 & 1 \end{bmatrix} x(t).$$

Offenbar ist $A = J_2(1,1)$ ein (reeller) Jordanblock, wobei $\mu = 1 + i = \sqrt{2}e^{i\pi/4}$, d. h. es ist $\rho = \sqrt{2}$ und $\varphi = \frac{\pi}{4}$. Wegen $n = 1$ sind $q(t) = a$ und $r(t) = b$ konstante Polynome. Damit gilt

$$x_1(t) = \sqrt{2}^{\,t} \left(\cos\left(\frac{\pi}{4}t\right) \cdot a + \sin\left(\frac{\pi}{4}t\right) \cdot b \right)$$

$$x_2(t) = \sqrt{2}^{\,t} \left(\sin\left(\frac{\pi}{4}t\right) \cdot a - \cos\left(\frac{\pi}{4}t\right) \cdot b \right).$$

Daraus folgt $x_1(0) = a$ und $x_2(0) = -b$. Also gilt

$$x(t) = \sqrt{2}^{\,t} \cdot \begin{bmatrix} \cos\left(\frac{\pi}{4}t\right) x_1(0) - \sin\left(\frac{\pi}{4}t\right) x_2(0) \\ \sin\left(\frac{\pi}{4}t\right) x_1(0) + \cos\left(\frac{\pi}{4}t\right) x_2(0) \end{bmatrix}.$$

$\Diamond$

Mit Hilfe der beiden Spezialfälle $A = J_n(\lambda)$ aus Lemma 3.9 und $A = J_{2n}(\alpha, \beta)$ aus Lemma 3.10 lassen sich nun auch homogene Systeme mit beliebiger Koeffizientenmatrix A lösen. Die Matrix A ist nämlich konjugiert zu einer Matrix in Jordanscher Normalform, die sich aus Jordanblöcken der Gestalt $J_m(\lambda)$ und $J_{2m}(\alpha, \beta)$ zusammensetzt. Der folgende Satz faßt dieses Resultat zusammen.

Satz 3.11. (1) Sei $A \in \mathbb{C}^{n\times n}$ und $B = TAT^{-1}$ eine komplexe Jordansche Normalform von A. Dann hat der Lösungsraum L_A des Systems $x(t+1) = Ax(t)$ die Dimension n und die allgemeine Lösung x hat die Gestalt $x = T^{-1}y$, wobei y die allgemeine Lösung des Systems $y(t+1) = By(t)$ ist. Die Lösung y ist eine „Linearkombination" von Lösungen der Systeme $z(t+1) = J_m(\lambda)z(t)$, wobei die Matrizen $J_m(\lambda)$ die Jordan-Blöcke in B durchlaufen. Die Vektoren $z(t)$ werden dabei durch Ergänzung von Nullen auf eine einheitliche Länge gebracht. Zur Gestalt von $z(t)$ siehe Lemma 3.9.

(2) Sei $A \in \mathbb{R}^{n \times n}$ und $B = TAT^{-1}$ eine reelle Jordansche Normalform von A. Dann hat der Lösungsraum L_A des Systems $x(t+1) = Ax(t)$ die Dimension n und die allgemeine Lösung x hat die Gestalt $x = T^{-1}y$, wobei y die allgemeine Lösung des Systems $y(t+1) = By(t)$ ist. Die Lösung y ist eine „Linearkombination" von Lösungen der Systeme

   (i) $z(t+1) = J_m(\lambda)z(t)$, falls λ reeller Eigenwert von A der algebraischen Vielfachheit m ist. Zur Gestalt von $z(t)$ siehe Lemma 3.9.

   (ii) $z(t+1) = J_{2m}(\alpha, \beta)z(t)$, wobei $\mu = \alpha + i\beta$ ein nichtreeller Eigenwert von A der algebraischen Vielfachheit m ist. Zur Gestalt von $z(t)$ siehe Lemma 3.10.

Beweis. (1) Sei B eine Jordansche Normalform von A und $I \subset \{1, \ldots, n\}$ eine Indexmenge mit $m = |I|$, die einen typischen Jordanblock $J_m(\lambda)$ von B beschreibt. Dann gilt für $z_I(t) := (z_i(t))_{i \in I}$

$$
\underbrace{\begin{bmatrix} * \\ z_I(t+1) \\ * \end{bmatrix}}_{y(t+1)} = \underbrace{\begin{bmatrix} * & * & * \\ 0 & J_m(\lambda) & 0 \\ * & * & * \end{bmatrix}}_{B} \cdot \underbrace{\begin{bmatrix} * \\ z_I(t) \\ * \end{bmatrix}}_{y(t)}
$$

wegen $z_I(t+1) = J_m(\lambda)z_I(t)$. Ergänzt man die $z_I(t)$ durch Nullen zu Vektoren $\tilde{z}_I(T)$ der Länge n, so ist y Linearkombination der $\tilde{z}_I$, wobei I die Indexmengen der Jordanblöcke von B durchläuft. Mit Lemma 3.8 und 3.9 folgt die Behauptung.

(2) Analog zu (1), wobei y jetzt aus Lösungen der Typen (i) und (ii) gebildet wird.

$\square$

Beispiele. 1. Sei $x(t+1) = Ax(t)$ mit $x(t) \in \mathbb{C}^4$ und

$$
A = \begin{bmatrix} 1 & -5 & 1 & -2 \\ 1 & -1 & 3 & 0 \\ 0 & 0 & 4 & 1 \\ 0 & 0 & 0 & 4 \end{bmatrix} \in \mathbb{C}^{4 \times 4}.
$$

Das charakteristische Polynom von A lautet

$$
\chi_A(X) = \det \begin{bmatrix} 1-X & -5 & 1 & -2 \\ 1 & -1-X & 3 & 0 \\ 0 & 0 & 4-X & 1 \\ 0 & 0 & 0 & 4-X \end{bmatrix} = (4-X)^2(X^2+4).
$$

Daraus erhält man die drei Eigenwerte $\lambda_1 = 2i$, $\lambda_2 = -2i$ und $\lambda_3 = 4$. Wie man sofort nachrechnet, besitzt λ_3 die geometrische Vielfachheit 1. Eine komplexe Jordansche

Normalform B von A lautet daher

$$B = \begin{bmatrix} 2i & 0 & 0 & 0 \\ 0 & -2i & 0 & 0 \\ 0 & 0 & 4 & 1 \\ 0 & 0 & 0 & 4 \end{bmatrix}.$$

Wir wenden Satz 3.11 (1) an und betrachten die drei Teilsysteme $z^1(t+1) = J_1(2i)z^1(t)$, $z^2(t+1) = J_1(-2i)z^2(t)$ und $z^3(t+1) = J_2(4)z^3(t)$ des konjugierten Systems $y(t+1) = By(t)$. Die Anwendung von Lemma 3.9 ergibt

$$\begin{aligned} z_1^1(t) &= (2i)^t p^1(t) \\ z_1^2(t) &= (-2i)^t p^2(t) \\ z_1^3(t) &= 4^t p^3(t) \qquad\qquad\qquad z_2^3(t) = 4^{t+1}\triangle p^3(t). \end{aligned}$$

Für die ersten beiden Teilsysteme gilt $n = 1$, d.h. $p^1(t) = a$ und $p^2(t) = b$ sind konstant. Für das dritte Teilsystem gilt $n = 2$, daher ist $p^3(t) = c_1 + c_2 t$. Daraus folgt $\triangle p^3(t) = c_2$. Damit gilt

$$\begin{aligned} z_1^1(t) &= (2i)^t a \\ z_1^2(t) &= (-2i)^t b \\ z_1^3(t) &= 4^t(c_1 + c_2 t) \qquad\qquad\qquad z_2^3(t) = 4^{t+1}c_2. \end{aligned}$$

Für $t = 0$ erhält man $a = z_1^1(0)$, $b = z_1^2(0)$, $c_1 = z_1^3(0)$ und $c_2 = \frac{z_2^3(0)}{4}$. Dann gilt gemäß Satz 3.11 (1)

$$y(t) = \begin{bmatrix} z_1^1(t) \\ z_1^2(t) \\ z_1^3(t) \\ z_2^3(t) \end{bmatrix} = \begin{bmatrix} (2i)^t y_1(0) \\ (-2i)^t y_2(0) \\ 4^t y_3(0) + t 4^{t-1} y_4(0) \\ 4^t y_4(0) \end{bmatrix} = \begin{bmatrix} (2i)^t & 0 & 0 & 0 \\ 0 & (-2i)^t & 0 & 0 \\ 0 & 0 & 4^t & t4^{t-1} \\ 0 & 0 & 0 & 4^t \end{bmatrix} y(0).$$

Für die Transformationsmatrix T mit

$$T^{-1} = \begin{bmatrix} 1+2i & 1-2i & -1 & -\frac{1}{2} \\ 1 & 1 & 1 & -\frac{3}{10} \\ 0 & 0 & 2 & 0 \\ 0 & 0 & 0 & 2 \end{bmatrix}$$

gilt $B = TAT^{-1}$ und man erhält die gesuchte Lösung $x(t)$ durch $x(t) = T^{-1}y(t)$.

2. Sei $x(t+1) = Ax(t)$ mit $x(t) \in \mathbb{R}^4$ und $A \in \mathbb{R}^{4\times 4}$ wie bei 1. Im Gegensatz zum ersten Beispiel ist hier also eine reelle Lösung x gesucht. Eine reelle Jordansche Normalform B

zur Matrix A lautet dann

$$B = \begin{bmatrix} 0 & -2 & 0 & 0 \\ 2 & 0 & 0 & 0 \\ 0 & 0 & 4 & 1 \\ 0 & 0 & 0 & 4 \end{bmatrix},$$

wobei $\mu = 2i = 2e^{i\pi/2}$, $\overline{\mu} = -2i$ und $\lambda = 4$ gemäß 1. die Eigenwerte von A sind. Wir wenden Satz 3.11 (2) an und betrachten die beiden Teilsysteme $z^1(t+1) = J_2(0,2)z^1(t)$ und $z^2(t+1) = J_2(4)z^2(t)$ des konjugierten Systems $y(t+1) = By(t)$. Die Anwendung von Lemma 3.10 bzw. Lemma 3.9 ergibt

$$z_1^1(t) = 2^t \cdot (\cos(\frac{\pi}{2}t)q^1(t) + \sin(\frac{\pi}{2}t)r^1(t)) \quad z_2^1(t) = 2^t \cdot (\sin(\frac{\pi}{2}t)q^1(t) - \cos(\frac{\pi}{2}t)r^1(t))$$

$$z_1^2(t) = 4^t p^2(t) \qquad\qquad\qquad\qquad z_2^2(t) = 4^{t+1}\triangle p^2(t).$$

Für $t = 0$ folgt daraus $z_1^1(0) = q^1(0)$, $z_2^1(0) = -r^1(0)$, $z_1^2(0) = p^2(0)$ und $z_2^2(0) = 4\triangle p^2(0)$. Da für das erste Teilsystem $n = 1$ ist, sind $q^1(t)$ und $r^1(t)$ konstant, d. h. es gilt $q^1(t) = z_1^1(0)$, $r^1(t) = -z_2^1(0)$. Für das zweite Teilsystem gilt $n = 2$, daher ist $p^2(t) = c_1 + c_2 t$. Daraus folgt $\triangle p^2(t) = c_2 = \frac{z_2^2(0)}{4}$ und daher ist $p^2(t) = z_1^2(0) + t \cdot \frac{z_2^2(0)}{4}$. Dann gilt gemäß Satz 3.11 (2)

$$y(t) = \begin{bmatrix} z_1^1(t) \\ z_2^1(t) \\ z_1^2(t) \\ z_2^2(t) \end{bmatrix} = \begin{bmatrix} 2^t \cdot (\cos(\frac{\pi}{2}t)y_1(0) - \sin(\frac{\pi}{2}t)y_2(0)) \\ 2^t \cdot (\sin(\frac{\pi}{2}t)y_1(0) + \cos(\frac{\pi}{2}t)y_2(0)) \\ 4^t y_3(0) + t4^{t-1}y_4(0) \\ 4^t y_4(0) \end{bmatrix}$$

$$= \begin{bmatrix} 2^t \cdot \cos\frac{\pi}{2}t & -2^t \cdot \sin\frac{\pi}{2}t & 0 & 0 \\ 2^t \cdot \sin\frac{\pi}{2}t & 2^t \cdot \cos\frac{\pi}{2}t & 0 & 0 \\ 0 & 0 & 4^t & t4^{t-1} \\ 0 & 0 & 0 & 4^t \end{bmatrix} \cdot y(0).$$

Für die Transformationsmatrix T mit

$$T^{-1} = \begin{bmatrix} 2 & 1 & -1 & -\frac{1}{2} \\ 0 & 1 & 1 & -\frac{3}{10} \\ 0 & 0 & 2 & 0 \\ 0 & 0 & 0 & 2 \end{bmatrix}$$

gilt $B = TAT^{-1}$ und man erhält die gesuchte Lösung $x(t)$ durch $x(t) = T^{-1}y(t)$.

3. Sei $u(t+2)+\omega^2 u(t) = 0$, $\omega > 0$, d. h. wir haben eine Differenzengleichung zweiter Ordnung. Das zugehörige System $x(t+1) = Ax(t)$ ist gegeben durch $x(t) := [u(t), u(t+1)]^T$

und

$$A := \begin{bmatrix} 0 & 1 \\ -\omega^2 & 0 \end{bmatrix} \in \mathbb{R}^{2\times 2}.$$

Wir bestimmen zunächst die Eigenwerte von A: Es gilt

$$\chi_A(X) = \det \begin{bmatrix} X & -1 \\ \omega^2 & X \end{bmatrix} = X^2 + \omega^2.$$

Daraus folgt $\mu = i\omega$, $\overline{\mu} = -i\omega$, $\rho = \omega$ und $\varphi = \frac{\pi}{2}$. Die komplexe Jordansche Normalform B' von A hat damit die Gestalt

$$B' = \begin{bmatrix} \mu & 0 \\ 0 & \overline{\mu} \end{bmatrix}$$

und wegen $\alpha = 0$, $\beta = \omega$ gilt für die reelle Jordansche Normalform B von A

$$B = J_2(0,\omega) = \begin{bmatrix} 0 & -\omega \\ \omega & 0 \end{bmatrix}.$$

Nach Lemma 3.10 ist die Lösung von $y(t+1) = J_2(0,\omega)y(t)$ gegeben durch

$$y_1(t) = \omega^t \left(\cos\left(\frac{\pi}{2}t\right) \cdot q(t) + \sin\left(\frac{\pi}{2}t\right) \cdot r(t) \right)$$
$$y_2(t) = \omega^t \left(\sin\left(\frac{\pi}{2}t\right) \cdot q(t) - \cos\left(\frac{\pi}{2}t\right) \cdot r(t) \right).$$

Da $n = 1$ ist, sind q und r konstant, d.h. $q(t) = a$ und $r(t) = b$. Für

$$T = \begin{bmatrix} \frac{1}{2} & \frac{1}{2\omega} \\ \frac{1}{2} & -\frac{1}{2\omega} \end{bmatrix}, \qquad T^{-1} = \begin{bmatrix} 1 & 1 \\ \omega & -\omega \end{bmatrix}$$

gilt $J_2(0,\omega) = TAT^{-1}$. Nach Satz 3.11 ist die allgemeine Lösung zu A dann gegeben durch $x(t) = T^{-1}y(t)$. Damit gilt

$$u(t) = x_1(t) = y_1(t) + y_2(t) = \omega^t(\sin\left(\frac{\pi}{2}t\right) \cdot (a+b) + \cos\left(\frac{\pi}{2}t\right) \cdot (a-b))$$
$$= \omega^t \left(c_1 \sin\left(\frac{\pi}{2}t\right) + c_2 \cos\left(\frac{\pi}{2}t\right) \right)$$

mit beliebigen $c_1, c_2 \in \mathbb{R}$. Die genaue Kenntnis von T ist hier also überflüssig, was ganz allgemein gilt, wie die folgende Analyse zeigen wird. $\diamond$

Ein noch ausstehendes Problem bei der Lösung linearer Differenzengleichungen n-ter Ordnung ist die Bestimmung von n linear unabhängigen Lösungen des homogenen Systems. Satz 3.11 gibt an, wie die allgemeine Lösung eines homogenen diskreten dynamischen Systems $x(t+1) = Ax(t)$ ermittelt werden kann. Formt man die Differenzengleichung in ein solches diskretes dynamisches System um, wie wir das in Beispiel 3 durchgeführt haben, dann kann man Satz 3.11 auch auf Differenzengleichungen anwenden.

Daher wollen wir abschließend noch ein Lösungsprinzip für eine lineare Differenzengleichung höherer Ordnung ableiten.

Wir betrachten wieder die lineare Differenzengleichung n-ter Ordnung

$$\sum_{i=0}^{n} a_i u(t+i) = 0 \text{ mit } a_0 \cdot a_n \neq 0.$$

Als System geschrieben erhält man $x(t+1) = Ax(t)$ mit

$$A = \begin{bmatrix} 0 & 1 & \cdots & 0 \\ \vdots & \ddots & \ddots & \vdots \\ 0 & \cdots & 0 & 1 \\ -\frac{a_0}{a_n} & -\frac{a_1}{a_n} & \cdots & -\frac{a_{n-1}}{a_n} \end{bmatrix} \text{ und } x(t) = \begin{bmatrix} u(t) \\ u(t+1) \\ \vdots \\ u(t+n-1) \end{bmatrix}.$$

Um Satz 3.11 anzuwenden, müssen wir eine Jordansche Normalform zur Matrix A finden. Dazu bestimmen wir zunächst die Eigenwerte von A durch das charakteristische Polynom

$$\chi_A(X) = \det(X E_n - A) = \det \begin{bmatrix} X & -1 & \cdots & 0 \\ \vdots & \ddots & \ddots & \vdots \\ 0 & \ddots & X & -1 \\ \frac{a_0}{a_n} & \cdots & \frac{a_{n-2}}{a_n} & X + \frac{a_{n-1}}{a_n} \end{bmatrix}.$$

Die Determinante kann mit Hilfe der Laplace-Entwicklung berechnet werden. Die Laplace-Entwicklung nach der n-ten Zeile liefert dann folgende Summanden:

- Streichung von Spalte n:

$$(X + \frac{a_{n-1}}{a_n}) \cdot (-1)^{n+n} \cdot X^{n-1}$$

- Streichung von Spalte $2 \leq j < n$:

$$\frac{a_{j-1}}{a_n}(-1)^{n+j} \cdot \det \left[\begin{array}{cccc|cccc} X & -1 & \cdots & 0 & & & & \\ \vdots & \ddots & \ddots & \vdots & & & & \\ 0 & \cdots & X & -1 & & 0 & & \\ 0 & \cdots & 0 & X & & & & \\ \hline & & & & -1 & 0 & \cdots & 0 \\ & 0 & & & X & -1 & \cdots & 0 \\ & & & & \vdots & \ddots & \ddots & \vdots \\ & & & & 0 & \cdots & X & -1 \end{array} \right]$$

$$= \frac{a_{j-1}}{a_n}(-1)^{n+j} \cdot \det \begin{bmatrix} X & -1 & \cdots & 0 \\ \vdots & \ddots & \ddots & \vdots \\ 0 & \cdots & X & -1 \\ 0 & \cdots & 0 & X \end{bmatrix} \cdot \det \begin{bmatrix} -1 & 0 & \cdots & 0 \\ X & -1 & \cdots & 0 \\ \vdots & \ddots & \ddots & \vdots \\ 0 & \cdots & X & -1 \end{bmatrix}$$

$$= \frac{a_{j-1}}{a_n}(-1)^{n+j} \cdot X^{j-1} \cdot (-1)^{n-j}$$

- Streichung von Spalte 1:

$$\frac{a_0}{a_n} \cdot (-1)^{n+1} \cdot \det \begin{bmatrix} -1 & 0 & \cdots & 0 \\ X & -1 & \cdots & 0 \\ \vdots & \ddots & \ddots & \vdots \\ 0 & \cdots & X & -1 \end{bmatrix} = \frac{a_0}{a_n} \cdot (-1)^{n+1} \cdot (-1)^{n-1}$$

Daraus folgt

$$\chi_A(X) = \left(X + \frac{a_{n-1}}{a_n}\right) \cdot X^{n-1} + \sum_{j=2}^{n-1} \frac{a_{j-1}}{a_n} X^{j-1} + \frac{a_0}{a_n}$$
$$= X^n + \frac{a_{n-1}}{a_n} X^{n-1} + \ldots + \frac{a_1}{a_n} X + \frac{a_0}{a_n}. \tag{3.21}$$

Definition 11. Das spezielle charakteristische Polynom (3.21) heißt *charakteristisches Polynom* der Differenzengleichung

$$u(t+n) + \frac{a_{n-1}}{a_n} u(t+n-1) + \ldots + \frac{a_1}{a_n} u(t+1) + \frac{a_0}{a_n} u(t) = 0.$$

In der Regel betrachtet man o.B.d.A. $a_n = 1$.

Die Eigenwerte allein genügen für die Anwendung von Satz 3.11 noch nicht. Es muß die Jordansche Normalform, d. h. Anzahl und Größe der Jordanblöcke zu einem Eigenwert, und die Transformationsmatrix T berechnet werden. Aufgrund der speziellen Situation erübrigt sich die Berechnung von T, denn wegen $x(t) = [u(t), u(t+1), \ldots, u(t+n-1)]^T$ genügt die Kenntnis der ersten Komponente von $x(t) = T^{-1}y(t)$, was bedeutet, daß die allgemeine Lösung $u(t)$ der Differenzengleichung eine beliebige Linearkombination der Komponenten von $y(t)$ ist. Aufgrund der speziellen Situation hat auch die Jordansche Normalform von A eine einfache Gestalt, wie das folgende Lemma zeigt: Zu jedem Eigenwert von A gibt es genau einen Jordan-Block.

Lemma 3.12. Ist λ ein Eigenwert von A, dann ist die geometrische Vielfachheit von λ gleich 1.

Beweis. Sei ohne Einschränkung der Allgemeinheit $a_n = 1$. Dann gilt

$$\lambda E_n - A = \begin{bmatrix} \lambda & -1 & \cdots & & 0 \\ \vdots & \ddots & \ddots & & \vdots \\ 0 & \ddots & \lambda & & -1 \\ a_0 & \cdots & a_{n-2} & \lambda + a_{n-1} \end{bmatrix} \tag{3.22}$$

Ist λ eine Wurzel von $\chi_A(X)$, dann ist $\det(\lambda E_n - A) = 0$ und daher $\mathrm{Rang}\,(\lambda E_n - A) \leq n - 1$. Die ersten $n - 1$ Zeilen von (3.22) sind linear unabhängig, denn aus

$$c_1\lambda = 0,\ -c_1 + c_2\lambda = 0, \ldots,\ -c_{n-2} + \lambda c_{n-1} = 0,\ c_{n-1} = 0$$

folgt $c_1 = c_2 = \ldots = c_{n-1} = 0$. Also ist $\mathrm{Rang}\,(\lambda E_n - A) = n - 1$. Nach der Rangformel gilt dann

$$\underbrace{\dim\ \mathrm{Ker}\ (\lambda E_n - A)}_{=\ \text{geometr. Vielfachheit}} + \underbrace{\dim\ \mathrm{Im}\ (\lambda E_n - A)}_{=\ \mathrm{Rang}\,(\lambda E_n - A)} = n.$$

$\square$

Als Folgerung aus Satz 3.11 erhalten wir das folgende

Lösungsprinzip für eine Differenzengleichung höherer Ordnung.

- Bestimme die Wurzeln des charakteristischen Polynoms der Differenzengleichung. Wegen $a_0 \neq 0$ ist $\lambda = 0$ keine Wurzel.

- Ist λ eine charakteristische Wurzel der algebraischen Vielfachheit m, so sind $\lambda^t, t\lambda^t, \ldots, t^{m-1}\lambda^t$ linear unabhängige Lösungen. (Nach Lemma 3.12 gibt es genau einen Jordanblock zu λ und dieser ist $J_m(\lambda)$. Der Rest folgt aus Lemma 3.9 mit $m = n$, $i = 1$, $x_1(t) = u(t)$.)

- Sind alle Koeffizienten des charakteristischen Polynoms reell und ist $\mu = \alpha + i\beta = \rho e^{i\varphi}$ mit $\beta > 0$ eine komplexe Wurzel der algebraischen Vielfachheit m, so sind $t^k\rho^t\cos(\varphi t)$ und $t^k\rho^t\sin(\varphi t)$, $0 \leq k \leq m - 1$ linear unabhängige Lösungen (folgt analog mit Lemma 3.10).

- Die allgemeine Lösung der Differenzengleichung ist dann eine beliebige Linearkombination der Lösungen obigen Typs.

Beispiele. 1. Wir betrachten wieder das dritte Beispiel zu Satz 3.11 (vgl. S.80), d.h. es sei $u(t + 2) + \omega^2 u(t) = 0$, $\omega > 0$. Das charakteristische Polynom dieser Differenzengleichung lautet

$$X^2 + \omega^2 = (X - i\omega)(X + i\omega).$$

Daraus folgen die Eigenwerte $\mu = i\omega$ und $\overline{\mu} = -i\omega$ mit Vielfachheit $m = 1$ und $\rho = \omega$, $\varphi = \frac{\pi}{2}$. Nach dem Lösungsprinzip sind dann $\omega^t \cos \frac{\pi}{2} t$ und $\omega^t \sin \frac{\pi}{2} t$ linear unabhängige Lösungen, d. h. die allgemeine Lösung lautet

$$u(t) = c_1 \omega^t \sin \frac{\pi}{2} t + c_2 \omega^t \cos \frac{\pi}{2} t$$

mit beliebigen $c_1, c_2 \in \mathbb{R}$, was mit dem oben berechneten Ergebnis übereinstimmt. Offenbar kommt man also mit Hilfe des Lösungsprinzips sehr viel schneller zu einer Lösung.

2. Sei $u(t + 4) - u(t) = 0$, $t \in \mathbb{N}$. Das charakteristische Polynom dieser Differenzengleichung lautet

$$X^4 - 1 = (X^2 - 1)(X^2 + 1) = (X + 1)(X - 1)(X - i)(X + i),$$

d. h. die Eigenwerte $\lambda_1 = 1$, $\lambda_2 = -1$, $\mu = i$, $\overline{\mu} = -i$ haben alle die Vielfachheit $m = 1$. Wegen $i = \rho e^{i\varphi}$ mit $\rho = 1$, $\varphi = \frac{\pi}{2}$ sind dann nach dem Lösungsprinzip 1^t, $(-1)^t$, $\cos \frac{\pi}{2} t$, $\sin \frac{\pi}{2} t$ linear unabhängige Lösungen. Die allgemeine Lösung lautet damit

$$u(t) = c_1 + c_2 (-1)^t + c_3 \cos \frac{\pi}{2} t + c_4 \sin \frac{\pi}{2} t$$

mit beliebigen $c_1, c_2, c_3, c_4 \in \mathbb{R}$.

3. Sei $\Delta^2 u(t) + \omega^2 u(t) = 0$, $t \in \mathbb{N}$, $\omega > 0$. Es gilt $u(t + 2) - 2u(t + 1) + (1 + \omega^2)u(t) = 0$ und das charakteristische Polynom der Differenzengleichung lautet

$$X^2 - 2X + (1 + \omega^2) = (X - 1)^2 + \omega^2 = (X - 1 - i\omega)(X - 1 + i\omega).$$

Damit sind $\mu = 1 + i\omega$ und $\overline{\mu} = 1 - i\omega$ die einzigen Eigenwerte mit jeweiliger Vielfachheit $m = 1$. Wegen

$$\mu = 1 + i\omega = \sqrt{1 + \omega^2} \left(\frac{1}{\sqrt{1 + \omega^2}} + i \frac{\omega}{\sqrt{1 + \omega^2}} \right) = \rho(\cos \varphi + i \sin \varphi) = \rho e^{i\varphi}$$

lautet die allgemeine Lösung

$$u(t) = c_1 \left(\sqrt{1 + \omega^2} \right)^t \cos \varphi t + c_2 \left(\sqrt{1 + \omega^2} \right)^t \sin \varphi t,$$

wobei $\cos \varphi = 1/\sqrt{1 + \omega^2}$ und $\sin \varphi = \omega/\sqrt{1 + \omega^2}$. $\diamond$

Aufgaben

1. Bestimmen Sie mit Hilfe von Satz 3.11 die allgemeine (reelle) Lösung des diskreten dynamischen Systems $x(t + 1) = Ax(t)$, $t \in \mathbb{N}$, wobei die Koeffizientenmatrix A wie folgt gegeben ist.

(a) $A = \begin{bmatrix} 4 & 0 & 0 \\ 1 & 2 & 1 \\ 2 & -4 & 6 \end{bmatrix}$;

(b) $A = \begin{bmatrix} 3 & 2 & 1 \\ -1 & 3 & 2 \\ 1 & -3 & -2 \end{bmatrix}$;

(c) $A = \begin{bmatrix} 1 & 2 & 3 \\ -4 & 5 & 6 \\ 2 & 0 & 1 \end{bmatrix}$;

(d) $A = \begin{bmatrix} 1 & -2 & 3 \\ 2 & 1 & -1 \\ 2 & 0 & 1 \end{bmatrix}$;

(e) $A = \begin{bmatrix} 1 & -2 & 0 \\ 1 & 2 & 0 \\ 2 & 1 & 2 \end{bmatrix}$.

2. Bestimmen Sie mit Hilfe von Satz 3.11 die reelle Lösung des Anfangswertproblems $x(t+1) = Ax(t)$, $t \in \mathbb{N}$, wobei die Koeffizientenmatrix A und der Anfangswert $x(0)$ wie folgt gegeben sind.

(a) $A = \begin{bmatrix} 3 & 1 & 1 \\ 1 & 5 & -1 \\ 0 & 2 & 4 \end{bmatrix}$, $x(0) = \begin{bmatrix} 3 \\ 1 \\ 1 \end{bmatrix}$;

(b) $A = \begin{bmatrix} 3 & 2 & 3 \\ -1/2 & 1 & 0 \\ 0 & 0 & 2 \end{bmatrix}$, $x(0) = \begin{bmatrix} 0 \\ -1 \\ 1 \end{bmatrix}$;

(c) $A = \begin{bmatrix} 1 & -2 & 3 \\ 4 & 2 & -2 \\ 2 & 0 & 1 \end{bmatrix}$, $x(0) = \begin{bmatrix} 2 \\ 5 \\ 3 \end{bmatrix}$;

3. Geben Sie homogene Differenzengleichungen zu folgenden Lösungen an.

(a) $1 + 2t - t^2 + 5t^3$;

(b) $(c_1 + c_2 t + c_3 t^2 + c_4 t^4)3^t$;

(c) $a^{t-1} - b^{t+1}$;

(d) $c_1 2^t + c_2 3^t \cos \frac{\pi}{4} t + c_3 3^t \sin \frac{\pi}{4} t$.

Hinweis: Orientieren Sie sich am Lösungsprinzip für eine Differenzengleichung höherer Ordnung.

4. Lösen Sie die folgenden homogene Systeme.

(a)

$$u(t+1) - 3u(t) + v(t) = 0$$
$$-u(t) + v(t+1) - v(t) = 0;$$

(b)

$$u(t+1) - 2u(t) + v(t) = 0$$
$$v(t+1) - 4v(t) = 0;$$

(c)

$$u(t+1) - 2u(t) + v(t) = 0$$
$$v(t+1) - 4v(t) = 0$$
$$w(t+1) - 2u(t) - 5v(t) - 3w(t) = 0;$$

(d)

$$u(t+2) - 3u(t) + 2v(t) = 0$$
$$u(t) + v(t+2) - 2v(t) = 0.$$

5. Ermitteln Sie die Lösung folgender Anfangswertprobleme.

(a)

$$\Delta u(t) = -0.5u(t) - 0.3v(t)$$
$$\Delta v(t) = -0.2u(t) - 0.6v(t)$$
$$u(0) = 2, \; v(0) = 5;$$

(b)

$$\Delta u(t) = v(t) + 4w(t)$$
$$\Delta v(t) = 0.5u(t) + v(t)$$
$$\Delta w(t) = 0$$
$$u(0) = 2, \; v(0) = 3, \; w(0) = -1;$$

(c)

$$\Delta^2 u(t) = -2u(t) + \Delta v(t)$$
$$\Delta^2 v(t) = -v(t)$$
$$u(0) = u(1) = 1, \; v(0) = i, \; v(1) = -2.$$

6. Bestimmen Sie alle linear unabhängigen Lösungen der folgenden homogenen Differenzengleichungen (E bezeichnet den Shift-Operator und $(E + k \cdot \mathrm{id})^l$ die l-te Iterierte der Abb. $E + k \cdot \mathrm{id}$).

    (a) $(E - 3 \cdot \mathrm{id})^4 u(t) = 0$;

    (b) $(E - 2 \cdot \mathrm{id})^3 (E^2 + 4 \cdot \mathrm{id}) u(t) = 0$;

    (c) $(\Delta^2 + 3 \cdot \mathrm{id}) u(t) = 0$;

    (d) $u(t + 2) - 6u(t + 1) + 3u(t) = 0$;

    (e) $u(t + 3) - 4u(t + 2) + 5u(t + 1) - 2u(t) = 0$.

7.* Beweisen Sie Satz 3.7.

8. Beweisen Sie Lemma 3.8.

3.3.2   Diskreter Putzer-Algorithmus

Wir wollen die Frage wieder aufgreifen, wie man die Iterierten der Matrix A des homogenen diskreten dynamischen Systems $x(t+1) = Ax(t)$ berechnen kann. Zur Erinnerung sei noch einmal bemerkt, daß die allgemeine Lösung dieses homogenen Systems gegeben ist durch $x(t) = A^{t-t_0} x^0$ mit $x^0 = x(t_0)$ und $t_0 = \min N$. Auch die allgemeine Lösung des ursprünglichen inhomogenen Systems setzt in Satz 3.5 die Kenntnis der Iterierten von A voraus.

Ähnlich wie in der Theorie gewöhnlicher Differentialgleichungen, wo der Putzer-Algorithmus zur Berechnung von e^{At} verwendet wird, benutzen wir die *Exponentialfunktion* als Hilfsmittel zur Berechnung der Iterierten der konstanten Matrix $A \in \mathbb{K}^{n \times n}$. Die unendliche Reihe

$$e^{At} := \sum_{k=0}^{\infty} \frac{A^k}{k!} t^k, \quad t \in \mathbb{R},$$

konvergiert für alle $A \in \mathbb{K}^{n \times n}$. Differentiation nach t ergibt

$$\frac{d}{dt} e^{At} = \sum_{k=1}^{\infty} \frac{A^k}{(k-1)!} t^{k-1} = A \sum_{k=1}^{\infty} \frac{A^{k-1}}{(k-1)!} t^{k-1} = A e^{At}.$$

Ist $Y(t) = e^{At}$, dann gilt für die erste Ableitung von Y also $Y'(t) = dY(t)/dt = AY(t)$. Daraus folgt $Y''(t) = AY'(t) = A^2 Y(t)$ und schließlich für die m-te Ableitung $Y^{(m)}(t) = A^m Y(t)$. Da $Y(0) = A^0 = E_n$ ist, folgt

$$A^m = Y^{(m)}(0).$$

Sind alle Eigenwerte der Matrix A identisch, so wird uns diese Bezeichnung eine Formel zur Berechnung aller Potenzen von A liefern (Lemma 3.13).

Exkurs Minimalpolynom

Sei $f_A : \mathbb{K}^n \to \mathbb{K}^n$ der durch die Matrix $A \in \mathbb{K}^{n \times n}$ gegebene Endomorphismus des $\mathbb{K}^n$. Dann gibt es genau ein normiertes Polynom

$$m_A(X) = a_0 + a_1 X + \ldots + a_{r-1} X^{r-1} + X^r \in \mathbb{K}[X]$$

mit $m_A(A) = 0$ (die Nullmatrix), welches jedes Polynom $p \in \mathbb{K}[X]$ mit $p(A) = 0$ teilt. m_A heißt Minimalpolynom von A bzw. f_A. Nach dem Satz von Cayley-Hamilton gilt für das charakteristischen Polynom $\chi_A(X) = \det(A - X E_n) \in \mathbb{K}[X]$, daß $\chi_A(A) = 0$ ist. (Dabei bezeichnet E_n wieder die $n \times n$-Einheitsmatrix.) Also ist das Minimalpolynom ein Teiler des charakteristischen Polynoms. Zerfällt χ_A über $\mathbb{K}$ und ist $\lambda_1, \ldots, \lambda_m$ eine Abzählung aller paarweise verschiedener Eigenwerte von A, dann gilt jedenfalls $\chi_A(X) = (X - \lambda_1)^{k_1}(X - \lambda_2)^{k_2} \cdots (X - \lambda_m)^{k_m}$ mit $k_i \in \mathbb{N} \setminus \{0\}$ und $k_1 + \ldots + k_m = n$. Nach dem Satz von Cayley-Hamilton folgt dann

$$\chi_A(A) = (A - \lambda_1 E_n)^{k_1}(A - \lambda_2 E_n)^{k_2} \cdots (A - \lambda_m E_n)^{k_m} = 0.$$

Bezeichnet $r_j \leq k_j$ die Ordnung des größten Jordan-Blocks zum Eigenwert λ_j in der Jordanschen Normalform von A, dann lautet das Minimalpolynom von A

$$m_A(X) = (X - \lambda_1)^{r_1}(X - \lambda_2)^{r_2} \cdots (X - \lambda_m)^{r_m}.$$

Lemma 3.13. Ist $A \in \mathbb{K}^{n \times n}$ eine Matrix mit n gleichen Eigenwerten λ, so gilt

$$A^m - \sum_{j=0}^{n-1} \binom{m}{j} \lambda^{m-j} (A - \lambda E_n)^j \quad \text{für alle } m \geq 0.$$

Beweis. Nach Voraussetzung ist $\chi_A(X) = (X - \lambda)^n$. Dann gilt nach dem Satz von Cayley-Hamilton $\chi_A(A) = (A - \lambda E_n)^n = 0$. Damit folgt

$$e^{At} = e^{\lambda E_n t} \cdot e^{(A - \lambda E_n)t} = e^{\lambda t} \cdot \sum_{k=0}^{\infty} \frac{(A - \lambda E_n)^k}{k!} t^k = e^{\lambda t} \cdot \sum_{k=0}^{n-1} \frac{(A - \lambda E_n)^k}{k!} t^k,$$

also $Y(t) = f(t) \cdot g(t)$ für $Y(t) = e^{At}$, $f(t) = e^{\lambda t}$ und $g(t) = \sum_{k=0}^{n-1}(A - \lambda E_n)^k \frac{t^k}{k!}$. Nach der diskreten Leibnizformel (vgl. S.29) gilt

$$(f \cdot g)^{(m)}(t) = \sum_{j=0}^{m} \binom{m}{j} f^{(m-j)}(t) g^{(j)}(t)$$

für alle $t \in \mathbb{R}$. Außerdem ist $f^{(j)}(0) = \lambda^j$ und

$$g^{(j)}(0) = \begin{cases} (A - \lambda E_n)^j & j < n \\ 0 & j \geq n \end{cases}$$

Daraus folgt die Behauptung

$$A^m = Y^{(m)}(0) = \sum_{j=0}^{n-1} \binom{m}{j} \lambda^{m-j} (A - \lambda E_n)^j.$$

$\square$

Sind die Eigenwerte von A nicht alle identisch, so ist die Berechnung der Potenzen von A nicht so einfach. Es gilt jedoch der folgende

Satz 3.14 (Diskreter Putzer-Algorithmus). Sei $A \in \mathbb{K}^{n \times n}$ eine Matrix, deren charakteristisches Polynom über $\mathbb{K}$ zerfällt. Sei $\lambda_1, \ldots, \lambda_m$ eine Abzählung aller Wurzeln des Minimalpolynoms m_A von A, und sei m dessen Grad. Dann gilt

$$A^t = \sum_{j=0}^{m-1} c_{j+1}(t) M_j$$

für alle $t \in \mathbb{N}$; dabei ist $M_j := (A - \lambda_1 E_n)(A - \lambda_2 E_n) \cdot \ldots \cdot (A - \lambda_j E_n)$ für $1 \leq j \leq m$, $M_0 := E_n$ und $c(t) = [c_1(t), \ldots, c_m(t)]^T$ die eindeutige Lösung des Systems

$$c(t+1) = \begin{bmatrix} \lambda_1 & & & 0 \\ 1 & \lambda_2 & & \\ & \ddots & \ddots & \\ 0 & & 1 & \lambda_m \end{bmatrix} c(t), \quad c(0) = \begin{bmatrix} 1 \\ 0 \\ \vdots \\ 0 \end{bmatrix}. \tag{3.23}$$

Beweis. Wir zeigen zunächst, daß A^t für alle $t \in \mathbb{N}$ eine Linearkombination von $M_0, \ldots,$ M_{m-1} ist, und anschließend, daß die Koeffizienten $c_j(t+1)$ durch (3.23) gegeben sind.

1. Für alle $t \in \mathbb{N}$ gilt $A^t = \sum_{j=0}^{m-1} c_{j+1}(t) M_j$ mit (noch unbestimmten) Koeffizienten $c_j(t)$.

(a) Wir zeigen durch vollständige Induktion über $t \in \mathbb{N}$, daß A^t eine Linearkombination von $M_0, \ldots, M_t$ ist für $t \leq m-1$. Für $t = 0$ gilt $A^0 = E_n = M_0$. Für den Induktionsschluß $t \longrightarrow t+1$ sei nun A^k eine Linearkombination von $M_0, \ldots, M_k$ für alle $k \leq t$. Nach der Definition der M_j gilt

$$M_{t+1} = A^{t+1} + \text{Linearkombination von } A^0, \ldots, A^t.$$

Da $A^0, \ldots, A^t$ eine Linearkombination von $M_0, \ldots, M_t$ sind, ist A^{t+1} eine Linearkombination von $M_0, \ldots, M_{t+1}$.

(b) Für das Minimalpolynom $m_A \in \mathbb{K}[X]$ von A gilt $m_A(A) = 0$. Also ist A^m eine Linearkombination von $A^0, \ldots, A^{m-1}$. Folglich ist dann A^{m+1} eine Linearkombination von $A^0, \ldots, A^m$. Daraus folgt, daß A^{m+1} eine Linearkombination von $A^0, \ldots, A^{m-1}$ ist. Indem wir auf diese Weise fortfahren, ergibt sich, daß A^t eine Linearkombination von $A^0, \ldots, A^{m-1}$ ist für alle $t \in \mathbb{N}$.

Aus (a) und (b) folgt $A^t = \sum_{j=0}^{m-1} c_{j+1}(t) M_j$ für alle $t \in \mathbb{N}$.

2. Bestimmung der Koeffizienten $c_j(t)$.

(a) Die Matrizen $M_0, \ldots, M_{m-1}$ sind linear unabhängig, andernfalls gäbe es ein $k \leq m - 1$ und ein $r_k \neq 0$, so daß

$$\sum_{j=0}^{k} r_j M_j = 0.$$

Dann existiert aber ein normiertes Polynom $p \in \mathbb{K}[X]$ mit $\operatorname{Grad} p = k$ und $p(A) = 0$, was ein Widerspruch zu $\operatorname{Grad} m_A = m$ ist.

(b) Definitionsgemäß gilt $M_{j+1} = M_j(A - \lambda_{j+1} E_n)$, daher ist $AM_j = M_{j+1} + \lambda_{j+1} M_j$. Daraus folgt zusammen mit 1.

$$\sum_{j=0}^{m-1} c_{j+1}(t+1) M_j = A^{t+1} = AA^t = A \sum_{j=0}^{m-1} c_{j+1}(t) M_j = \sum_{j=0}^{m-1} c_{j+1}(t) AM_j$$

$$= \sum_{j=1}^{m} c_j(t) M_j + \sum_{j=0}^{m-1} c_{j+1}(t) \lambda_{j+1} M_j. \tag{3.24}$$

Nach Voraussetzung ist $M_m = (A - \lambda_1 E_n) \cdots (A - \lambda_m E_n) = m_A(A) = 0$. Da $M_0, \ldots, M_{m-1}$ linear unabhängig sind, folgt dann aus (3.24) $c_1(t+1) = \lambda_1 c_1(t)$ und $c_j(t+1) = \lambda_j c_j(t) + c_{j-1}(t)$ für $2 \leq j \leq m$. Also gilt

$$c(t+1) = \begin{bmatrix} \lambda_1 & & & 0 \\ 1 & \lambda_2 & & \\ & \ddots & \ddots & \\ 0 & & 1 & \lambda_m \end{bmatrix} \cdot c(t)$$

Aus $E_n = M_0 = A^0 = \sum_{j=0}^{m-1} c_{j+1}(0) M_j$ und $M_1, \ldots, M_{m-1}$ linear unabhängig folgt schließlich $c_1(0) = 1$ und $c_2(0) = \ldots = c_m(0) = 0$.

$\square$

Beispiele. 1. Berechnung der Iterierten der Matrix A mittels des diskreten Putzer-Algorithmus für

$$A = \begin{bmatrix} -1 & 0 & 4 \\ 0 & -1 & 2 \\ 0 & 0 & 1 \end{bmatrix}.$$

Es gilt $\chi_A(X) = (X + 1)^2 \cdot (X - 1)$, also $\lambda_1 = -1$ mit $m_1 = 2$ und $\lambda_2 = 1$ mit $m_2 = 1$. Wegen $\operatorname{Rang}(A + E_3) = 1$ hat der Eigenraum zum Eigenwert $\lambda_1 = -1$ die

Dimension 2, d.h. es gibt zwei Jordan-Blöcke zu λ_1 mit der Ordnung 1. Daher lautet das Minimalpolynom $m_A(X) = (X + 1) \cdot (X - 1)$. Man erhält

$$c_1(t + 1) = -c_1(t) = (-1)^{t+1}$$
$$c_2(t + 1) = (-1)^t + c_2(t) = (-1)^t + ((-1)^{t-1} + c_2(t - 1))$$
$$= (-1)^t + (-1)^{t-1} + \ldots + (-1)^0 = \frac{1}{2}(1 + (-1)^t)$$

Daraus folgt $A^t = c_1(t)M_0 + c_2(t)M_1 = (-1)^t E_3 + \frac{1}{2}(1 + (-1)^{t-1})(A + E_3)$. Also gilt

$$A^t = \begin{bmatrix} (-1)^t & 0 & 2(1 + (-1)^{t-1}) \\ 0 & (-1)^t & 1 + (-1)^{t-1} \\ 0 & 0 & 1 \end{bmatrix}.$$

2. Sei $x(t + 1) = Ax(t)$ mit $x(0) = [2, -1, 0]^T$ und

$$A = \begin{bmatrix} 1 & -2 & -2 \\ 0 & 0 & -1 \\ 0 & 2 & 3 \end{bmatrix}.$$

Das charakteristische Polynom von A lautet $\chi_A(X) = (X - 2)(X - 1)^2$, also gilt $\lambda_1 = 2$ mit $m_1 = 1$, $\lambda_2 = 1$ mit $m_2 = 2$. Wegen Rang$(A + E_3) = 1$ hat der Eigenraum zum Eigenwert $\lambda_2 = 1$ die Dimension 2, d.h. es gibt zwei Jordan-Blöcke zu λ_2 mit der Ordnung 1. Daher lautet das Minimalpolynom $m_A(X) = (X - 2)(X - 1)$ mit $m = 2$. Man erhält

$$c_1(t + 1) = 2c_1(t) = 2^t$$
$$c_2(t + 1) = 2^t + c_2(t) = 2^t + (2^{t-1} + c_2(t - 1))$$
$$= 2^t + 2^{t-1} + \ldots + 2^0 = \frac{1 - 2^{t+1}}{1 - 2} = 2^{t+1} - 1$$

Daraus folgt $A^t = c_1(t)M_0 + c_2(t)M_1 = 2^t E_3 + (2^t - 1)(A - 2E_3)$. Also gilt

$$A^t = \begin{bmatrix} 1 & 2 - 2^{t+1} & 2 - 2^{t+1} \\ 0 & 2 - 2^t & 1 - 2^t \\ 0 & 2^{t+1} - 2 & 2^{t+1} - 1 \end{bmatrix}.$$

Damit gilt für die Lösung des Anfangswertproblems

$$x(t) = A^t x(0) = \begin{bmatrix} 2^{t+1} \\ 2^t - 2 \\ 2 - 2^{t+1} \end{bmatrix}.$$

3. Ein Trick: Zur Berechnung der Iterierten A^t einer konstanten Matrix $A \in \mathbb{K}^{n \times n}$ setze $A = B + C$ mit vertauschbaren Matrizen B und C, so daß B^t eine möglichst einfache Gestalt hat und C nilpotent ist. Beispiel:

$$A = \begin{bmatrix} 2 & 0 \\ 1 & 2 \end{bmatrix} = \begin{bmatrix} 2 & 0 \\ 0 & 2 \end{bmatrix} + \begin{bmatrix} 0 & 0 \\ 1 & 0 \end{bmatrix} = B + C$$

Wegen der Vertauschbarkeit von B und C läßt sich die Binomische Formel anwenden und es gilt

$$A^t = 2^t E_2 + \binom{t}{1} 2^{t-1} E_2 \cdot \begin{bmatrix} 0 & 0 \\ 1 & 0 \end{bmatrix} + \begin{bmatrix} 0 & 0 \\ 0 & 0 \end{bmatrix} = \begin{bmatrix} 2^t & 0 \\ t2^{t-1} & 2^t \end{bmatrix}.$$

$\diamond$

Referenzen

- Zur Jordanschen Normalform und zum Minimalpolynom siehe z. B. Stammbach, U.: *Lineare Algebra*. Teubner, Stuttgart, 1994.

- Zur Rolle der Jordanschen Normalform für Zeit-kontinuierliche dynamische Systeme siehe Hirsch, M. W., Smale, S.: *Differential Equations, Dynamical Systems, and Linear Algebra*. Academic Press, New York, 1974.

Aufgaben

1. Verifizieren Sie, daß das diskrete dynamische System (3.23)

$$c(t+1) = \begin{bmatrix} \lambda_1 & & & 0 \\ 1 & \lambda_2 & & \\ & \ddots & \ddots & \\ 0 & & 1 & \lambda_m \end{bmatrix} c(t), \quad c(0) = \begin{bmatrix} 1 \\ 0 \\ \vdots \\ 0 \end{bmatrix}$$

aus Satz 3.14 mit $c(t) = [c_1(t), \dots, c_m(t)]^T$ folgende Lösung besitzt.

$$c_1(t) = \lambda_1^t$$
$$c_j(t) = \sum_{k=0}^{t-1} \lambda_j^{t-k-1} c_{j-1}(k), \quad j = 2, \dots, m.$$

2. Benutzen Sie den diskreten Putzer-Algorithmus, um die Iterierten A^t der folgenden Matrizen A zu berechnen. Bestimmen Sie jeweils das Minimalpolynom von A.

(a) $A = \begin{bmatrix} 3 & 3 \\ -2 & 4 \end{bmatrix};$

(b) $A = \begin{bmatrix} 4 & 0 \\ -2 & 1 \end{bmatrix};$

(c) $A = \begin{bmatrix} 4 & 1 \\ -5 & 0 \end{bmatrix}$;

(d) $A = \begin{bmatrix} 5 & -1 & 0 \\ 1 & 3 & 0 \\ 0 & -2 & 6 \end{bmatrix}$;

(e) $A = \begin{bmatrix} 0 & -1 & 1 \\ -3 & -2 & 3 \\ -2 & -2 & 3 \end{bmatrix}$;

(f) $A = \begin{bmatrix} 3 & 4 & 3 \\ -1 & 0 & -1 \\ 1 & 2 & 3 \end{bmatrix}$.

3. Lösen Sie die folgenden homogenen diskreten dynamischen Systeme.

(a) $x_1(t+1) = -x_1(t) + 2x_2(t)$
$x_2(t+1) = 3x_1(t)$;

(b) $x_1(t+1) = -3x_1(t) + 5x_2(t)$
$x_2(t+1) = 2x_1(t)$;

(c) $x_1(t+1) = 4x_1(t) + x_2(t) + 2x_3(t)$
$x_2(t+1) = 2x_2(t) - 4x_3(t)$
$x_3(t+1) = x_2(t) + 6x_3(t)$;

(d) $x_1(t+1) = -x_2(t)$
$x_2(t+1) = x_3(t)$
$x_3(t+1) = -x_1(t) - 3x_2(t) + 3x_3(t)$.

4. Benutzen Sie den diskreten Putzer-Algorithmus, um die folgenden Anfangswertprobleme $x(t+1) = Ax(t)$ zu lösen.

(a) $A = \begin{bmatrix} 1 & 2 & -1 \\ 0 & 1 & 0 \\ 4 & -4 & 5 \end{bmatrix}$, $x(0) = \begin{bmatrix} 1 \\ 1 \\ 0 \end{bmatrix}$;

(b) $A = \begin{bmatrix} 2 & -1 & -3 \\ 1 & 4 & 4 \\ 0 & 0 & -1 \end{bmatrix}$, $x(0) = \begin{bmatrix} 1 \\ 2 \\ 3 \end{bmatrix}$;

(c) $A = \begin{bmatrix} 1 & 4 & -5 \\ 0 & 2 & -6 \\ 0 & 0 & 2 \end{bmatrix}$, $x(0) = \begin{bmatrix} 1 \\ 1 \\ -1 \end{bmatrix}$;

$$(d) \quad A = \begin{bmatrix} 8 & 1 & 0 \\ -4 & 4 & 0 \\ 0 & 0 & 6 \end{bmatrix}, \; x(0) = \begin{bmatrix} 2 \\ -3 \\ 0 \end{bmatrix};$$

$$(e) \quad A = \begin{bmatrix} 2 & -1 & -3 \\ 1 & 4 & 4 \\ 0 & 0 & -1 \end{bmatrix}, \; x(0) = \begin{bmatrix} -1 \\ 2 \\ -3 \end{bmatrix};$$

$$(f) \quad A = \begin{bmatrix} 0 & 0 & 0 & -16 \\ 1 & 0 & 0 & 32 \\ 0 & 1 & 0 & -24 \\ 0 & 0 & 1 & 8 \end{bmatrix}, \; x(0) = \begin{bmatrix} 2 \\ 1 \\ 0 \\ -1 \end{bmatrix}.$$

5. Verifizieren Sie den Satz von Cayley-Hamilton für $A = \begin{bmatrix} 1 & 1 \\ -2 & 4 \end{bmatrix}$.

6. Beweisen Sie Lemma 3.9 (vgl. S.74) mit Hilfe des Tricks aus Beispiel 3 von S.93.

7.* Zeigen Sie, daß Lemma 3.13 ein Spezialfall von Satz 3.14 ist.

3.3.3   Anwendungen und Beispiele

In diesem Abschnitt sollen einige Beispiele für diskrete dynamische Systeme und Differenzengleichungen mit konstanten Koeffizienten und einige Anwendungen vorgestellt werden. Die ersten Beispiele behandeln inhomogene Systeme, zu deren Lösung die Methoden des dritten Kapitels noch einmal zusammengefaßt eingesetzt werden.

Beispiel 1
Lösen Sie das folgende System von Differenzengleichungen mit Hilfe von Satz 3.5 und Satz 3.11.

$$u(t+1) - u(t) - v(t) = 5^t,$$
$$v(t+1) + 2u(t) - 4v(t) = 2 \cdot 5^t.$$

Wir setzen $x_1(t) = u(t)$, $x_2(t) = v(t)$. Dann gilt

$$x_1(t+1) = x_1(t) + x_2(t) + 5^t$$
$$x_2(t+1) = -2x_1(t) + 4x_2(t) + 2 \cdot 5^t$$

bzw. für $x(t) = [x_1(t), x_2(t)]^T$

$$x(t+1) = Ax(t) + b(t) = \begin{bmatrix} 1 & 1 \\ -2 & 4 \end{bmatrix} \cdot x(t) + \begin{bmatrix} 5^t \\ 2 \cdot 5^t \end{bmatrix}.$$

Wir lösen zunächst das homogene System $y(t+1) = Ay(t)$. Für das charakteristische Polynom von A ergibt sich

$$\chi_A(X) = \det(A - X \cdot E_2) = (X-2)(X-3).$$

Daher hat A die beiden Eigenwerte $\lambda_1 = 2$, $\lambda_2 = 3$, d. h. $B = \left[\begin{smallmatrix} 2 & 0 \\ 0 & 3 \end{smallmatrix}\right]$ ist eine Jordansche Normalform von A. Wir wenden Satz 3.11 (2) an und betrachten die beiden Teilsysteme

$$z_1(t+1) = 2z_1(t)$$
$$z_2(t+1) = 3z_2(t).$$

Die Anwendung von Lemma 3.9 ergibt dann $z_1(t) = 2^t z_1(0)$ und $z_2(t) = 3^t z_2(0)$ mit beliebigen $z_1(0), z_2(0) \in \mathbb{R}$. Damit gilt (was in diesem Fall natürlich auch direkt zu sehen ist)

$$z(t) = \begin{bmatrix} 2^t & 0 \\ 0 & 3^t \end{bmatrix} \cdot z(0) = B^t z(0).$$

Für die Transformationsmatrix T mit

$$T^{-1} = \begin{bmatrix} 1 & 1 \\ 1 & 2 \end{bmatrix}, \qquad T = \begin{bmatrix} 2 & -1 \\ -1 & 1 \end{bmatrix}$$

gilt $B = TAT^{-1}$ und es ist

$$y(t) = T^{-1} z(t) = T^{-1} B^t z(0) = T^{-1} B^t T y(0)$$
$$= \begin{bmatrix} 2^{t+1} - 3^t & 3^t - 2^t \\ 2^{t+1} - 2 \cdot 3^t & 2 \cdot 3^t - 2^t \end{bmatrix} \cdot y(0) = A^t y(0).$$

Damit ist das homogene System gelöst und die Matrix A^t für alle $t \in \mathbb{N}$ bestimmt. Mit Satz 3.5 gilt dann weiter

$$x(t) = A^t x(0) + \sum_{k=1}^{t} A^{t-k} b(k-1)$$
$$= \begin{bmatrix} 2^{t+1} - 3^t & 3^t - 2^t \\ 2^{t+1} - 2 \cdot 3^t & 2 \cdot 3^t - 2^t \end{bmatrix} \cdot x(0) + \sum_{k=1}^{t} \begin{bmatrix} 5^{k-1} \cdot 3^{t-k} \\ 2 \cdot 5^{k-1} \cdot 3^{t-k} \end{bmatrix}.$$

Wegen

$$\sum_{k=1}^{t} 5^{k-1} \cdot 3^{t-k} = 3^{t-1} \cdot \sum_{k=0}^{t-1} \left(\frac{5}{3}\right)^k = 3^{t-1} \cdot \frac{1 - \left(\frac{5}{3}\right)^t}{1 - \frac{5}{3}} = \frac{1}{2} \cdot (5^t - 3^t)$$

gilt für alle $t \geq 1$ schließlich

$$x(t) = \begin{bmatrix} 2^{t+1} - 3^t & 3^t - 2^t \\ 2^{t+1} - 2 \cdot 3^t & 2 \cdot 3^t - 2^t \end{bmatrix} \cdot x(0) + \frac{1}{2} \cdot (5^t - 3^t) \cdot \begin{bmatrix} 1 \\ 2 \end{bmatrix}.$$

Beispiel 2
Lösen Sie die folgende Differenzengleichung mit Hilfe des Lösungsprinzips für Differen-
zengleichungen (vgl. S.84) und mit Satz 3.6. (E bezeichnet den Shift-Operator.)

$$(E^2 - E - 2 \cdot \mathrm{id})u(t) = (-1)^{t+1}.$$

Wir bestimmen nach dem Lösungsprinzip für Differenzengleichungen zunächst zwei linear unabhängige Lösungen der homogenen Differenzengleichung

$$(E^2 - E - 2 \cdot \mathrm{id})v(t) = v(t+2) - v(t+1) - 2v(t) = 0. \tag{3.25}$$

Das charakteristische Polynom dieser Differenzengleichung hat die Gestalt $X^2 - X - 2 =$
$(X - 2)(X + 1)$, d.h. $v_1(t) = 2^t$ und $v_2(t) = (-1)^t$ sind linear unabhängige Lösungen
von (3.25). Um Satz 3.6 anwenden zu können, muß noch die Green-Funktion $\mathcal{G}(t,k)$
berechnet werden. Sie lautet

$$
\begin{aligned}
\mathcal{G}(t,k) &= \det \begin{bmatrix} v_1(k) & v_2(k) \\ v_1(t) & v_2(t) \end{bmatrix} \cdot \det^{-1} \begin{bmatrix} v_1(k) & v_2(k) \\ v_1(k+1) & v_2(k+1) \end{bmatrix} \\
&= \det \begin{bmatrix} 2^k & (-1)^k \\ 2^t & (-1)^t \end{bmatrix} \cdot \det^{-1} \begin{bmatrix} 2^k & (-1)^k \\ 2^{k+1} & (-1)^{k+1} \end{bmatrix} \\
&= \frac{2^k(-1)^t - 2^t(-1)^k}{2^k(-1)^{k+1} - 2^{k+1}(-1)^k} \\
&= \frac{1}{3}(2^{t-k} - (-1)^{t-k}).
\end{aligned}
$$

Dann folgt aus Satz 3.6

$$
\begin{aligned}
u(t) &= c_1 v_1(t) + c_2 v_2(t) + \sum_{k=1}^{t-1} \mathcal{G}(t,k) b_2(k-1) \\
&= c_1 2^t + c_2(-1)^t + \sum_{k=1}^{t-1} \frac{1}{3}(2^{t-k} - (-1)^{t-k})(-1)^k \\
&= c_1 2^t + c_2(-1)^t + \frac{1}{3} \cdot \sum_{k=1}^{t-1}(-1)^{t+1} - \frac{2^{t-1}}{3} \cdot \sum_{k=1}^{t-1}(-2)^{1-k} \\
&= c_1 2^t + c_2(-1)^t + \frac{1}{3}(t-1)(-1)^{t+1} - \frac{1}{9}(2^t + 2(-1)^t) \\
&= c_1' 2^t + \left(c_2' - \frac{t}{3}\right)(-1)^t
\end{aligned}
$$

für beliebige reelle Konstanten c_1, c_2 bzw. c_1', c_2'. Daraus folgt $u(0) = c_1' + c_2'$ und $u(1) =$
$2c_1' - c_2' + \frac{1}{3}$. Also gilt $c_1' = \frac{u(0)+u(1)}{3} - \frac{1}{9}$ und $c_2' = \frac{2u(0)-u(1)}{3} + \frac{1}{9}$. Damit erhält man die
Lösung

$$u(t) = \frac{2^t}{9}(3u(0) + 3u(1) - 1) + \frac{(-1)^t}{9}(6u(0) - 3u(1) + 1) - \frac{t}{3}(-1)^t.$$

Beispiel 3

Lösen Sie das folgende diskrete dynamische System mit konstanter Koeffizientenmatrix A unter Benutzung

(a) *der Jordanschen Normalform und*

(b) *des diskreten Putzer-Algorithmus.*

$$x(t+1) = \begin{bmatrix} 1 & -5 & 1 \\ 1 & -1 & 3 \\ 2 & -6 & 8 \end{bmatrix} \cdot x(t) + \begin{bmatrix} \sin\frac{\pi}{2}t \\ 2^t + 4^t \\ 2 \end{bmatrix}.$$

Für beide Methoden werden die Eigenwerte der Matrix A benötigt. Man findet das charakteristische Polynom

$$\chi_A(X) = (X-4)(X-2)^2,$$

d. h. A hat die beiden Eigenwerte $\lambda_1 = 4$ mit algebraischer Vielfachheit $m_1 = 1$ und $\lambda_2 = 2$ mit $m_2 = 2$. Die Dimension des Eigenraumes zum Eigenwert λ_2 ist 1, da Rang $(A - 2E_3) = 2$. Daher ist

$$B = \begin{bmatrix} 2 & 1 & 0 \\ 0 & 2 & 0 \\ 0 & 0 & 4 \end{bmatrix} \tag{3.26}$$

eine Jordansche Normalform von A. Um Satz 3.5 zur Lösung des gegebenen inhomogenen Systems (3.26) anwenden zu können, müssen die Iterierten A^t der Koeffizientenmatrix A berechnet werden.

(a) Wir wenden zunächst Satz 3.11 (2) an und lösen das homogene System $y(t+1) = Ay(t)$. Für die beiden Teilsysteme $z^1(t+1) = J_2(2)z^1(t)$ und $z^2(t+1) = 4z^2(t)$ erhält man gemäß Lemma 3.9

$$z_1(t) = z_1^1(t) = 2^t p(t)$$
$$z_2(t) = z_2^1(t) = 2^{t+1}\Delta p(t)$$
$$z_3(t) = z^2(t) = 4^t q(t)$$

mit $z = [z_1^1, z_2^1, z^2]^T$ und den Polynomen $p(t) = a_0 + a_1 t$ und $q(t) = b_0$. Daraus folgt $z_1(0) = a_0$, $z_2(0) = 2a_1$ und $z_3(0) = b_0$. Damit gilt für die Lösung von $z(t+1) = Bz(t)$ jedenfalls

$$z(t) = B^t z(0) = \begin{bmatrix} 2^t & t2^{t-1} & 0 \\ 0 & 2^t & 0 \\ 0 & 0 & 4^t \end{bmatrix} \cdot z(0)$$

für alle $t \in \mathbb{N}$. Für die Transformationsmatrix T mit

$$T^{-1} = \begin{bmatrix} -3 & \frac{7}{4} & -1 \\ 1 & \frac{1}{4} & 1 \\ 2 & 0 & 2 \end{bmatrix}, \qquad T = \begin{bmatrix} -\frac{1}{2} & \frac{7}{2} & -2 \\ 0 & 4 & -2 \\ \frac{1}{2} & -\frac{7}{2} & \frac{5}{2} \end{bmatrix}.$$

erhält man die Lösung des homogenen Systems

$$y(t) = A^t y(0) = T^{-1} B^t T y(0)$$

$$= \begin{bmatrix} \frac{1}{2}(3 \cdot 2^t - 4^t) & \frac{1}{2}(-7 \cdot 2^t + 7 \cdot 4^t - 12t \cdot 2^t) & \frac{1}{2}(5 \cdot 2^t - 5 \cdot 4^t + 6t \cdot 2^t) \\ \frac{1}{2}(4^t - 2^t) & \frac{1}{2}(9 \cdot 2^t - 7 \cdot 4^t + 4t \cdot 2^t) & \frac{1}{2}(-5 \cdot 2^t + 5 \cdot 4^t - 2t \cdot 2^t) \\ 4^t - 2^t & 7 \cdot 2^t - 7 \cdot 4^t + 4t \cdot 2^t & -4 \cdot 2^t + 5 \cdot 4^t - 2t \cdot 2^t \end{bmatrix} y(0).$$

(b) Wir berechnen die Iterierte A^t nun noch alternativ mit Hilfe des diskreten Putzer-Algorithmus. Der Jordan-Block zu $\lambda_2 = 2$ hat die Ordnung 2, d. h. das Minimalpolynom von A lautet $m_A(X) = \chi_A(X) = (X - 4)(X - 2)^2$. Daher gilt (vgl. Aufgabe 1, S.93)

$$c_1(t) = 4^t$$

$$c_2(t) = \sum_{k=0}^{t-1} 2^{t-k-1} 4^k = 2^{t-1} \cdot \sum_{k=0}^{t-1} 2^k = 2^{t-1}(2^t - 1) = \frac{1}{2} \cdot (4^t - 2^t)$$

$$c_3(t) = \sum_{k=0}^{t-1} 2^{t-k-1} \cdot \frac{1}{2} \cdot (4^k - 2^k) = 2^{t-2} \cdot \sum_{k=0}^{t-1} (2^k - 1) = 2^{t-2}(2^t - 1 - t)$$

$$= 4^{t-1} - 2^{t-2} - t2^{t-2}.$$

Daraus folgt $A^t = c_1(t)M_0 + c_2(t)M_1 + c_3(t)M_2 = 4^t E_3 + \frac{1}{2} \cdot (4^t - 2^t)(A - 4E_3) + (4^{t-1} - 2^{t-2} - t2^{t-2})(A - 4E_3)(A - 2E_3)$. Also gilt

$$A^t = \begin{bmatrix} \frac{1}{2}(3 \cdot 2^t - 4^t) & \frac{1}{2}(-7 \cdot 2^t + 7 \cdot 4^t - 12t \cdot 2^t) & \frac{1}{2}(5 \cdot 2^t - 5 \cdot 4^t + 6t \cdot 2^t) \\ \frac{1}{2}(4^t - 2^t) & \frac{1}{2}(9 \cdot 2^t - 7 \cdot 4^t + 4t \cdot 2^t) & \frac{1}{2}(-5 \cdot 2^t + 5 \cdot 4^t - 2t \cdot 2^t) \\ 4^t - 2^t & 7 \cdot 2^t - 7 \cdot 4^t + 4t \cdot 2^t & -4 \cdot 2^t + 5 \cdot 4^t - 2t \cdot 2^t \end{bmatrix}$$

für alle $t \in \mathbb{N}$. Die Lösung des Ausgangsproblems lautet dann gemäß Satz 3.5 $x(t) = A^t x(0) + \sum_{k=1}^{t} A^{t-k} b(k-1)$ mit $b(t) = [\sin \frac{\pi}{2} t, 2^t + 4^t, 2]^T$.

Beispiel 4 [Anwendung: Lineares Cobweb-Modell]
Der Zusammenhang zwischen Angebot und Nachfrage auf einem Markt mit nur einem (in der Regel verderblichen) Gut wird in der ökonomischen Literatur durch das sogenannte Cobweb-Modell beschrieben. Dabei haben die Anbieter eine bestimmte Preiserwartung für die nächste Periode und planen daraufhin ihr gewinnmaximales Angebot. Da die Güter nicht gelagert werden können, müssen die Anbieter ihre gesamte Produktion in der jeweiligen Periode verkaufen und sich deshalb den Preisvorstellungen der Nachfrager anpassen. Die Anbieter bestimmen also die Menge und die Nachfrager den Preis. Man macht nun folgende Annahmen

- Angebot und Nachfrage hängen linear vom Preis ab;

- Die Anbieter gehen stets davon aus, daß der aktuelle Preis auch in der nächsten Periode realisiert wird;

- Der Markt wird stets geräumt, d. h. aufgrund der Verderblichkeit der Ware sind die Anbieter gezwungen, mit dem Verkaufspreis solange nach unten zu gehen, bis alle produzierten Güter verkauft sind.

Seien d_n und s_n die Nachfrage bzw. das Angebot des Gutes in Periode $n \in \mathbb{N}$ und sei p_n der in dieser Periode realisierte Güterpreis, sowie $p_n^E = p_{n-1}$ der von den Anbietern ex ante für diese Periode erwartete Güterpreis. Mit den Konstanten $a, b > 0$, $s_0, d_0 \geq 0$ gelten dann folgende Gleichungen

$$
\begin{aligned}
d_n &= -ap_n + d_0 &&\text{Nachfrage} \\
s_n &= bp_n^E + s_0 = bp_{n-1} + s_0 &&\text{Angebot} \\
d_n &= s_n &&\text{Markträumung}
\end{aligned} \tag{3.27}
$$

Aus (3.27) erhält man

$$
p_n = \left(-\frac{b}{a}\right) p_{n-1} + \frac{d_0 - s_0}{a}
$$

bzw. äquivalent dazu

$$
p_{n+1} = \left(-\frac{b}{a}\right) p_n + \frac{d_0 - s_0}{a}. \tag{3.28}
$$

Gleichung (3.28) ist eine Differenzengleichung erster Ordnung mit konstanten Koeffizienten und beschreibt das dynamische Verhalten des Güterpreises im Laufe der Zeit. Mit Hilfe des Lösungsprinzips (oder in diesem sehr einfachen Fall auch direkt) erhält man $p_n = (\frac{-b}{a})^n$ als Lösung des zugehörigen homogenen Systems. Daraus folgt mit Satz 3.6 für die allgemeine Lösung von (3.28)

$$
\begin{aligned}
p_n &= c \left(-\frac{b}{a}\right)^n + \sum_{k=1}^{n} \left(-\frac{b}{a}\right)^{n-k} \cdot \frac{s_0 - d_0}{a} \\
&= c \left(-\frac{b}{a}\right)^n + \left(-\frac{b}{a}\right)^{n-1} \cdot \frac{s_0 - d_0}{a} \cdot \sum_{k=0}^{n-1} \left(-\frac{a}{b}\right)^k \\
&= c \left(-\frac{b}{a}\right)^n + \frac{s_0 - d_0}{a + b} \cdot \left(1 - \left(-\frac{b}{a}\right)^n\right),
\end{aligned} \tag{3.29}
$$

wobei $p_0 = c \in \mathbb{R}$ beliebig ist. Da Preise sinnvollerweise stets nichtnegativ sein sollten, muß $p_0 \geq 0$ geeignet gewählt werden. Man interessiert sich nun für das langfristige dynamische Verhalten der Preise. Offenbar gibt es hier zwei interessante Fälle in Abhängigkeit der Parameter a und b. Für $\frac{b}{a} = 1$ gilt

$$
p_n = \begin{cases} p_0 & \text{falls } n \text{ gerade,} \\ 2\frac{s_0 - d_0}{a+b} - p_0 & \text{falls } n \text{ ungerade.} \end{cases}
$$

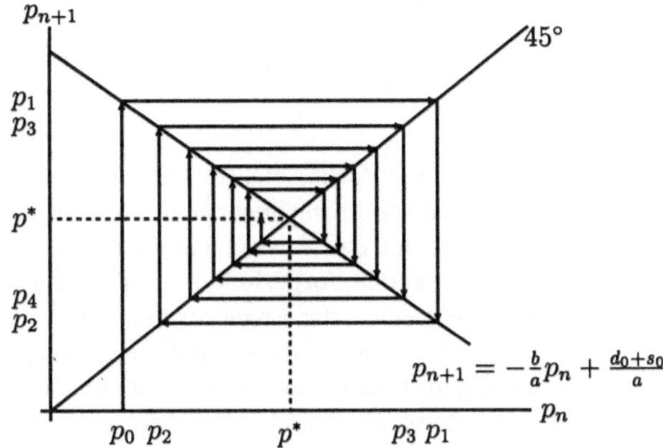

Abb. 3.1   Preisverlauf im Cobweb-Modell

Dieses Resultat läßt sich ökonomisch wie folgt interpretieren: Ist p_0 der geringere der beiden Preise, so konnte die anfänglich produzierte (zu große) Gütermenge nur zum Preis p_0 abgesetzt werden. Zu diesem Preis sind die Anbieter aber nicht bereit, diese Menge herzustellen. In der primitiven Erwartung, diesen Preis auch in der folgenden Periode realisieren zu können, drosseln die Anbieter ihre Produktion in der nächsten Periode. Das nun geringere Angebot läßt den Preis aber auf $\frac{2(s_0-d_0)}{a+b} - p_0$ ansteigen. Daraufhin kurbeln die Anbieter ihre Produktion wieder an, da sie zu diesem höheren Preis bereit sind, mehr anzubieten. Dieser Prozeß setzt sich zyklisch fort. Für den Spezialfall $p_0 = \frac{2(s_0-d_0)}{a+b} - p_0$, befindet sich der Markt im Gleichgewicht: Der Preis ändert sich im Zeitverlauf nicht. Der Preis $p^* = \frac{s_0-d_0}{a+b}$ mit dieser Eigenschaft heißt daher auch Gleichgewichtspreis.

Für $\frac{b}{a} = 1$ kann der Gleichgewichtspreis im dynamischen Verlauf nur bei (zufälliger) Wahl von $p_0 = p^*$ erreicht werden. Für $\frac{b}{a} < 1$ gilt dagegen

$$\lim_{n\to\infty} p_n = c \cdot 0 + \frac{s_0 - d_0}{a + b}(1 - 0) = p^*.$$

Unabhängig vom Anfangspreis nähert sich der Preis dem Gleichgewichtspreis an. In diesem Fall ist p^* also asymptotisch stabil. (Zu den Stabilitätsbegriffen vgl. auch Kapitel 4.) Trägt man die Preisiterationen grafisch ab, so erhält man einen einem Spinnengewebe (=cobweb) ähnlichen Verlauf (Abb. 3.1), der die Stabilität des Preisgleichgewichtes verdeutlicht. Analog zum Fall $\frac{b}{a} = 1$ kann der Gleichgewichtspreis p^* für $\frac{b}{a} > 1$ im dynamischen Verlauf nur bei $p_0 = p^*$ erreicht werden. Für $p_0 \neq p^*$ ist der Preisverlauf für diesen Fall aber nicht zyklisch, sondern die Preise entfernen sich vom Gleichgewichtspreis.

Offenbar kann man diese einfache Anwendung bzw. die sich ergebende Differenzengleichung (3.28) direkt, d. h. ohne das Kalkül des dritten Kapitels, lösen (vgl. auch Beispiel 1 in Kapitel 1.1). Führt man jedoch eine gesetzliche Preisobergrenze $\hat{p}$ ein, also

z. B.

$$p_{n+1} = \min\{\hat{p}, \left(-\frac{b}{a}\right)p_n + \frac{d_0 - s_0}{a}\},$$

so erhält man eine (wenn auch einfache) nichtlineare Differenzengleichung, auf die das gesamte Kalkül des dritten Kapitels nicht mehr anwendbar ist.

Kommen wir noch einmal auf das Ausgangsmodell zurück. Die Anbieter orientieren sich ausschließlich am Preis der Vorperiode und erkennen nicht, daß die Höhe des jeweiligen Nachfragepreises etwas mit der Angebotsmenge zu tun hat. Diese Erwartungsbildung korrigieren sie auch dann nicht, wenn sich die Ungleichgewichte vergrößern bzw. die Erwartungen regelmäßig herb enttäuscht werden. Man geht wohl nicht zu weit, wenn man die Produzenten im Cobweb-Modell als nicht übermäßig intelligent bezeichnet. Als etwas realistischeres Modell betrachten wir daher Anbieter, die den Preis der nächsten Periode vorherzusagen versuchen, indem sie die Preisentwicklung der beiden letzten Perioden zugrunde legen, z. B. $p_n^E = p_{n-1} + \rho(p_{n-1} - p_{n-2})$ für ein $\rho > 0$. Damit erhält man mit (3.27) für das Angebot

$$s_n = b(p_{n-1} + \rho(p_{n-1} - p_{n-2})) + s_0.$$

Aus $s_n = d_n$ folgt dann

$$p_n = -\frac{b}{a}(1 + \rho)p_{n-1} + \frac{b}{a}\rho p_{n-2} + \frac{d_0 - s_0}{a} \quad \text{bzw.}$$
$$p_{n+2} = -\frac{b}{a}(1 + \rho)p_{n+1} + \frac{b}{a}\rho p_n + \frac{d_0 - s_0}{a}. \tag{3.30}$$

Wir bestimmen nach dem Lösungsprinzip für Differenzengleichungen zunächst zwei linear unabhängige Lösungen der homogenen Differenzengleichung

$$q_{n+2} + \frac{b}{a}(1 + \rho)q_{n+1} - \frac{b}{a}\rho q_n = 0. \tag{3.31}$$

Das charakteristische Polynom dieser Differenzengleichung hat die Gestalt $X^2 + \frac{b}{a}(1 + \rho)X - \frac{b}{a}\rho$. Man erhält die beiden Wurzeln

$$X_{1,2} = \frac{-b(1 + \rho) \mp \sqrt{b\,(b + 4\,a\,\rho + 2\,b\,\rho + b\,\rho^2)}}{2a},$$

d. h. $q_n^1 = X_1^n$ und $q_n^2 = X_2^n$ sind linear unabhängige Lösungen von (3.31). Um Satz 3.6 anwenden zu können, muß die Green-Funktion $\mathcal{G}(n,k)$ berechnet werden. Sie lautet

$$\mathcal{G}(n,k) = \det\begin{bmatrix} X_1^k & X_2^k \\ X_1^n & X_2^n \end{bmatrix} \cdot \det^{-1}\begin{bmatrix} X_1^k & X_2^k \\ X_1^{k+1} & X_2^{k+1} \end{bmatrix} = \frac{(X_2^{n-k} - X_1^{n-k})}{X_2 - X_1}.$$

Damit folgt aus Satz 3.6 für alle $n \geq 2$

$$p_n = c_1 X_1^n + c_2 X_2^n + \sum_{k=1}^{n-1} \mathcal{G}(n,k)\frac{d_0 - s_0}{a}$$

$$= c_1 X_1^n + c_2 X_2^n + \frac{d_0 - s_0}{a(X_2 - X_1)} \sum_{k=1}^{n-1} (X_2^{n-k} - X_1^{n-k})$$

$$= c_1 X_1^n + c_2 X_2^n + \frac{d_0 - s_0}{a(X_2 - X_1)} \left(\frac{X_2^n - 1}{X_2 - 1} - \frac{X_1^n - 1}{X_1 - 1} \right). \tag{3.32}$$

Da (3.32) mit den allgemeinen Ausdrücken für X_1 und X_2 zu unübersichtlich wird (vgl. Aufgabe 3), wollen wir nur einen Spezialfall betrachten. Sei $a = 3$, $b = 1$ und $\rho = 1$, dann erhält man für (3.32)

$$p_n = (-1)^n c_1 + \left(\frac{1}{3} \right)^n c_2 + \frac{d_0 - s_0}{8} \left(2 + (-1)^n + \left(\frac{1}{3} \right)^{n-1} \right).$$

Obwohl in diesem Spezialfall $\frac{b}{a} = \frac{1}{3} < 1$ ist, konvergiert p_n für $n \to \infty$ hier offenbar im allgemeinen nicht gegen den Gleichgewichtspreis $p^* = \frac{d_0 - s_0}{4}$.

Beispiel 5 [Anwendung: Lineares Modell der Altersstruktur von Leslie]
Eine altersstrukturierte Population besteht aus Individuen, die nach ihrem Alter eingeteilt werden. Diese Individuen können z. B. Menschen, Tiere, Pflanzen oder Zellen sein. Die Vorhersage der Anzahl der Individuen in einer bestimmten Altersklasse ist für bestimmte Fragestellungen von erheblichem Interesse; man denke im Fall von Menschen dabei beispielsweise an die benötigte Anzahl von Schulen oder die Organisation der Rentenkassen. Selbst wenn man weniger an der Altersstruktur einer Population als an der Entwicklung ihrer Größe interessiert ist, kann es sinnvoll sein, sie in homogene Altersklassen zu unterteilen und altersabhängige Geburts- und Überlebensraten anzunehmen. So hängt offensichtlich die Wahrscheinlichkeit, daß ein Individuum im nächsten Jahr ein Kind bekommt oder stirbt, von seinem Alter ab. Natürlich spielen bei den Geburts- und Überlebensraten noch andere Faktoren, wie z. B. die Bevölkerungsdichte, eine Rolle, jedoch wollen wir das im folgenden vernachlässigen.

Wir nehmen an, daß sich die Population in diskreten Zeitschritten entwickelt und in homogene, diskrete Altersgruppen unterteilt werden kann. Es sei k die Anzahl der verschiedenen Altersgruppen. Weiter gehen wir von einer isolierten Population aus, die sich nur durch Geburt und Tod verändert, d. h. Ein- und Auswanderungen seien ausgeschlossen. Die Erzeugung von Nachkommen wird im Modell nicht im Detail analysiert; für gewisse Organismen könnte man an eingeschlechtliche Vermehrung denken. Für andere Populationen, wie z. B. bei der menschlichen, könnte man die weiblichen Individuen zugrundelegen unter der Annahme, daß von dem anderen Geschlecht stets hinreichend viele Individuen zur Verfügung stehen, so daß die Geburts- und Überlebensraten des betrachteten Geschlechtes nicht beeinflußt werden. Schließlich gehen wir von großen Populationen aus, da es andernfalls wenig sinnvoll wäre, statistisch ermittelte, durchschnittliche Geburts- und Überlebensraten je Altersgruppe zu betrachten.

Bezeichne $x_i(t) \geq 0$ die Anzahl der Individuen in der Altersgruppe $i = 1, \ldots, k$ zum Zeitpunkt $t \in \mathbb{N}$. Dann bezeichnet $x(t) = [x_1(t), \ldots, x_k(t)]^T$ den Populationsvektor bzw. die Populationsdichte zum Zeitpunkt t. Für die Norm $\|x\| = \sum_{i=1}^k |x_i|$ ist $\|x(t)\|$ die

Größe der gesamten Population zum Zeitpunkt t. Damit gibt $\tilde{x}_i = \frac{x_i}{\|x\|}$ den Anteil der Individuen in Altersgruppe i an der gesamten Population an; der Vektor $\tilde{x}(t) = \frac{x(t)}{\|x(t)\|}$ heißt Altersstruktur der Population zum Zeitpunkt t. Das Basismodell der Populationsdynamik hat dann die Gestalt

$$x(t+1) = Lx(t),$$

wobei L eine nichtnegative $k \times k$-Matrix ist, d. h. alle Einträge von L sind nichtnegativ. Je nach Modell der Populationsentwicklung wird nun die Form der Matrix L spezifiziert.

Wir bezeichnen mit $b_i \geq 0$ die durchschnittliche Anzahl der Nachkommen, die ein Individuum der Altersgruppe $i = 1, \ldots, k$ pro Zeiteinheit erzeugt. Das heißt, daß $b_i x_i(t)$ die Anzahl der Kinder in Altersgruppe 1 zum Zeitpunkt $t+1$ angibt, welche von den Individuen in Altersgruppe i geboren wurden. Daher ist $\sum_{i=1}^{k} b_i x_i(t)$ die gesamte Anzahl der Individuen in Altersgruppe 1 zum Zeitpunkt $t+1$. Weiter sei $0 \leq s_i \leq 1$ der durchschnittliche Anteil der Individuen in Altersgruppe i, die den nächsten Zeitschritt überleben und dadurch von Altersgruppe i in Altersgruppe $i+1$ wechseln. Offensichtlich ist die Überlebensrate der höchsten Altersgruppe k per Definition identisch 0. Da in jedem Zeitschritt ein Individuum entweder die Altersgruppe wechselt oder stirbt, ist die Anzahl der Individuen in Altersgruppe $i = 2, \ldots, k$ zum Zeitpunkt $t+1$ gegeben durch $s_{i-1} x_{i-1}(t)$. Somit gilt für die Dynamik der Population

$$x(t+1) = Lx(t) = \begin{bmatrix} b_1 & b_2 & \cdots & b_{k-1} & b_k \\ s_1 & 0 & \cdots & 0 & 0 \\ 0 & s_2 & & 0 & 0 \\ \vdots & & \ddots & & \vdots \\ 0 & 0 & & s_{k-1} & 0 \end{bmatrix} \cdot \begin{bmatrix} x_1(t) \\ x_2(t) \\ x_3(t) \\ \vdots \\ x_k(t) \end{bmatrix}. \tag{3.33}$$

Dieses Modell der Dynamik einer altersstrukturierten Population ist in der Literatur als sogenanntes Leslie-Modell bekannt geworden. Als Zahlenbeispiel betrachten wir eine Population, die in vier Altersgruppen unterteilt wird. Wir nehmen an, daß die Individuen der Altersgruppen 1 und 4 keine Kinder bekommen können. Individuen der Altersgruppen 2 und 3 haben im Mittel 3 bzw. 2 Kinder. Weiter nehmen wir an, daß aus den Altersgruppen 1 und 2 alle Individuen überleben und aus der Altersgruppe 3 im Mittel 50% sterben. Damit hat die Matrix L die folgende Gestalt

$$L = \begin{bmatrix} 0 & 3 & 2 & 0 \\ 1 & 0 & 0 & 0 \\ 0 & 1 & 0 & 0 \\ 0 & 0 & \frac{1}{2} & 0 \end{bmatrix}. \tag{3.34}$$

Um die dynamische Entwicklung der Population zu bestimmen, berechnen wir die Lösung des diskreten dynamischen Systems $x(t+1) = Lx(t)$ mit Hilfe von Satz 3.11.

Die Matrix L hat die drei Eigenwerte $\lambda_1 = -1$, $\lambda_2 = 0$ und $\lambda_3 = 2$, wobei λ_1 die algebraische Vielfachheit 2 besitzt. Die Dimension des Eigenraumes zum Eigenwert λ_1 ist $4 - \mathrm{Rang}(L + E_4) = 1$, daher hat eine Jordansche Normalform B von L die Gestalt

$$
B = \begin{bmatrix} -1 & 1 & 0 & 0 \\ 0 & -1 & 0 & 0 \\ 0 & 0 & 0 & 0 \\ 0 & 0 & 0 & 2 \end{bmatrix}.
$$

Satz 3.11 liefert als Lösung des Systems $y(t+1) = By(t)$

$$
y(t) = [(-1)^t c_1 + t(-1)^t c_2,\ (-1)^{t+1} c_2,\ 0,\ 2^t c_3]^T
$$

mit Parametern $c_i \in \mathbb{R}$. Offensichtlich strebt $\|y(t)\|$ gegen unendlich für $t \to \infty$. Da sich die Lösung von (3.33) vermöge $x(t) = T^{-1} y(t)$ ergibt, so wächst die Gesamtpopulation $\|x(t)\|$ ebenfalls über alle Grenzen. Was läßt sich über die Altersstruktur $\tilde{x}(t)$ sagen? Es ist

$$
\lim_{t \to \infty} \frac{y(t)}{2^t} = \begin{bmatrix} 0 \\ 0 \\ 0 \\ c_3 \end{bmatrix}
$$

und daher

$$
\lim_{t \to \infty} \frac{x(t)}{2^t} = \lim_{t \to \infty} \frac{T^{-1} y(t)}{2^t} = T^{-1} \begin{bmatrix} 0 \\ 0 \\ 0 \\ c_3 \end{bmatrix} = c_3 v,
$$

wobei v die letzte Spalte der Transformationsmatrix T^{-1} ist. Da $\lambda_3 = 2$ die algebraische Vielfachheit 1 hat, so ist $\dim E(2) = 1$. Die letzte Spalte von T^{-1} ergibt sich, indem wir eine Basis von $E(2)$ wählen. Das liefert (bis auf einen skalaren Faktor) $v = [16, 8, 4, 1]^T$. Somit erhalten wir, wobei o.B.d.A. $c_3 > 0$,

$$
\lim_{t \to \infty} \tilde{x}(t) = \lim_{t \to \infty} \frac{\frac{x(t)}{2^t}}{\frac{\|x(t)\|}{2^t}} = \frac{c_3 v}{\|c_3 v\|} = \frac{v}{\|v\|} = \begin{bmatrix} \frac{16}{29} \\ \frac{8}{29} \\ \frac{4}{29} \\ \frac{1}{29} \end{bmatrix}.
$$

Also konvergiert die Altersstruktur $\tilde{x}(t)$ unabhängig von der ursprünglichen Altersstruktur $\tilde{x}(0)$ gegen $\tilde{x}^* = [\frac{16}{29}, \frac{8}{29}, \frac{4}{29}, \frac{1}{29}]^T$. Das bedeutet insbesondere, daß sich die Altersstruktur nach einer exogenen Störung der Population, z. B. durch eine Epidemie, wieder näherungsweise auf die Altersstruktur $\tilde{x}^*$ einpendelt. Dieses Stabilitätsverhalten heißt auch *starke Ergodizität* und wird in Kapitel 6 noch einmal aufgegriffen.

Obwohl wir sie nicht benötigten, geben wir der Vollständigkeit halber noch die Matrizen T, T^{-1} und die explizite Gestalt der Potenzen L^t an:

$$T^{-1} = \begin{bmatrix} -2 & 6 & 0 & 16 \\ 2 & -4 & 0 & 8 \\ -2 & 2 & 0 & 4 \\ 1 & 0 & 1 & 1 \end{bmatrix}, \qquad T = \begin{bmatrix} \frac{2}{9} & -\frac{1}{18} & -\frac{7}{9} & 0 \\ \frac{1}{6} & -\frac{1}{6} & -\frac{1}{3} & 0 \\ -\frac{1}{4} & 0 & \frac{3}{4} & 1 \\ \frac{1}{36} & \frac{1}{18} & \frac{1}{36} & 0 \end{bmatrix}$$

$$L^t = \frac{1}{9} \begin{bmatrix} 5(-1)^t + 3(-1)^t t & -8(-1)^t - 3(-1)^t t & 4(-1)^{t+1} - 6(-1)^t t & 0 \\ 2(-1)^{t+1} - 3(-1)^t t & 5(-1)^t + 3(-1)^t t & 2(-1)^{t+1} + 6(-1)^t t & 0 \\ (-1)^{t+1} + 3(-1)^t t & 2(-1)^{t+1} - 3(-1)^t t & 8(-1)^t - 6(-1)^t t & 0 \\ 2(-1)^t - \frac{3}{2}(-1)^t t & (-1)^{t+1} + \frac{3}{2}(-1)^t t & 7(-1)^{t+1} + 3(-1)^t t & 0 \end{bmatrix}$$

$$+ \frac{1}{9} \begin{bmatrix} 2^{t+2} & 2^{t+3} & 2^{t+2} & 0 \\ 2^{t+1} & 2^{t+2} & 2^{t+1} & 0 \\ 2^t & 2^{t+1} & 2^t & 0 \\ 2^{t-2} & 2^{t-1} & 2^{t-2} & 0 \end{bmatrix}. \tag{3.35}$$

Beispiel 6 [Anwendung: Dynamik der Privatkundschaft einer Bank]
Die Kundschaft einer Bank wird im allgemeinen in zwei Hauptgruppen unterteilt. Zum einen faßt man alle Kunden als sogenannte Firmenkunden zusammen, die als Unternehmen oder Institution auftreten. Die zweite Gruppe sind im wesentlichen die privaten Haushalte und werden als Privatkunden bezeichnet. Die Unterteilung in diese beiden Kundengruppen wird unter anderem deswegen vorgenommen, weil diese grundsätzlich verschiedene Verhaltensmuster bezüglich ihrer Geschäftsverbindungen zeigen. Geschäftsverbindungen bestehen bei Banken hauptsächlich aus dem Führen von Konten und Depots. Daneben werden zwar auch andere Geschäfte abgeschlossen, aber ihnen kommt insgesamt nur geringe Bedeutung zu.

Firmenkunden haben typischerweise zahlreiche Bankverbindungen zu verschiedenen Kreditinstituten und setzen auf ihren Konten in der Regel hohe Geldmengen um. Zu diesen Geschäftsverbindungen zählen insbesondere große Investitionskredite, hohe Kontokorrentlinien oder als Tagesgeld angelegte, kurzfristige Liquiditätsüberschüsse. Die Zuweisung dieser Geschäfte zu einzelnen Kreditinstituten hängt ausschließlich von den aktuellen Konditionen und der persönlichen Betreuung der Bank ab. Daher sind Bankverbindungen mit Firmenkunden zum Teil recht sensitiv.

Die Bankverbindungen mit Privatkunden sind dagegen eher stabil, da es für die Kontoinhaber von Girokonten ziemlich mühsam ist, die Abbuchung von Lastschriften, Daueraufträgen, Scheckkartenzahlungen, ec-Schecks usw. auf ein Girokonto einer anderen Bank umzustellen. Bei der Wahl des Kreditinstitutes für die Abwicklung derartiger Leistungen kommt der Nähe zur Wohnung oder zum Arbeitsplatz große Bedeutung zu.

Zu diesen sogenannten Hauptverbindungen kommen noch weitere Geschäfte bzw. Nebenverbindungen hinzu, wie beispielsweise Kredite und Geldanlagen. Häufig werden die Nebenverbindungen bei demselben Kreditinstitut geführt, zu dem auch die Hauptverbindung besteht. Daher sind Ursachen für die Wahl und den Wechsel der Hauptverbindung eines Kunden von besonderem Interesse.

Kreditinstitute bieten häufig jungen Privatkunden in der Ausbildung ein kostenloses Girokonto mit zum Teil kostenlosen Scheck- und Kreditkarten an. Unter erheblichem Kostenaufwand versucht man so, die jungen Kunden langfristig an das Kreditinstitut zu binden und nach Eintritt des Kunden in das Berufsleben die profitable Hauptverbindung zu führen. Allerdings läßt sich beobachten, daß Privatkunden doch früher oder später abwandern, was die Rentabilität dieser Investitionen in Frage stellt.

Was bewirkt den Wechsel der Hauptverbindungen eines Privatkunden? Im Leben von Privatkunden treten Ereignisse ein, z. B. Ende der Ausbildung, berufliche Weiterentwicklungen oder Heirat, die zum Wechsel der Vermögens- und Einkommenssituation des Kunden oder auch zu seiner Abwanderung führen können. Aufgrund solcher Ereignisse ändern Privatkunden also ihren Zustand, so daß im Laufe der Zeit von jedem Kunden mehrere dieser Zustände durchlaufen werden. Wir betrachten im folgenden fünf mögliche Zustände:

1. Kunde in Ausbildung

2. Kunde mit unterem Einkommen (kleiner als DM 2000)

3. Kunde mit mittlerem Einkommen (zwischen DM 2000 und DM 4000)

4. Kunde mit höherem Einkommen (größer als DM 4000)

5. Nichtkunde wegen Wechsels der Bankverbindung oder Tod.

Wie oben erläutert, sind Kunden im Zustand 1 die schlechtesten Kunden, da sie in aller Regel über nur geringes Einkommen verfügen, die Kontoführung kostenlos ist und kaum Folgegeschäfte (Nebenverbindungen) abgeschlossen werden können. Der statische Erfolgsbeitrag, d. h. der Erfolg dieser Kundengruppe pro Geschäftsjahr ist negativ. Den größten statischen Erfolgsbeitrag werden Kunden im Zustand 4 erzielen, da zahlreiche, für die Bank ertragreiche Nebenverbindungen aufgebaut werden können. Es stellt sich daher die Frage, welchen dynamischen Erfolgsbeitrag ein Kunde erbringt, der sich im Zustand 1 befindet; dieser Beitrag hängt davon ab, wie lange ein Privatkunde aus dem Zustand 1 in den profitablen Zuständen 2 bis 4 verweilt, ehe er abwandert oder verstirbt. Es lohnt sich offenbar eine kostenlose Kontoführung für Kunden in Ausbildung für die Bank nur dann, wenn diese Kunden nach Abschluß ihrer Ausbildung (und dem damit verbundenen Wechsel in einen ertragreichen Zustand 2 bis 4) lange genug Kunden der Bank bleiben.

Wir betrachten dazu eine feste Anzahl von N Privatkunden der Bank, die mit einer Anzahl N_i auf die vier Zustände $i = 1, \ldots, 4$ verteilt sind, wobei $N_1 + \ldots + N_4 = N$ gilt. Dann ist $x(0) = \frac{1}{N}[N_1, N_2, N_3, N_4, 0]^T$ die relative Verteilung aller N Kunden auf die fünf Zustände (Nichtkunden sind definitionsgemäß keine Kunden) am Anfang des Betrachtungszeitraumes. Aus empirischen Erhebungen seien im Zeitablauf konstante Wahrscheinlichkeiten p_{ij} geschätzt worden, mit denen ein Kunde nach jeweils einem Jahr vom Zustand i in den Zustand j übergeht, $i,j = 1,\dots,5$. Faßt man diese Wahrscheinlichkeiten p_{ij} zu einer Übergangsmatrix $P = (p_{ij})$ zusammen, so erhält man

$$P = \begin{bmatrix} 0.35 & 0.35 & 0.10 & 0.00 & 0.20 \\ 0.00 & 0.75 & 0.10 & 0.00 & 0.15 \\ 0.00 & 0.05 & 0.70 & 0.05 & 0.20 \\ 0.00 & 0.05 & 0.15 & 0.75 & 0.05 \\ 0.00 & 0.00 & 0.00 & 0.00 & 1.00 \end{bmatrix}.$$

Die Übergangsmatrix P ist stochastisch, da für alle $i = 1,\dots,5$ gilt $\sum_{j=1}^{5} p_{ij} = 1$. Da keine Zuwanderungen von Kunden betrachtet werden, die N ursprünglichen Kunden aber im Laufe der Zeit abwandern, ist der Zustand 5 absorbierend. Ist $x(t)$ nun die Verteilung der N ursprünglichen Kunden auf die fünf Zustände am Ende der Periode $t \in \mathbb{N}$, so erhalten wir das diskrete dynamische System

$$x(t + 1) = P^T x(t) \tag{3.36}$$

für alle $t \in \mathbb{N}$. Dabei gilt $\sum_{i=1}^{5} x_i(t) = 1$ für alle $t \in \mathbb{N}$ und $x_5(t) \cdot N$ ist die Anzahl der ursprünglichen N Kunden, die bis zum Zeitpunkt t abgewandert sind. Wir können mit Hilfe der Methoden aus Kapitel 3.3 die Verteilung $x(t)$ der Kunden zum Zeitpunkt $t \in \mathbb{N}$ berechnen (vgl. Aufgabe 5a). Ein System der Form (3.36) mit stochastischer Matrix P nennt man auch *Markov-Kette* und eine stochastische Matrix P *Markov-Matrix*.

Wir wollen nun den dynamischen Erfolgsbeitrag eines Kunden ermitteln und betrachten dazu die verkleinerte Teilmatrix $A = (p_{ji})_{1 \le i,j \le 4}$ von P^T. Für das System $y(t + 1) = Ay(t)$ mit $y(0) = [x_1(0),\dots,x_4(0)]^T$ gilt dann offensichtlich $y_i(t) = x_i(t)$ für alle $t \in \mathbb{N}$, $i = 1,\dots,4$. Daher ist $y_i(t)$ der Anteil der ursprünglichen N Privatkunden der Bank, die sich zum Zeitpunkt $t \in \mathbb{N}$ – also ein Jahr lang – in Zustand $i = 1,\dots,4$ befinden und $1 - \sum_{i=1}^{4} y_i(t)$ der Anteil der N Kunden, die bis zum Zeitpunkt t abgewandert sind. Da die Zeitschritte t in Jahren gemessen werden, läßt sich $y_i(t)$ auffassen als der Anteil des Jahres t, den sich ein Kunde im Zustand i befindet. Summiert man über alle Jahre $t \in \mathbb{N}$, so gibt die Reihe $\sum_{t=1}^{\infty} y_i(t)$ die gesamte (mittlere) Verweildauer eines Kunden im Zustand $i = 1,\dots,4$ bis zum Ende seiner Geschäftsverbindung an. Im folgenden wird gezeigt, daß diese Reihen konvergieren. Es gilt

$$\sum_{t=1}^{\infty} y(t) = \sum_{t=1}^{\infty} A^t y(0) = A \cdot \sum_{t=0}^{\infty} A^t y(0).$$

Für die Einträge a_{ij} von A gilt $\sum_{i=1}^{4} a_{ij} < 1$ für alle $j = 1,\dots,4$. Daraus folgt $|\lambda| < 1$ für alle Eigenwerte λ von A (vgl. Aufgabe 5c). Damit ist insbesondere 1 kein Eigenwert von A, d.h. $\det(E_4 - A) \ne 0$. Also ist $(E_4 - A)$ eine invertierbare Matrix. Ist J eine

Jordansche Normalform von A, dann gilt (vgl. Aufgabe 5d)

$$\lim_{n\to\infty} A^n = \lim_{n\to\infty} (T^{-1}JT)^n = \lim_{n\to\infty} T^{-1}J^nT = 0.$$

Weiterhin gilt $(E_4 - A) \cdot \sum_{t=0}^{n-1} A^t = E_4 - A^n$, woraus mit der Invertierbarkeit von $(E_4 - A)$ und $\lim_{n\to\infty} A^n = 0$ folgt, daß $\sum_{t=0}^{\infty} A^n = (E_4 - A)^{-1}$. Damit erhalten wir

$$\sum_{t=1}^{\infty} y(t) = A(E_4 - A)^{-1}y(0).$$

Für die Matrix $B = A(E_4 - A)^{-1}$ errechnet man

$$B = \begin{bmatrix} 0.54 & 0.00 & 0.00 & 0.00 \\ 2.51 & 3.39 & 0.98 & 1.46 \\ 1.50 & 1.63 & 3.07 & 2.76 \\ 0.30 & 0.33 & 0.81 & 3.55 \end{bmatrix}.$$

Die Einträge b_{ij} der Matrix geben die mittlere Verweildauer eines Kunden im Zustand i an, der zum Zeitpunkt 0 im Zustand j war $(i, j = 1, \ldots, 4)$, was sich unmittelbar aus der Multiplikation der Matrix B mit den Einheitsvektoren e_j ergibt. Kunden, die beispielsweise zu Anfang $(t = 0)$ im Zustand 2 (Spalte 2) waren, bleiben im Mittel 3.39 Jahre im Zustand 2, 1.63 Jahre im Zustand 3 und 0.33 Jahre im Zustand 4 bis die Bankverbindung durch Abwanderung oder Tod abgebrochen wird. Die Spaltensumme gibt die gesamte Verweildauer in der Bank an.

Der dynamische Erfolgsbeitrag, das ist der erwartete Erfolgsbeitrag über die Gesamtdauer der Geschäftsverbindungen, ergibt sich für die Kunden, die zu Anfang in Zustand j waren, dadurch, daß man die Verweildauer dieser Kunden in den Zuständen $i - 1, \ldots, 4$ jeweils mit den in diesen Zuständen erzielten statischen Erfolgsbeiträgen multipliziert. Ist z. B. $s = [-600, 900, 1500, 2500]$ der Zeilenvektor der statischen Erfolgsbeiträge in DM pro Jahr, so berechnet man den dynamischen Erfolgsbeitrag d in DM durch

$$d = sB = [4941, 6303, 7508, 14346].$$

In diesem Beispiel lohnt sich also die kostenlose Kontoführung für die Kunden in Ausbildung, da diese Kunden trotz des jährlichen Defizits von DM 600 in diesem Zustand einen mittleren Erfolgsbeitrag von DM 4941 über die Dauer ihrer Bankverbindung erzielen.

Beispiel 7 [Anwendung: Produktionspreismodell von Sraffa]
Im Mittelpunkt des Produktionspreismodells steht die Frage, welche Preisverhältnisse sich zwischen den Gütern verschiedener Produktionsbranchen einstellen müssen, um eine uniforme Verzinsung des eingesetzten Sach- und Finanzkapitals durch den Produktionsprozeß in diesen verschiedenen Branchen oder Sektoren zu gewährleisten. Die so ermittelten Preise werden auch als Produktionspreise bezeichnet und werden, da der Wechsel eines Unternehmens in einen anderen Sektor wegen der uniformen Verzinsung nicht lohnenswert ist, als langfristige Gleichgewichtspreise interpretiert.

Im Grundmodell betrachtet man eine mehrsektorale Produktionswirtschaft. Jeder Sektor wird durch ein einziges Unternehmen j repräsentiert, das jeweils genau ein Gut (ebenfalls mit j bezeichnet) unter Verwendung einiger oder aller der n existierenden Güter aus den n Sektoren und durch homogene menschliche Arbeit herstellt. Dazu steht den Unternehmern jeweils genau eine, vom Output unabhängige Produktionsmethode zur Verfügung. Es gibt keine vollautomatische Produktionsmethode, d. h. der Arbeitsinput ist in jedem Sektor positiv. Alle Produktionsprozesse sind von gleicher Dauer (eine Periode), wobei die Inputs zu Beginn der Periode eingesetzt werden und die Outputs am Ende der Periode anfallen. Alle Güter sind nach einer Periode verschlissen. Kuppelproduktion, das ist die Produktion mehrerer Güter innerhalb eines Produktionsprozesses, sei ausgeschlossen.

Bezeichnet $\tau_{ij} \geq 0$ den Materialinput von Ware j zur Produktion einer Einheit von Ware i, dann ist $a^{(i)} := [\tau_{i1}, \ldots, \tau_{in}]$ die Produktionsmethode von Sektor i. Die Matrix $T := (\tau_{ij})_{1 \leq i,j \leq n}$ heißt Produktionstechnik der Ökonomie. Von dieser Technik wird angenommen, daß sie produktiv ist, d. h. von keiner Ware wird mehr verbraucht als produziert und von mindestens einer Ware wird sogar mehr produziert als verbraucht. Außerdem sei die Technik unzerlegbar (irreduzibel), d. h. bei der Produktion eines jeden Gutes werden direkt oder indirekt alle Güter als Inputs benötigt: Es läßt sich aus der Ökonomie kein von den Gütern der anderen Sektoren unabhängiges autonomes Teilsystem abspalten.

Formal lassen sich die Bedingungen an die Produktionstechnik wie folgt beschreiben: T ist *produktiv*, falls es einen nichtnegativen, von Null verschiedenen Outputvektor x (kurz: $x \gneqq 0$) mit $x^T \gneqq x^T T$ gibt. T heißt *irreduzibel*, falls es keine Permutationsmatrix S gibt, so daß $S^{-1}AS = \begin{bmatrix} T_{11} & T_{12} \\ 0 & T_{22} \end{bmatrix}$ für quadratische Matrizen T_{11}, T_{22} gilt.

Sei nun $p_i(t) \geq 0$ der Preis einer Einheit von Ware $i = 1, \ldots, n$ zum Zeitpunkt $t \in \mathbb{N}$, $w \geq 0$ der Arbeitslohn und $l_i > 0$ der Arbeitsinput zur Produktion einer Einheit von Ware i. Dann sind die im Sektor i entstehenden Kosten pro Outputeinheit zum Zeitpunkt t gegeben durch

$$\tau_{i1}p_1(t) + \tau_{i2}p_2(t) + \ldots + \tau_{in}p_n(t) + wl_i.$$

Da die Unternehmer einen Gewinn realisieren wollen, erheben sie bei der Preisfestsetzung ihres Gutes einen Profit auf die Materialkosten. Mit der annahmegemäß für alle Sektoren identischen Profitrate $r \geq 0$ setzt Unternehmer i den Preis seines Gutes für die nächste Periode dann auf folgende Weise fest:

$$p_i(t+1) = (1+r)(\tau_{i1}p_1(t) + \tau_{i2}p_2(t) + \ldots + \tau_{in}p_n(t)) + wl_i \tag{3.37}$$

für alle $i = 1, \ldots, n$ bzw. mit dem Preisvektor $p(t) = [p_1(t), \ldots, p_n(t)]^T$ und dem Arbeitsvektor $l = [l_1, \ldots, l_n]^T$

$$p(t+1) = (1+r) \cdot Tp(t) + wl \tag{3.38}$$

für alle $t \in \mathbb{N}$.

Die anfangs gestellte Frage lautet jetzt: Unter welchen Bedingungen für das Preissystem (3.38) existiert ein Gleichgewichtspreis $p^* > 0$, d. h. $p^* = (1+r)Tp^* + wl$, dem sich die Preise $p(t)$ unabhängig von ihrem Anfangswert langfristig annähern? (An dieser Stelle sei bemerkt, daß unter dem Produktionspreismodell von Sraffa gewöhnlich ein statisches Modell verstanden wird, in dem nur der Gleichgewichtszustand analysiert und interpretiert wird.)

Die beiden Verteilungsparameter r und w haben im Preisgleichgewicht übrigens folgende Bedeutung, die wir am Spezialfall $n = 1$ von (3.38) erläutern wollen. Mit $p_1^* = 1$ hat $p^* = (1 + r)Tp^* + wl$ dann die Gestalt

$$1 = (1 + r) \cdot \tau_{11} + wl_1.$$

Eine Einheit des Brutto-Outputs verringert um das des eingesetzte Kapital τ_{11} ergibt den Netto-Output $1 - \tau_{11}$, der einerseits auf den Lohn im Verhältnis zur eingesetzten Arbeit $(= wl_1)$, andererseits auf den Profit im Verhältnis zum eingesetzten Kapital $(= r\tau_{11})$ verteilt wird. Aus diesem Grund sind die beiden Parameter r und w negativ korreliert, wobei die beiden Extremfälle $r = 0$ und $w = 0$ bedeuten, daß der Netto-Output ausschließlich gespart bzw. investiert wird. Die maximale Profitrate $r = R$ ist somit gegeben im Extremfall $w = 0$. Wir nehmen an, daß r und w exogen gegeben sind. Im folgenden studieren wir ein Zahlenbeispiel.

Für die Technologiematrix und den Arbeitsvektor wählen wir

$$T = \begin{bmatrix} 0 & \frac{1}{10} & \frac{1}{10} \\ \frac{1}{10} & \frac{1}{2} & \frac{3}{10} \\ \frac{7}{10} & \frac{1}{5} & \frac{2}{5} \end{bmatrix} \quad \text{und} \quad l = \begin{bmatrix} 2 \\ 1 \\ 3 \end{bmatrix},$$

für die Verteilungsparameter $r = 0.2$ und $w = 1$. Die Matrix T ist produktiv und irreduzibel (siehe Aufgabe 6).

Wir untersuchen zunächst, ob es in diesem Beispiel einen Gleichgewichtspreis p^* von (3.38) gibt. Die Matrix T hat die drei Eigenwerte $\lambda_1 = 0.8$, $\lambda_2 = 0.2$ und $\lambda_3 = -0.1$. Für alle Eigenwerte λ der Matrix $(1 + 0.2)T$ gilt daher $|\lambda| \leq 0.8 \cdot (1 + 0.2) = 0.96 < 1$. Daraus folgt, daß $(E_3 - 1.2 \cdot T)$ invertierbar ist mit $(E_3 - 1.2 \cdot T)^{-1} \geq 0$, da T eine nichtnegative Matrix ist (vgl. Aufg. 5e). Somit existiert genau ein Gleichgewichtspreis $p^* > 0$ und es ist

$$p^* = (E_3 - 1.2 \cdot T)^{-1} l = \begin{bmatrix} 1 & -\frac{3}{25} & -\frac{3}{25} \\ -\frac{3}{25} & \frac{2}{5} & -\frac{9}{25} \\ -\frac{21}{25} & -\frac{6}{25} & \frac{13}{25} \end{bmatrix}^{-1} \cdot \begin{bmatrix} 2 \\ 1 \\ 3 \end{bmatrix} = \begin{bmatrix} \frac{125}{7} \\ \frac{8875}{133} \\ \frac{8700}{133} \end{bmatrix}.$$

Die verbleibende Frage lautet nun, ob p^* unter Konstanz von Profitrate und Lohnsatz, Technologiematrix und Arbeitsvektor durch den in (3.38) angegebenen Preissetzungsprozeß erreicht wird. Wir berechnen dazu eine Lösung $p(t)$ von (3.38) mit Hilfe von Satz 3.5 und Satz 3.11. Wir setzen $A = 1.2 \cdot T$. Eine Jordansche Normalform B von A lautet dann

$$B = \begin{bmatrix} -\frac{3}{25} & 0 & 0 \\ 0 & \frac{6}{25} & 0 \\ 0 & 0 & \frac{24}{25} \end{bmatrix}$$

Durch Anwenden von Satz 3.11 (2) (oder hier auch direkt) erhält man für die Iterierten von B die Lösung

$$B^t = \begin{bmatrix} \left(-\frac{3}{25}\right)^t & 0 & 0 \\ 0 & \left(\frac{6}{25}\right)^t & 0 \\ 0 & 0 & \left(\frac{24}{25}\right)^t \end{bmatrix}$$

für alle $t \geq 1$. Da $\lim_{t\to\infty} B^t = 0$ und $A = S^{-1}BS$ mit einer Transformationsmatrix S, so gilt (vgl. auch Aufgabe 5d)

$$\lim_{t\to\infty} A^t = \lim_{t\to\infty} S^{-1}B^tS = 0.$$

Somit gilt nach Satz 3.5 für die Lösung von (3.38)

$$p(t) = A^t p(0) + \sum_{k=1}^{t} A^{t-k}l \quad \longrightarrow \quad 0 + (E_3 - A)^{-1}l = p^* \qquad \text{für } t \to \infty$$

und alle $p(0) \geq 0$ (vgl. auch Aufg. 5e). Also nähern sich bei dem Preissetzungsprozeß (3.38) die Preise $p(t)$ langfristig dem Gleichgewicht p^*, und zwar unabhängig vom Anfangswert $p(0)$. Der Übung halber bestimmen wir noch die Matrix A^t. Für die Transformationsmatrix S mit

$$S^{-1} = \begin{bmatrix} -\frac{3}{5} & 0 & \frac{6}{23} \\ -\frac{2}{5} & -1 & \frac{25}{23} \\ 1 & 1 & 1 \end{bmatrix}, \qquad S = \begin{bmatrix} -\frac{40}{27} & \frac{5}{27} & \frac{5}{27} \\ \frac{19}{18} & -\frac{11}{18} & \frac{7}{18} \\ \frac{23}{54} & \frac{23}{54} & \frac{23}{54} \end{bmatrix}$$

erhält man für die Iterierten von A die Lösung

$$A^t = S^{-1}BS = \frac{(-3)^t}{54 \cdot 25^t} \begin{bmatrix} 48 & -6 & -6 \\ 32 & -4 & -4 \\ -80 & 10 & 10 \end{bmatrix} +$$

$$+ \frac{6^t}{54 \cdot 25^t} \begin{bmatrix} 0 & 0 & 0 \\ -57 & 33 & -21 \\ 57 & -33 & 21 \end{bmatrix} + \frac{24^t}{54 \cdot 25^t} \begin{bmatrix} 6 & 6 & 6 \\ 25 & 25 & 25 \\ 23 & 23 & 23 \end{bmatrix}.$$

Daraus folgt $A^t \longrightarrow 0$ für $t \to \infty$.

Referenzen

- Zum ökonomischen Hintergrund der Beispiele 4 und 7 kann man (mikro-) ökonomische Textbücher konsultieren, etwa Fees-Dörr, E.: *Mikroökonomie*. Metropolis, Marburg, 1991.

- Eine detaillierte Untersuchung der Produktionspreistheorie von Sraffa findet man in Kurz, H. D., Salvadori, N.: *Theory of Production. A Long Period Analysis*. Cambridge University Press, Cambridge, 1995.

- Zum Beispiel 5 siehe den Überblicksartikel Hansen, P. E.: *Leslie matrix models*. Mathematical Population Studies 2 (1989), S.37-67, der auch viele Literaturhinweise enthält.

- Beispiel 6 ist dem Beitrag von Meyer zu Selhausen, H.: *Analyse der Dynamik innerhalb der Privatkundschaft einer Bank*. In: Ruhland, J. M., Wilde, K. D. (Hrsg.), Quantitative Betriebswirtschaftslehre in der Praxis, Oldenbourg Verlag, München, Wien, 1994, S. 174-198 entnommen.

- Die folgenden Aufgaben 1 und 2 sind dem Buch von W. Kelley/A. Peterson [19] entnommen.

Aufgaben

1. Wasser-Rationierung. Aufgrund strikter Wasser-Rationierungsmaßnahmen darf Tom seinen Rasen nur noch zwischen 21 Uhr und 9 Uhr sprengen. Sei q die Wassermenge, die er innerhalb dieser Periode dem Rasen zuführen kann, wobei die Hälfte der im Boden vorhandenen Wassermenge zwischen 9 Uhr und 21 Uhr versickert bzw. verdunstet. Sei I die um 21 Uhr am ersten Tag der Wasser-Rationierung im Boden vorhandene Wassermenge und bezeichne $y(t)$ die Wassermenge $t \cdot 12$ Stunden später.

   (a) Stellen Sie eine Differenzengleichung zur Berechnung der Wassermenge $y(t)$ auf und lösen Sie sie mit Hilfe des Lösungsprinzips für Differenzengleichungen und Satz 3.6.

   (b) Bestimmen Sie das Langzeitverhalten der Wassermenge $y(t)$, d. h. das Verhalten für $t \to \infty$?

   (c) Ermitteln Sie die Wassermenge $y(t)$, falls tagsüber statt der Hälfte nur ein Viertel der Wassermenge verlorengeht.

   (d) Sei $x(t)$ die Wassermenge an einem beliebigen Tag um 21 Uhr. Stellen Sie die Differenzengleichung für die Berechnung von $x(t)$ auf und lösen Sie sie.

2. Betrachten Sie ein Spiel mit zwei Spielern A und B, wobei Spieler A mit einer Wahrscheinlichkeit p einen Chip von Spieler B gewinnt und Spieler B mit einer Wahrscheinlichkeit von $1 - p$ von Spieler A einen Chip gewinnt. Das Spiel endet, wenn einer der beiden Spieler alle Chips gewonnen hat.

   (a) Sei $u(t)$ die Wahrscheinlichkeit, daß A das Spiel gewinnt unter der Voraussetzung, daß A genau t Chips besitzt. Zeigen Sie, daß $u(t)$ folgende Differenzengleichung löst:

   $$u(t) = pu(t + 1) + (1 - p)u(t - 1).$$

   (b) Nehmen Sie an, daß zu Beginn des Spiels Spieler A genau a Chips und Spieler B genau b Chips besitzt. Bestimmen Sie die Wahrscheinlichkeit, daß A das Spiel gewinnt.

3. Lineares Cobweb-Modell.

(a) Schreiben Sie Gleichung (3.30) des Cobweb-Modells als diskretes dynamisches System mit konstanter Koeffizientenmatrix A und lösen Sie es mit Hilfe von Satz 3.5 und Satz 3.11.

(b) Bestimmen Sie die Definitionsbereiche für sämtliche auftretenden Parameter, so daß die Preise stets nichtnegativ sind.

(c) Bestimmen Sie den Gleichgewichtspreis p^* für das allgemeine Cobweb-Modell (3.30).

(d) Verifizieren Sie die folgende allgemeine Lösung des Cobweb-Modells (3.30).

$$
\begin{aligned}
p_n =\; & c_1 \left(\frac{-b(1+\rho) - \sqrt{b\,(b + 4\,a\,\rho + 2\,b\,\rho + b\,\rho^2)}}{2a} \right)^n \\[2mm]
& + c_2 \left(\frac{-b(1+\rho) + \sqrt{b\,(b + 4\,a\,\rho + 2\,b\,\rho + b\,\rho^2)}}{2a} \right)^n \\[2mm]
& + \left(\frac{2\,a \left(1 - \left(\frac{-b(1+\rho)+\sqrt{b\,(b+4\,a\,\rho+2\,b\,\rho+b\,\rho^2)}}{2a} \right)^n \right)}{2\,a + b(1+\rho) - \sqrt{b\,(b + 4\,a\,\rho + 2\,b\,\rho + b\,\rho^2)}} \right. \\[2mm]
& \left. + \frac{2\,a \left(\left(\frac{-b(1+\rho)-\sqrt{b\,(b+4\,a\,\rho+2\,b\,\rho+b\,\rho^2)}}{2a} \right)^n - 1 \right)}{2\,a + b(1+\rho) + \sqrt{b\,(b + 4\,a\,\rho + 2\,b\,\rho + b\,\rho^2)}} \right) \\[2mm]
& \cdot \frac{(d - s)}{\sqrt{b\,(b + 4\,a\,\rho + 2\,b\,\rho + b\,\rho^2)}}.
\end{aligned}
$$

$$\tag{3.39}$$

(e)* Programmieren Sie einen Algorithmus zur Beschreibung des Güterpreises zum Zeitpunkt n in einer beliebigen Programmiersprache (a) durch Verwendung der rekursiven Gleichung (3.30) und (b) durch Verwendung der Lösung (3.39). Kontrollieren Sie damit die durch (3.39) ermittelten Werte.

(f)* Erweitern Sie Ihr Programm um eine Komponente, die Ihnen die grafische Iteration darstellt.

(g)* Bestimmen Sie mit Hilfe Ihres Programmes die Parameterbereiche, in denen der Preis gegen das Preisgleichgewicht konvergiert.

(h)* Bestimmen Sie analytisch die Parameterbereiche, in denen der Preis gegen das Preisgleichgewicht konvergiert.

4. Lineares Modell der Altersstruktur von Leslie.

   (a) Verifizieren sie die Lösung (3.35) des linearen Leslie-Modells $x(t+1) = Lx(t)$ mit der in (3.34) gegebenen Matrix L durch vollständige Induktion.

   (b) Machen Sie eine Aussage über das langfristige Verhalten der Altersstruktur $\tilde{x}(t)$, wenn die Matrix L die folgende Gestalt hat:

   $$L = \begin{bmatrix} 0.1 & 0.3 & 0.4 & 0.2 \\ 1 & 0 & 0 & 0 \\ 0 & 1 & 0 & 0 \\ 0 & 0 & 1 & 0 \end{bmatrix}.$$

   (c)* Zeigen Sie, daß das lineare Leslie-Modell

   $$x(t+1) = Lx(t) = \begin{bmatrix} b_1 & b_2 & b_3 \\ 1 & 0 & 0 \\ 0 & 1 & 0 \end{bmatrix} \cdot x(t)$$

   mit $b_1 + b_2 + b_3 = 1$ stark ergodisch ist, d. h. $\lim_{t\to\infty} \frac{x(t)}{\|x(t)\|} = \tilde{x}^*$.
   Hinweise:
   1. Zeigen Sie, daß $\lambda = 1$ ein einfacher Eigenwert der Matrix L ist.
   2. Zeigen Sie, daß $|\lambda| < 1$ für alle anderen Eigenwerte λ von L ist.
   3. Ermitteln Sie $\lim_{t\to\infty} B^t$, wenn B eine Jordansche Normalform von L ist.
   4. Bestimmen Sie $\lim_{t\to\infty} L^t = T^{-1} \lim_{t\to\infty} B^t T$, ohne T bzw. T^{-1} auszurechnen.

5. Dynamik der Privatkundschaft einer Bank.

   (a) Bestimmen Sie die Verteilung der Privatkundschaft $x(t)$ aus Beispiel 6, die sich gemäß der Dynamik (3.36) verändert, unter Benutzung

      i. der Jordanschen Normalform
      ii. des diskreten Putzer-Algorithmus.

   (b) Bestimmen Sie das Langzeitverhalten der Kundenverteilung $x(t)$, d. h. den Grenzwert für $t \to \infty$? Ermitteln Sie, nach wieviel Jahren 95% der ursprünglichen Kunden abgewandert oder verstorben sind.

   (c)* Sei $A = (a_{ij})$ eine nichtnegative $n \times n$-Matrix, d. h. $a_{ij} \geq 0$, so daß $\sum_{i=1}^{n} a_{ij} < 1$ für alle $i = 1, \ldots, n$. Zeigen Sie, daß dann $|\lambda| < 1$ für alle Eigenwerte λ von A gilt.
   Hinweis: Benutzen Sie $Ax = \lambda x$ für einen Eigenwert λ von A und einen zu λ gehörenden Eigenvektor x.

   (d)* Sei A eine $n \times n$-Matrix mit $|\lambda| < 1$ für alle Eigenwerte λ von A. Zeigen Sie, daß dann $A^t \to 0$ für $t \to \infty$.
   Hinweis: Benutzen Sie die Eigenschaft $A^t = T^{-1} J^t T$, wobei J eine Jordansche Normalform von A ist.

(e) Sei A eine $n \times n$-Matrix mit $|\lambda| < 1$ für alle Eigenwerte λ von A. Zeigen Sie:

  i. $(E_n - A)$ ist invertierbar.

  ii. $\sum_{t=0}^{\infty} A^t = (E_n - A)^{-1}$.

  Hinweis: Bearbeiten Sie Beispiel 6 und verwenden Sie das Resultat aus Aufgabe 5d.

(f) Bestimmen Sie für Beispiel 6 diejenigen Kombinationen von statischen Erfolgsbeiträgen $s_1, \ldots, s_4$, die einen mittleren dynamischen Erfolgsbeitrag von DM 10000 erzielen für Kunden, die als Auszubildende eine Bankverbindung eröffnen.

(g) Wie ändert sich der dynamische Erfolgsbeitrag d_1 von Kunden in Ausbildung, wenn sich der durchschnittliche Anteil der Abwanderungen dieser Kunden am Ende ihrer Ausbildung von 20% auf 10% verringern ließe, indem man für Kunden mit niedrigem Einkommen (Zustand 2) die Gebühren reduziert (d. h. $p_{15} = 0.1$ statt 0.2 und $p_{12} = 0.45$ statt 0.35)? Nehmen Sie dazu an, daß der 'Preis' für die niedrigeren Gebühren in dieser Gruppe ein geringerer statischer Erfolgsbeitrag $s' = [-600, 600, 1500, 2500]$ für diese Kundengruppe ist.

  Ist diese Aktion aus Sicht der Privatkundenabteilung der Bank sinnvoll? (Hinweis: Berechnen Sie den kumulierten Erfolgsbeitrag aller Kunden vor und nach dieser Aktion.)

6. Produktionspreismodell von Sraffa.

  (a) Zeigen Sie, daß durch T eine produktive Technik gegeben ist.

  (b) Zeigen Sie, daß die Matrix T irreduzibel ist.

  (c) Bestimmen Sie die maximale Profitrate R für die Technologiematrix T.

  (d) Was läßt sich über das dynamische Preisverhalten sagen, wenn die Profitrate $r = r(t)$ zeitabhängig ist, so daß $r(t) \in [0.1, 0.24]$ für alle $t \geq 1$?

4 Stabilitätstheorie linearer Systeme und Differenzengleichungen

An den Beispielen linearer Differenzengleichungen mit konstanten Koeffizienten in Kapitel 3.3 sollte deutlich geworden sein, daß die Stabilitätseigenschaften von Differenzengleichungen und diskreten dynamischen Systemen in Anwendungen eine weitaus größere Rolle spielen, als die Kenntnis einer (expliziten) Lösung. Wir haben die Lösungen in jenen Fällen dazu benutzt, um über das Stabilitätsverhalten dieser Systeme Aussagen machen zu können.

Häufig sind für Anwendungen jedoch solche Modelle realistischer, denen nichtlineare Differenzengleichungen bzw. nichtlineare diskrete dynamische Systeme zugrundeliegen. Für diese Systeme ist es oft unmöglich, eine explizite Lösung zu ermitteln. Daher ist man an einer Theorie interessiert, die es ermöglicht, über das qualitative Verhalten von Lösungen Aussagen zu machen, ohne die Lösung selbst zu kennen.

Eine umfassende Stabilitätstheorie ist existiert für lineare diskrete dynamische Systeme und lineare Differenzengleichungen und einige ihrer grundlegenden Methoden sind Gegenstand dieses Kapitels. Für nichtlineare Systeme ist die Stabilitätstheorie dagegen weniger umfassend; einige wichtige Methoden sollen in den beiden Kapiteln 5 und 6 vorgestellt werden. Die Grundlage für alle diese Kapitel bilden die Stabilitätsbegriffe des folgenden Abschnittes 4.1; weitere Stabilitätsbegriffe werden in Kapitel 6 eingeführt. Der Abschnitt 4.2 ist dann der Stabilität linearer Systeme gewidmet.

4.1 Stabilitätsbegriffe

Es gibt zahlreiche Stabilitätsbegriffe, von denen wir in diesem Abschnitt die wichtigsten einführen und gegenüberstellen werden. (Für einige weitere Begriffe sei auf Textbücher des Literaturverzeichnisses verwiesen.) Wir betrachten ein, möglicherweise nichtautonomes, diskretes dynamisches System in n Dimensionen

$$x(t+1) = T_t x(t) \tag{4.1}$$

mit $T_t : M \to M$ für $t \in \mathbb{N}(a)$. Dabei ist M eine Teilmenge von $\mathbb{K}^n$ ($\mathbb{K} = \mathbb{R}$ oder $\mathbb{K} = \mathbb{C}$), $\mathbb{N}(a) = \{a, a+1, a+2, \ldots\}$ für ein $a \in \mathbb{N}$ und $x(a) \in M$ Anfangswert

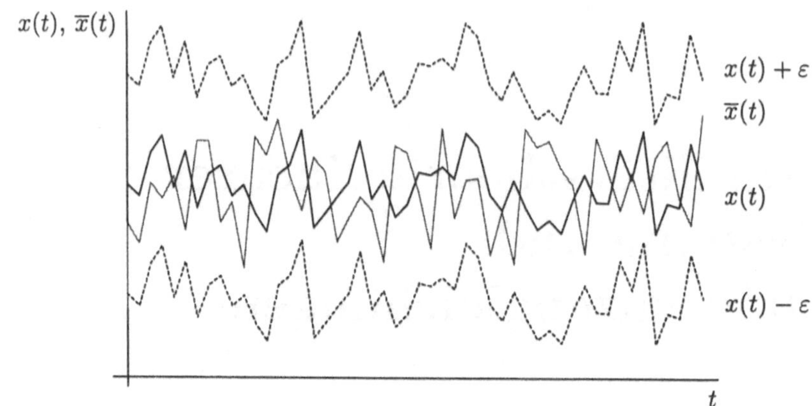

Abb. 4.1   Eine stabile Lösung x

(Startpunkt) einer Lösung x von (4.1). Für eine Lösung x von (4.1) bezeichnen wir die Menge $\{x(a), x(a+1), x(a+2), \dots\}$ auch als die *Bahn* bzw. den *Orbit* von x. Wir wissen bereits aus Kapitel 1.3, daß jedes m-dimensionale System linearer Differenzengleichungen k-ter Ordnung in Normalform in ein System der Form (4.1) umgeformt werden kann mit $n = k \cdot m$.

Eine Lösung x von (4.1) nennt man stabil, wenn es zu jedem ε-Streifen um die Bahn $\{x(a), x(a+1), x(a+2), \dots\}$ von x einen Anfangsabstand δ vom Anfangswert $x(a)$ gibt, so daß die Bahnen aller hier startenden Lösungen $\overline{x}$ den ε-Streifen zu keinem späteren Zeitpunkt t verlassen. In Abb. 4.1 ist diese Situation für ein eindimensionales System veranschaulicht. (Man beachte in Abb. 4.1, daß die Bahn von x eine diskrete Menge ist; die verbindenden Linien dienen nur der Verdeutlichung des dynamischen Verlaufs der Folge $(x(t))_t$.) Eine Lösung x von (4.1) nennt man weiter attraktiv, wenn es einen Anfangsabstand δ vom Anfangswert $x(a)$ gibt, so daß sich die Bahnen aller hier startenden Lösungen $\overline{x}$ der Bahn von x asymptotisch annähern (Abb. 4.2). Die weiteren Begriffe sind Kombinationen oder Verschärfungen dieser beiden Stabilitätsbegriffe. So nennt man x z. B. gleichmäßig stabil, wenn sogar jede Bahn einer Lösung $\overline{x}$, die zu einem beliebigen Zeitpunkt $b \geq a$ in den δ-Streifen um die Bahn von x eindringt, den ε-Streifen nicht mehr verläßt. Im einzelnen haben wir folgende Definition, wobei $\|\cdot\|$ eine fest gewählte Norm auf $\mathbb{K}^n$ ist.

Definition 12. Eine *Lösung x* von (4.1) heißt

1. *stabil*, wenn es zu jedem $\varepsilon > 0$ ein $\delta = \delta(\varepsilon, a) > 0$ gibt, so daß gilt:
   Ist $\overline{x}$ eine Lösung von (4.1) mit $\|\overline{x}(a) - x(a)\| < \delta$, dann gilt $\|\overline{x}(t) - x(t)\| < \varepsilon$ für alle $t \in \mathbb{N}(a)$. Andernfalls heißt x *instabil*.

2. *attraktiv*, wenn es ein $\delta = \delta(a) > 0$ gibt, so daß gilt:
   Ist $\overline{x}$ eine Lösung von (4.1) mit $\|\overline{x}(a) - x(a)\| < \delta$, dann gilt $\lim\limits_{t \to \infty} \|\overline{x}(t) - x(t)\| = 0$.

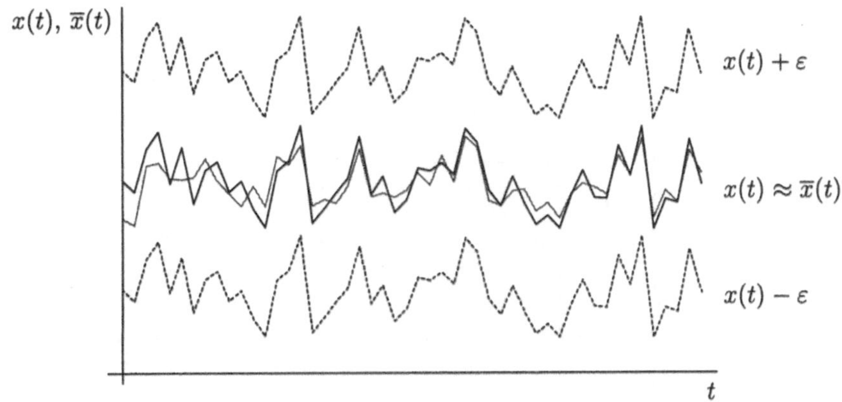

Abb. 4.2   Eine attraktive Lösung x

3. *asymptotisch stabil*, wenn x stabil und attraktiv ist.

4. *gleichmäßig stabil*, wenn es zu jedem $\varepsilon > 0$ ein $\delta = \delta(\varepsilon) > 0$ gibt, so daß gilt:
   Ist $\overline{x}$ eine Lösung von (4.1) mit $\|\overline{x}(b) - x(b)\| < \delta$ für ein $b \in N(a)$, dann gilt

$$\|\overline{x}(t) - x(t)\| < \varepsilon \text{ für alle } t \in N(b).$$

5. *gleichmäßig attraktiv*, wenn es ein $\delta > 0$ gibt, so daß gilt:
   Ist $\overline{x}$ eine Lösung von (4.1) mit $\|\overline{x}(b) - x(b)\| < \delta$ für ein $b \in N(a)$, dann gilt

$$\lim_{t \to \infty} \|\overline{x}(t) - x(t)\| = 0.$$

6. *gleichmäßig asymptotisch stabil*, wenn x gleichmäßig stabil und gleichmäßig attraktiv ist.

7. *global attraktiv* oder auch *pfadstabil*, wenn gilt:
   Ist $\overline{x}$ eine Lösung von (4.1), dann gilt

$$\lim_{t \to \infty} \|\overline{x}(t) - x(t)\| = 0 \text{ für alle } \overline{x}(a) \in M.$$

8. *global (asymptotisch) stabil*, wenn x global attraktiv und stabil ist.

9. *streng stabil*, wenn es zu jedem $\varepsilon > 0$ ein $\delta = \delta(\varepsilon) > 0$ gibt, so daß gilt:
   Ist $\overline{x}$ eine Lösung von (4.1) mit $\|\overline{x}(b) - x(b)\| < \delta$ für ein $b \in N(a)$, dann gilt

$$\|\overline{x}(t) - x(t)\| < \varepsilon \text{ für alle } t \in N(a).$$

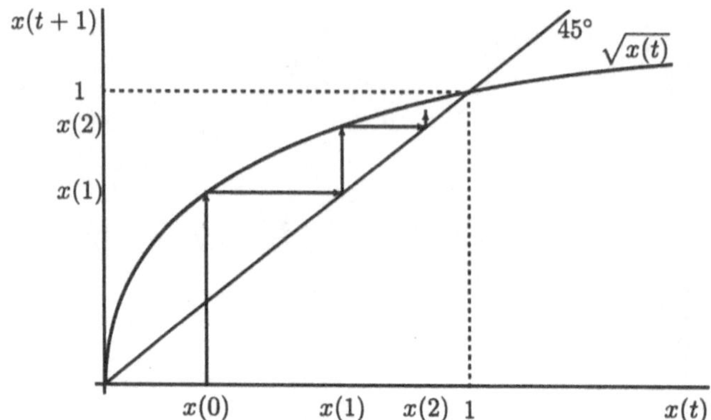

Abb. 4.3   Stabile und instabile Gleichgewichte von $x(t+1) = \sqrt{x(t)}$

10. *exponentiell asymptotisch stabil*, wenn es ein $\lambda > 0$ gibt und zu jedem $\varepsilon > 0$ ein $\delta = \delta(\varepsilon) > 0$, so daß gilt:
Ist $\overline{x}$ eine Lösung von (4.1) mit $\|\overline{x}(b) - x(b)\| < \delta$ für ein $b \in \mathbb{N}(a)$, dann gilt

$$\|\overline{x}(t) - x(t)\| < \varepsilon \cdot e^{-\lambda(t-b)} \text{ für alle } t \in \mathbb{N}(b).$$

Schließlich heißt x *beschränkt*, wenn es ein $c > 0$ mit $\|x(t)\| \leq c$ für alle $t \in \mathbb{N}(a)$ gibt.

Beispiele. 1. Sei das System (4.1) für $t \in \mathbb{N}$ gegeben durch

$$x(t+1) = \sqrt{x(t)} \tag{4.2}$$

mit $x(t) \in \mathbb{R}_+$ für alle $t \in \mathbb{N}$. Dann sind $x(t) = 1$ und $x(t) = 0$ für alle $t \in \mathbb{N}$ Lösungen (Gleichgewichte) von (4.2). Wegen der strengen Monotonie von $\sqrt{r}$ und da $r = 1$ der eindeutige positive Fixpunkt von $\sqrt{r}$ ist, gilt $r > \sqrt{r}$ ($r < \sqrt{r}$) genau dann, wenn $r > 1$ ($0 < r < 1$) ist. Daraus folgt für eine beliebige Lösung $\overline{x}$ von (4.2) mit $\overline{x}(0) > 0$

$$|1 - \overline{x}(t)| \leq |1 - \overline{x}(b)|$$

für alle $t \in \mathbb{N}(b)$. Also ist $x(t) = 1$ eine gleichmäßig stabile Lösung von (4.2), indem $\delta = \varepsilon$ gewählt wird. Offenbar ist 1 auch gleichmäßig attraktiv, wie man sofort für $\delta = \frac{1}{2}$ zeigt (vgl. Abb. 4.3). Dagegen ist 1 keine global stabile Lösung, da für $\overline{x}(0) = 0$ gilt $\lim_{t \to \infty} |\overline{x}(t) - 1| = 1$.

2. Sei das System (4.1) für $t \in \mathbb{N}$ gegeben durch

$$x(t+1) = \frac{1}{9}x(t)^3 \tag{4.3}$$

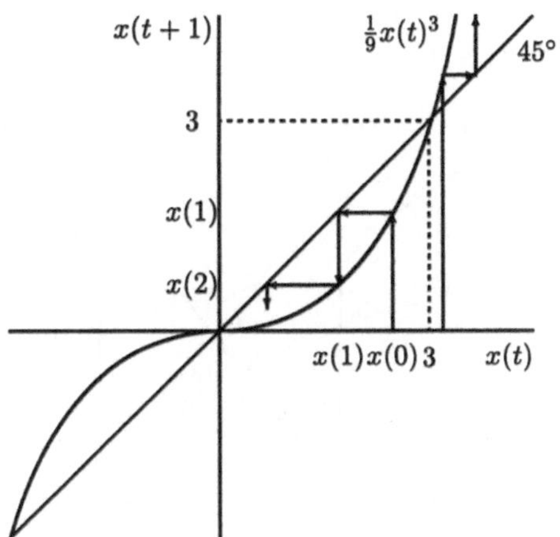

Abb. 4.4   Stabile und instabile Gleichgewichte von $x(t+1) = \frac{1}{9}x(t)^3$

mit $x(t) \in \mathbb{R}$ für alle $t \in \mathbb{N}$. Dann sind $x(t) = \pm 3$ und $x(t) = 0$ für alle $t \in \mathbb{N}$ Lösungen (Gleichgewichte) von (4.3). Für eine Lösung $\overline{x}$ mit $|\overline{x}(t)| < 1$ gilt

$$|\overline{x}(t+1)| = \left| \frac{1}{9} \cdot \overline{x}(t)^3 \right| < \frac{1}{9} \cdot |\overline{x}(t)|.$$

Also ist das Gleichgewicht $x(t) = 0$ von (4.3) asymptotisch stabil. Die Gleichgewichtslösung $x(t) = 3$ ist jedoch nicht stabil, denn für eine Lösung $\overline{x}$ von (4.3) mit $\overline{x}(t) > 3$ gilt (vgl. Abb. 4.4)

$$\overline{x}(t+1) - 3 = \frac{x(t)^3 - 27}{9} = \frac{(\overline{x}(t) - 3)(\overline{x}(t)^2 + 3\overline{x}(t) + 9)}{9} > 3(\overline{x}(t) - 3).$$

3. Wir betrachten die lineare Differenzengleichung erster Ordnung

$$x(t+1) = a(t)x(t) + b(t) \tag{4.4}$$

mit $a(t), b(t), x(t) \in \mathbb{R}$ für alle $t \in \mathbb{N}$. Die allgemeine Lösung von (4.4) hat nach Satz 3.5 für ein beliebiges $t_0 \in \mathbb{N}$ und alle $t \geq t_0$ die Gestalt

$$x(t) = \prod_{k=t_0}^{t-1} a(k)x(t_0) + \sum_{k=t_0+1}^{t} \left(\prod_{l=k}^{t-1} a(l) \right) b(k-1).$$

Dabei ist das Produkt bzw. die Summe von Zahlen über eine leere Indexmenge als 1 bzw. 0 zu verstehen. Falls $\left| \prod_{k=t_0}^{t-1} a(k) \right| \leq L(t_0)$ für alle $t \in \mathbb{N}$ mit einer von t_0 abhängigen Konstanten $L(t_0)$, so ist jede Lösung x von (4.4) stabil, denn es gilt für alle $t \in \mathbb{N}(t_0)$, alle $t_0 \in \mathbb{N}$

$$|x(t) - \overline{x}(t)| = \left| \prod_{k=t_0}^{t-1} a(k)(x(t_0) - \overline{x}(t_0)) \right| = \left| \prod_{k=t_0}^{t-1} a(k) \right| \cdot |x(t_0) - \overline{x}(t_0)|, \tag{4.5}$$

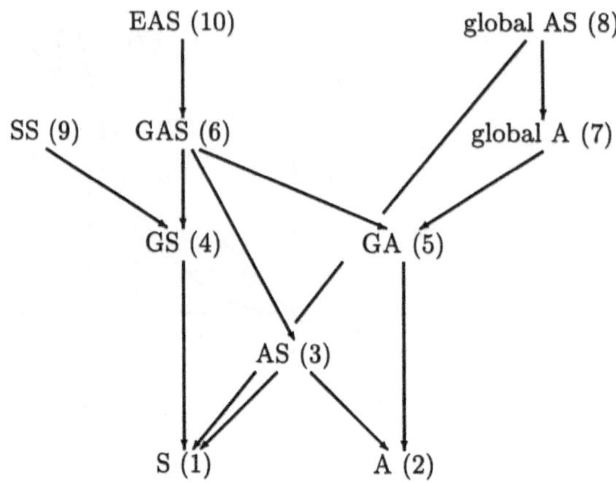

Abb. 4.5   Zusammenhang der Stabilitätsbegriffe (die Zahlen erläutern die Abkürzungen im Sinne von Definition 12)

wobei $\overline{x}$ eine beliebige Lösung von (4.4) ist. Daraus folgt $|x(t) - \overline{x}(t)| \leq L(t_0) \cdot |x(t_0) - \overline{x}(t_0)|$ für alle $t \in \mathbb{N}$. Wählt man $\delta = \frac{\varepsilon}{L(t_0)}$ für ein gegebenes $\varepsilon > 0$, dann folgt aus $|x(t_0) - \overline{x}(t_0)| < \delta$ die Behauptung $|x(t) - \overline{x}(t)| < \varepsilon$ für alle $t \in \mathbb{N}$. Ist $L = L(t_0)$ unabhängig von t_0, d. h. es gilt sogar $\left|\prod_{k=t_0}^{t-1} a(k)\right| \leq L$ für alle $t \in \mathbb{N}(t_0)$ und alle $t_0 \in \mathbb{N}$, dann ist jede Lösung x von (4.4) gleichmäßig stabil. Analog folgt aus (4.5), daß jede Lösung von (4.4) global asymptotisch stabil ist, wenn $\lim_{t \to \infty} \left|\prod_{k=t_0}^{t-1} a(k)\right| = 0$ ist (vgl. Aufgabe 7). $\diamond$

Es ist für die weiteren Abschnitte nützlich, den Zusammenhang der Stabilitätsbegriffe zu klären; Abb. 4.5 gibt einen Überblick. Im folgenden werden einige wesentliche Implikationen zwischen den Stabilitätsbegriffen gezeigt, weitere Implikationen sind Gegenstand von Aufgabe 1.

Eigenschaften der Stabilitätsbegriffe.   Sei x eine Lösung von (4.1). Dann gilt

1. Ist x streng stabil, so ist x auch gleichmäßig stabil.

2. Ist x gleichmäßig stabil, so ist x auch stabil.

3. Ist x exponentiell asymptotisch stabil, so ist x auch gleichmäßig asymptotisch stabil.

4. Ist x gleichmäßig asymptotisch stabil, so ist x auch asymptotisch stabil.

Beweis. 1. Ist x streng stabil und $\overline{x}$ eine Lösung von (4.1) mit $\|\overline{x}(b) - x(b)\| < \delta$ für ein $b \in \mathbb{N}(a)$, dann gilt $\|\overline{x}(t) - x(t)\| < \varepsilon$ für alle $t \in \mathbb{N}(a)$ und damit insbesondere für alle $t \in \mathbb{N}(b)$, da $b \in \mathbb{N}(a)$.

2. Die Behauptung folgt für $b = a$.

3. Ist x exponentiell asymptotisch stabil und $\overline{x}$ eine Lösung von (4.1) mit $\|\overline{x}(b) - x(b)\| <$ δ für ein $b \in \mathbb{N}(a)$, dann gilt $\|\overline{x}(t) - x(t)\| < \varepsilon \cdot e^{-\lambda(t-b)}$ für alle $t \in \mathbb{N}(b)$. Da $-\lambda(t-b) \leq 0$ für alle $t \in \mathbb{N}(b)$, so gilt $e^{-\lambda(t-b)} \leq 1$ und somit $\varepsilon \cdot e^{-\lambda(t-b)} \leq \varepsilon$. Also ist x gleichmäßig stabil. Außerdem gilt $\varepsilon \cdot e^{-\lambda(t-b)} \to 0$ für $t \to \infty$, d. h. x ist auch gleichmäßig attraktiv.

4. Die Behauptung folgt wieder für $b = a$.

$\square$

Bemerkungen. Die Umkehrungen der Implikationen für die Stabilitätsbegriffe gelten im allgemeinen nicht. Durch Konstruktion von Gegenbeispielen zeigt man beispielsweise folgende Aussagen.

1. Ist x eine stabile Lösung von (4.1), dann ist x im allgemeinen nicht gleichmäßig stabil. Als Beispiel betrachten wir die Differenzengleichung

$$x(t + 1) = \alpha(x(t))x(t), \qquad \alpha(x) := \begin{cases} e^{-1} & , x \geq 0 \\ e & , x < 0 \end{cases} \tag{4.6}$$

mit $x \in \mathbb{R}$, $a = 0$. Es ist $x(t) = e^{-t}$ eine Lösung von (4.6), denn es gilt $e^{-(t+1)} = e^{-1}e^{-t}$. Wir zeigen, daß x eine stabile, aber keine gleichmäßig stabile Lösung ist. Wähle $\delta = \min\{1, \varepsilon\}$, dann gilt für eine weitere Lösung $\overline{x}$ von (4.6) mit $|\overline{x}(0) - x(0)| < \delta$ jedenfalls $|\overline{x}(0) - 1| < 1$, da $x(0) = 1$ und $\delta \leq 1$. Daraus folgt $\overline{x}(0) > 0$. Da aus $\overline{x}(t) > 0$ auch $\overline{x}(t + 1) = e^{-1}\overline{x}(t) > 0$ folgt, gilt induktiv $\overline{x}(t) = e^{-t}\overline{x}(0)$ für alle $t \in \mathbb{N}$. Somit gilt für alle $t \in \mathbb{N}$

$$|\overline{x}(t) - x(t)| = |e^{-t}\overline{x}(0) - e^{-t}| = e^{-t}|\overline{x}(0) - 1| \leq |\overline{x}(0) - x(0)| < \delta \leq \varepsilon.$$

Also ist x stabil. Sei nun $\overline{x}(t) = -\beta e^t$, $\beta > 0$. Dann ist $\overline{x}$ ist eine Lösung von (4.6), denn es gilt $-\beta e^{t+1} = e(-\beta)e^t$. Damit folgt für $t \to \infty$

$$|\overline{x}(t) - x(t)| = \beta e^t + e^{-t} \longrightarrow \infty.$$

Da man zu jedem $\delta > 0$ ein $b \in \mathbb{N}(a)$ und ein $\beta > 0$ findet mit $\delta > \beta e^b + e^{-b} = |\overline{x}(b) - x(b)|$, ist x nicht gleichmäßig stabil (vgl. Abb. 4.6). Allerdings ist nicht jede Lösung stabil, so ist z. B. 0 eine instabile Lösung: Wäre 0 stabil, so folgte $|\overline{x}(t)| < \varepsilon$ aus $|\overline{x}(0)| < \delta$ für alle $t \in \mathbb{N}$. Im Widerspruch dazu gilt für $\overline{x}(t) = -\beta e^t$ mit $\beta = \frac{\delta}{2}$, aber $|\overline{x}(t)| \longrightarrow \infty$ für $t \to \infty$.

2. Ist x eine streng stabile Lösung von (4.1), dann ist x im allgemeinen nicht asymptotisch stabil (Aufgabe 2a).

3. Ist x eine gleichmäßig asymptotisch stabile Lösung von (4.1), dann ist x im allgemeinen nicht global attraktiv. Wir betrachten die Differenzengleichung

$$x(t + 1) = x(t)^2 \tag{4.7}$$

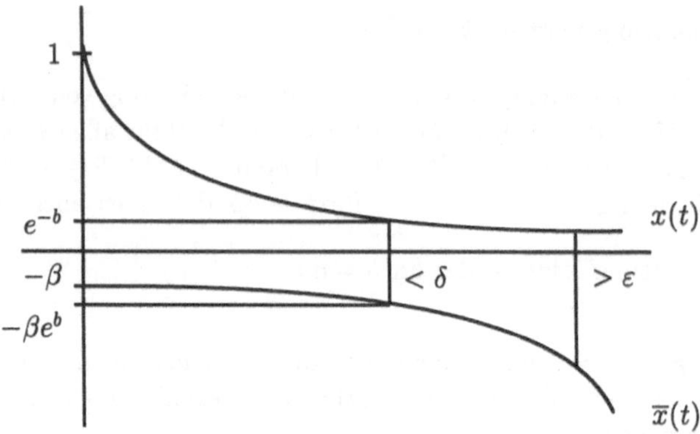

Abb. 4.6   Stabile, aber nicht gleichmäßig stabile Lösung x von (4.6)

mit $x \in \mathbb{R}$. Die allgemeine Lösung lautet $x(t) = x(a)^{2^{t-a}}$, $t \in \mathbb{N}(a)$, wie man direkt nachrechnet. Daher ist $x(t) = 0$ eine Lösung von (4.7) und x ist gleichmäßig asymptotisch stabil: Für $\delta = 1$ sei $\overline{x}$ eine Lösung von (4.7) mit $|\overline{x}(b)| < \delta = 1$. Dann gilt $|\overline{x}(a)^{2^{b-a}}| < 1$, also $|\overline{x}(a)| < 1$. Daraus folgt $\lim_{t\to\infty} |\overline{x}(t)| = 0$. Also ist 0 eine gleichmäßig attraktive Lösung. Ebenso ist 0 gleichmäßig stabil, denn für $\delta = \min\{1, \varepsilon\}$ und $|\overline{x}(b)| = |\overline{x}(a)|^{2^{b-a}} < \delta$ gilt

$$|\overline{x}(t)| = \left(|\overline{x}(a)|^{2^{b-a}}\right)^{2^{t-b}} < \delta \leq \varepsilon$$

für alle $t \in \mathbb{N}(b)$. Also ist 0 eine gleichmäßig asymptotisch stabile Lösung. Aber $x(t) = 0$ ist nicht global attraktiv: Für $|\overline{x}(a)| > 1$ gilt nämlich $\overline{x}(a) \to \infty$ für $t \to \infty$ (vgl. Abb. 4.7).

4. Ist x eine gleichmäßig stabile Lösung von (4.1), dann ist x im allgemeinen nicht asymptotisch stabil (Aufgabe 2b).

5. Ist x eine asymptotisch stabile Lösung von (4.1), dann ist x im allgemeinen nicht gleichmäßig attraktiv (Aufgabe 2c).

Aufgaben

1. Zeigen Sie die noch offenen Implikationen in Abb. 4.5.

2. Finden Sie jeweils ein (Gegen-)Beispiel für

   (a) die in Bemerkung 2 auf S.123 gemachte Aussage.

   (b) die in Bemerkung 4 auf S.124 gemachte Aussage.

   (c) die in Bemerkung 5 auf S.124 gemachte Aussage.

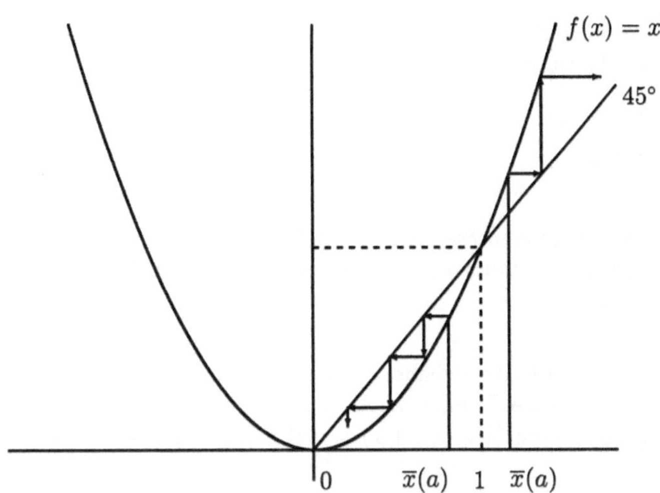

Abb. 4.7 Gleichmäßig asymptotisch stabile, aber nicht global attraktive Lösung $x(t) = 0$ von $x(t+1) = x(t)^2$

3. Geben Sie jeweils ein Beispiel an für ein diskretes dynamisches System (4.1), so daß wenigstens eine Lösung von (4.1)

   (a) exponentiell stabil ist.

   (b) gleichmäßig asymptotisch stabil, aber nicht exponentiell asymptotisch stabil ist.

4. Zeigen Sie, daß alle Lösungen des diskreten dynamischen Systems (4.1) auf $\mathbb{K}^n$ mit $T_t x = x + b_t$, $t \in \mathbb{N}$ und $x, b_t \in \mathbb{K}^n$ für alle $t \in \mathbb{N}$ stabil sind.

5. Zeigen Sie, daß für eine Lösung x des diskreten dynamischen Systems (4.1) mit $T_t x = Tx = ax + b$, $t \in \mathbb{N}$, $a, x, b \in \mathbb{R}$ folgende Aussagen gelten. Die Lösung x ist

   (a) stabil, wenn $|a| \le 1$.

   (b) instabil, wenn $|a| > 1$.

6.* Sei für das System (4.1) $T_t x = ax(1-x)$ für alle $t \in \mathbb{N}$ mit $0 \le a \le 4$ und $0 \le x \le 1$.

   (a) Bestimmen Sie alle Lösungen x mit $x(t) = x(0)$ für alle $t \in \mathbb{N}$ (Fixpunkte bzw. Gleichgewichte des Systems) in Abhängigkeit des Parameters a.

   (b) Prüfen Sie die Lösungen aus (a) auf Stabilitätseigenschaften in Abhängigkeit des Parameters a.
   Hinweis: Schreiben Sie ein Computerprogramm, daß Ihnen die Bahn einer Lösung graphisch anzeigt (vgl. Abb. 4.1 und 4.2). Versuchen Sie, anhand der beobachteten Ergebnisse Aussagen zu machen und gegebenenfalls zu beweisen.

(c) Was können Sie über die Stabilität der anderen Lösungen des Systems für die beiden Parameter

  i. $a = \frac{1}{2}$ und

  ii. $a = 4$

sagen?

Hinweis: Begnügen Sie sich im zweiten Fall mit einer graphischen Analyse mit Hilfe des Programms aus (b). Versuchen Sie im ersten Fall die Aussagen auch zu beweisen.

7. Zeigen Sie die bezüglich Beispiel 3 fehlenden Implikationen folgender Äquivalenzaussagen für die lineare Differenzengleichung erster Ordnung (4.4). Alle Lösungen der Differenzengleichung (4.4) $x(t + 1) = a(t)x(t) + b(t)$, $t \in \mathbb{N}$ sind genau dann

   (a) stabil, wenn $\left|\prod_{k=t_0}^{t-1} a(k)\right| \leq L(t_0)$ für alle $t \in \mathbb{N}$.

   (b) gleichmäßig stabil, wenn $\left|\prod_{k=t_0}^{t-1} a(k)\right| \leq L$ für alle $t \in \mathbb{N}(t_0)$, alle $t_0 \in \mathbb{N}$, wobei L unabhängig von t_0 ist.

   (c) global asymptotisch stabil, wenn $\lim_{t\to\infty} \left|\prod_{k=t_0}^{t-1} a(k)\right| = 0$.

   (d) gleichmäßig asymptotisch stabil, wenn $\left|\prod_{k=t_0}^{t-1} a(k)\right| \leq L \cdot \eta^{t-t_0}$ für alle $t \in \mathbb{N}$, wobei L unabhängig von t_0 und $0 < \eta < 1$ ist.

Was bedeuten diese Bedingungen für den Fall, daß $a(t) = a$ konstant für alle $t \in \mathbb{N}$ ist?

4.2 Stabilität linearer Systeme

Während die im vorigen Abschnitt eingeführten Stabilitätsbegriffe im allgemeinen nicht äquivalent sind, so stellen sich jedoch für lineare Systeme viele dieser Begriffe als äquivalent heraus. Entsprechend sind auch die im vorigen Abschnitt als Gegenbeispiele zu Äquivalenzen konstruierten Differenzengleichungen nichtlinear. Bei diesen Gegenbeispielen läßt sich zudem beobachten, daß aus der Existenz einer stabilen Lösung keine Rückschlüsse auf die Stabilität anderer Lösungen gezogen werden können.

In diesem Abschnitt betrachten wir nun lineare diskrete dynamische Systeme, für die schon die Kenntnis einer stabilen Lösung ausreicht, um auf die Stabilität aller Lösungen zu schließen. Diese wichtige Erkenntnis wird im folgenden Unterabschnitt bewiesen, indem wir zeitabhängige Koeffizienten zulassen. Im zweiten Unterabschnitt zeigen wir, welche zusätzlichen Aussagen für lineare Systeme mit konstanten Koeffizienten möglich sind.

4.2.1 Lineare Systeme mit zeitabhängigen Koeffizienten

Als Spezialfall von (4.1) sind affin lineare Systeme mit zeitabhängigen Koeffizienten gegeben durch $T_t x = A(t)x + b(t)$, $M = \mathbb{K}^n$, also durch

$$x(t+1) = A(t)x(t) + b(t) \tag{4.8}$$

für $t \in \mathbb{N}(a)$, wobei $b(t) \in \mathbb{K}^n$ und $A(t) \in \mathbb{K}^{n\times n}$ für alle t. Im homogenen Fall ist $b(t) = 0$ für alle $t \in \mathbb{N}(a)$, d. h. für $t \in \mathbb{N}(a)$

$$x(t+1) = A(t)x(t). \tag{4.9}$$

Wie bereits angedeutet, genügt es für lineare diskrete dynamische Systeme bzw. Systeme linearer Differenzengleichungen (4.8), die Nullösung des homogenen Systems (4.9) auf Stabilität zu untersuchen, um das Stabilitätsverhalten aller Lösungen von (4.8) zu kennen. Diese wichtige Eigenschaft linearer Systeme ist in dem folgenden Lemma zusammengefaßt.

Lemma 4.1. Folgende Aussagen sind äquivalent.

(1) Alle Lösungen des inhomogenen Systems (4.8) sind stabil.

(2) Eine Lösung des inhomogenen Systems (4.8) ist stabil.

(3) Die Nullösung des homogenen Systems (4.9) ist stabil.

Beweis. Aus (1) folgt (2) trivialerweise. Sei daher (2) erfüllt und y eine stabile Lösung des inhomogenen Systems (4.8). Weiter sei $\overline{x}$ eine beliebige Lösung des homogenen Systems (4.9). Dann ist $y + \overline{x}$ eine Lösung des inhomogenen Systems (4.8) und aus $\|\overline{x}(a) - 0\| = \|y(a) + \overline{x}(a) - y(a)\| < \delta$ folgt $\|\overline{x}(t) - 0\| = \|y(t) + \overline{x}(t) - y(t)\| < \varepsilon$ für alle $t \in \mathbb{N}(a)$, da y stabil ist. Also ist 0 eine stabile Lösung des homogenen Systems (4.9) und es gilt (3). Seien nun y und $\overline{y}$ Lösungen des inhomogenen Systems. Dann findet man nach dem Superpositionsprinzip (vgl. S.53) Lösungen x und $\overline{x}$ des homogenen Systems (4.9), sowie eine spezielle Lösung z des inhomogenen Systems (4.8) mit $y = x + z$ bzw. $\overline{y} = \overline{x} + z$. Gilt (3), dann ist die Nullösung des homogenen Systems stabil, d. h. es gilt

$$\|\overline{y}(t) - y(t)\| = \|\overline{x}(t) - x(t) - 0\| < \varepsilon$$

für alle $t \in \mathbb{N}(a)$, falls $\|\overline{y}(a) - y(a)\| = \|\overline{x}(a) - x(a) - 0\| < \delta$ gilt, da $\overline{x}(t) - x(t)$ ebenfalls eine Lösung des homogenen Systems (4.9) ist. Also gilt (1) und wir haben $(1) \Rightarrow (2) \Rightarrow (3) \Rightarrow (1)$ gezeigt. $\qquad\square$

Bemerkungen. 1. Wegen des Superpositionsprinzips gelten analoge Aussagen auch für die anderen Stabilitätsbegriffe.

2. Es sei nochmals angemerkt, daß Lemma 4.1 für nichtlineare Systeme im allgemeinen nicht richtig ist. Für die Differenzengleichung (4.6) (vgl. S.123) ist 0 eine instabile Lösung, aber e^{-t} eine stabile Lösung.

Bisher bezogen sich Stabilitätseigenschaften immer nur auf Lösungen eines Systems. Wir sagen nun, daß das *System* (4.8) eine gewisse Stabilitätseigenschaft besitzt, wenn alle Lösungen von (4.8) diese Eigenschaft besitzen. Nach Lemma 4.1 reicht es, eine Stabilitätseigenschaft für die Lösung 0 des homogenen Systems (4.9) zu prüfen.

Wir erinnern uns, daß sich eine Lösung des homogenen Systems (4.9) auch durch die Hauptfundamentalmatrix $X(t, a)$ und die Greenmatrix $G(t, b)$ für $b \in \mathbb{N}(a)$ darstellen läßt (vgl. Kapitel 3.2, insbesondere S.59ff), d. h. es gilt

$$x(t) = X(t, a)x(a), \qquad t \in \mathbb{N}(a) \quad \text{und}$$
$$x(t) = G(t, b)x(b), \qquad t \in \mathbb{N}(b).$$

Man beachte, daß für die Definition der Green-Matrix nicht vorausgesetzt werden muß, daß $A(k)$ für alle $a \leq k \leq b$ invertierbar ist. Gemäß der Bemerkung zu Lemma 3.4 (vgl. S.61) setzt man $G(t, b) = A(t - 1)A(t - 2) \cdots A(b)$.

Wir definieren noch folgende Matrixnorm zu der Norm $\| \cdot \|$ auf $\mathbb{K}^n$:

$$\|A\| := \sup_{x \neq 0} \frac{\|Ax\|}{\|x\|} = \max_{1 \leq j \leq n} \{\|A^j\| \mid A^j = \text{j-te Spalte von } A\}.$$

Damit können wir folgenden Satz formulieren.

Satz 4.2. Für das homogene diskrete dynamische System

$$x(t + 1) = A(t)x(t) \tag{4.9}$$

gelten folgende Eigenschaften.

1. Das System ist genau dann stabil, wenn eine der folgenden äquivalenten Bedingungen erfüllt ist.

   (a) Es existiert ein $c > 0$ mit $\|X(t, a)\| \leq c$ für alle $t \in \mathbb{N}(a)$.

   (b) Alle Lösungen von (4.9) sind beschränkt.

2. Das System ist genau dann gleichmäßig stabil, wenn ein $c > 0$ existiert mit $\|G(t, b)\| \leq c$ für alle $b \geq a$ und alle $t \in \mathbb{N}(b)$.

3. Folgende Aussagen sind äquivalent.

   (a) Das System ist asymptotisch stabil.

   (b) Es gilt $\lim_{t \to \infty} \|X(t, a)\| = 0$.

   (c) Es gilt $\lim_{t \to \infty} \|x(t)\| = 0$ für alle Lösungen von (4.9).

   (d) Das System ist global asymptotisch stabil.

4. Folgende Aussagen sind äquivalent.

   (a) Das System ist gleichmäßig asymptotisch stabil.

(b) Es existiert ein $c > 0$ und ein $\lambda > 0$ mit $\|G(t,b)\| \leq c \cdot e^{-\lambda(t-b)}$ für alle $b \geq a$ und alle $t \in \mathbb{N}(b)$.

(c) Das System ist exponentiell asymptotisch stabil.

Beweis. Sei $\|\cdot\|$ o.B.d.A. die euklidische Norm. Nach Lemma 4.1 und diesbezüglicher Bemerkung 1 genügt es, zum Beweis die Nullösung zu betrachten.

1. Wir zeigen nur die Äquivalenz zu (a), die Äquivalenz zu (b) folgt daraus, daß jede Lösung von (4.9) eine Linearkombination der Spalten von $X(t,a)$ ist. Sei das System stabil und x eine beliebige Lösung von (4.9). Die Nullösung ist genau dann stabil, wenn zu jedem $\varepsilon > 0$ ein $\delta > 0$ existiert mit

$$\|x(a)\| < \delta \implies \|x(t)\| < \varepsilon \quad \text{für alle } t \in \mathbb{N}(a).$$

Wähle nun die Lösung x und δ zu gegebenem ε so, daß $x(a) = \frac{\delta}{2}e^j$ ($e^j = $ j-ter Einheitsvektor). Dann gilt $\|x(t)\| = \|X(t,a)x(a)\| = \|X(t,a)\frac{\delta}{2}e^j\| < \varepsilon$ für alle $t \in \mathbb{N}(a)$. Daraus folgt $\|X^j(t,a)\| < \frac{2\varepsilon}{\delta}$ für alle $j = 1,\ldots .n$. Somit gilt

$$\|X(t,a)\| = \max_{1 \leq j \leq n} \|X^j(t,a)\| < \frac{2\varepsilon}{\delta} = c,$$

d. h. es gilt (a). Sei nun (a) gegeben. Zu $\varepsilon > 0$ wähle $\delta = \frac{\varepsilon}{c}$. Für eine beliebige Lösung x von (4.9) mit $\|x(a)\| < \delta$ gilt dann

$$\|x(t)\| = \|X(t,a)x(a)\| \leq \|X(t,a)\| \cdot \|x(a)\| < c \cdot \delta = \varepsilon$$

für alle $t \in \mathbb{N}(a)$. Also ist die Nullösung stabil.

2. Wie in 1. wählt man zu gegebenem $\varepsilon > 0$ eine Lösung x und ein $\delta > 0$ mit $x(b) = \frac{\delta}{2}e^j$. Ist die Nullösung gleichmäßig stabil, dann folgt aus $\|x(t)\| = \|G(t,b)x(b)\| < \varepsilon$

$$\|G^j(t,b)\| < \frac{2\varepsilon}{\delta}$$

für alle $b \in \mathbb{N}(a)$, alle $t \in \mathbb{N}(b)$ und alle $j = 1,\ldots,n$. Daraus folgt $\|G(t,b)\| \leq \frac{2\varepsilon}{\delta}$ für alle $t \in \mathbb{N}(b)$. Die Rückrichtung ist analog zu derjenigen in 1.

3. Gilt (a), dann ist das System (4.9) insbesondere attraktiv. Also existiert ein $\delta > 0$, so daß $\lim_{t \to \infty} \|x(t)\| = 0$ für alle Lösungen x von (4.9) mit $\|x(a)\| < \delta$. Wähle $x(a) = \frac{\delta}{2}e^j$, dann gilt also $\|X(t,a) \cdot \frac{\delta}{2}e^j\| \to 0$ für $t \to \infty$. Daraus folgt $\|X^j(t,a)\| \to 0$ für alle $j = 1,\ldots,n$, also folgt $\|X(t,a)\| \to 0$ für $t \to \infty$. Somit gilt (b). Ist (b) gegeben, dann existiert ein $t_0 \in \mathbb{N}(a)$ mit $\|X(t,a)\| \leq c$ für alle $t \geq t_0$ und ein $c > 0$. Da die Menge $\{t \in \mathbb{N}(a) \,|\, t < t_0\}$ endlich ist, gilt $\|X(t,a)\| \leq \hat{c}$ für alle $t \in \mathbb{N}(a)$. Daher ist nach Eigenschaft 1 das System (4.9) stabil. Unabhängig von δ gilt außerdem

$$\|x(t)\| = \|X(t,a)x(a)\| \leq \|X(t,a)\| \cdot \|x(a)\| \longrightarrow 0 \quad \text{für } t \to \infty,$$

also ist (4.9) auch attraktiv. Somit ist $(a) \Leftrightarrow (b)$ gezeigt. Die weiteren Äquivalenzaussagen ergeben sich daraus, daß jede Lösung von (4.9) eine Linearkombination der Spalten von $X(t,a)$ ist und aus der Definition der globalen asymptotischen Stabilität.

4. Es genügt, die Äquivalenz von (a) und (b) zu zeigen, denn die Äquivalenz von (b) und (c) ergibt sich vermöge $x(t) = G(t,b)x(b)$ wie gewohnt. Gilt (a), dann ist das System (4.9) insbesondere gleichmäßig attraktiv, d. h. es existiert ein $\delta > 0$ mit $\lim_{t\to\infty} \|x(t)\| = 0$ für alle Lösungen x mit $\|x(b)\| < \delta$. Zu $\varepsilon > 0$ gibt es ein $t_0 = t_0(\varepsilon)$ mit

$$\|x(b)\| < \delta \implies \|x(t)\| = \|G(t,b)x(b)\| < \varepsilon \quad \text{für alle } t \geq t_0 + b.$$

Wählen wir speziell Lösungen x mit $x(b) = \frac{\delta}{2}e^j$, dann folgt $\|G(t,b)\| < \eta$ für alle $t \geq t_0 + b$ mit $\eta = 2\frac{\varepsilon}{\delta}$. Wir können ε so wählen, daß $\eta < 1$ ist (δ ist unabhängig von ε gegeben). Da (4.9) auch gleichmäßig stabil ist, gilt nach 2. außerdem $\|G(t,b)\| \leq c$ für alle $t \in \mathbb{N}(b)$ und alle $b \in N(a)$. Nach Lemma 3.4 (5.) gilt nun

$$G(t,b) = G(t, b + mt_0)G(b + mt_0, b + (m-1)t_0) \cdot \ldots \cdot G(b + t_0, b)$$

für ein beliebiges $m \in \mathbb{N}$. Daraus folgt wegen $\|G(t,b)\| \leq c$ für $t \geq b$ und $\|G(t,b)\| < \eta$ für $t \geq t_0 + b$

$$
\begin{aligned}
\|G(t,b)\| &\leq \|G(t, b + mt_0)\| \cdot \|G(b + mt_0, b + (m-1)t_0)\| \cdot \ldots \cdot \|G(b + t_0, b)\| \\
&\leq \qquad c \qquad \cdot \qquad\qquad \eta \qquad\qquad \cdot \; \ldots \; \cdot \qquad \eta \\
&\leq c \cdot \eta^m = c \cdot \eta^{-1} \cdot \eta^{t_0\frac{m+1}{t_0}} \leq c \cdot \eta^{-1} \cdot \eta^{\frac{t-b}{t_0}}
\end{aligned}
$$

für $t \geq b + mt_0$ und $(m+1)t_0 \geq t - b$ (da $\eta < 1$), d. h. $b + mt_0 \leq t \leq b + (m+1)t_0$. Setze $c_1 = c \cdot \eta^{-1}$ und wähle $\lambda > 0$ so, daß $\eta^{1/t_0} = e^{-\lambda}$. Dann gilt

$$\|G(t,b)\| \leq c_1 \cdot e^{-\lambda(t-b)}$$

für alle t mit $b + mt_0 \leq t \leq b + (m+1)t_0$. Da $m \in \mathbb{N}$ beliebig war, folgt die Behauptung für alle $t \in \mathbb{N}(b)$. Also gilt (b). Ausgehend von (b) gilt insbesondere $\|G(t,b)\| \leq c$, da $e^{-\lambda(t-b)} \leq 1$ ist. Daraus folgt, daß (4.9) gleichmäßig stabil ist. Wegen $c \cdot e^{-\lambda(t-b)} \to 0$ für $t \to \infty$ und $\|x(t)\| \leq \|G(t,b)\| \cdot \|x(b)\|$ gilt auch $\|x(t)\| \to 0$ für $t \to \infty$. Damit ist (4.9) auch gleichmäßig attraktiv. Somit gilt (a).

$$\square$$

Wir wollen abschließend noch einen interessanten Spezialfall des homogenen diskreten dynamischen Systems (4.9) betrachten, nämlich wenn die Folge der Matrizen $A(t)$ periodisch ist. Sei

$$x(t + 1) = A(t)x(t) \quad \text{mit} \quad A(t + t_0) = A(t) \tag{4.10}$$

für alle $t \in \mathbb{N}(a)$ und ein $1 \leq t_0 \in \mathbb{N}$. Für das periodische System (4.10) gilt folgendes Korollar von Satz 4.2

Korollar 4.3. Sei $B = A(t_0 + a - 1) \cdot \ldots \cdot A(a + 1) \cdot A(a)$. Dann gelten folgende Aussagen.

1. Das System (4.10) ist genau dann stabil, wenn es Matrizen C und D gibt, so daß $C \leq B^t \leq D$ für alle $t \in \mathbb{N}$. Dabei ist die $\leq$-Relation komponentenweise zu verstehen.

2. Das System (4.10) ist genau dann global asymptotisch stabil, wenn $\lim\limits_{t\to\infty} B^t = 0$.

Beweis. Die Behauptungen folgen aus Satz 4.2 (1.) und (3.) (vgl. Aufgabe 4). $\qquad\square$

Beispiele. 1. Sei $x(t+1) = A(t)x(t)$ mit $a = 0$ und

$$A(t) = \begin{bmatrix} 0 & (-1)^t \\ (-1)^t & 0 \end{bmatrix}.$$

Dann gilt offenbar $t_0 = 2$ und

$$B = A(1) \cdot A(0) = \begin{bmatrix} 0 & -1 \\ -1 & 0 \end{bmatrix} \cdot \begin{bmatrix} 0 & 1 \\ 1 & 0 \end{bmatrix} = \begin{bmatrix} -1 & 0 \\ 0 & -1 \end{bmatrix}.$$

Also ist $B \leq B^t \leq E_2$ für alle $t \in \mathbb{N}$ und das System ist nach Korollar 4.3 (1.) stabil.

2. Sei $u(t+2) = (\sin\frac{\pi t}{2} + \frac{1}{2}(-1)^{t+1})u(t+1) + (-1)^t u(t)$, $t \in \mathbb{N}$ eine Differenzengleichung zweiter Ordnung. Diese Differenzengleichung ist äquivalent zu dem System $x(t+1) = A(t)x(t)$ mit $x(t) = [u(t), u(t+1)]^T$ und

$$A(t) = \begin{bmatrix} 0 & 1 \\ \sin\frac{\pi t}{2} + \frac{1}{2}(-1)^{t+1} & (-1)^t \end{bmatrix}.$$

Daraus folgt $t_0 = 4$ und für die Matrix B gilt

$$B = A(3) \cdot A(2) \cdot A(1) \cdot A(0)$$

$$= \begin{bmatrix} 0 & 1 \\ -\frac{1}{2} & -1 \end{bmatrix} \cdot \begin{bmatrix} 0 & 1 \\ -\frac{1}{2} & 1 \end{bmatrix} \cdot \begin{bmatrix} 0 & 1 \\ \frac{3}{2} & -1 \end{bmatrix} \cdot \begin{bmatrix} 0 & 1 \\ -\frac{1}{2} & 1 \end{bmatrix} = \begin{bmatrix} \frac{3}{4} & 0 \\ -1 & -\frac{1}{4} \end{bmatrix}.$$

Die Matrix B hat die beiden Eigenwerte $\lambda_1 = \frac{3}{4}$ und $\lambda_2 = \frac{-1}{4}$. Daher gilt $B = T^{-1} \begin{bmatrix} 3/4 & 0 \\ 0 & -1/4 \end{bmatrix} T$, womit $\lim_{t\to\infty} B^t = 0$ folgt. Also ist das System nach Korollar 4.3 (2.) global stabil.

3. Sei $x(t+1) = A(t)x(t)$ mit $a = 0$ und

$$A(2t) = \begin{bmatrix} 1 & 0 \\ 0 & \frac{1}{2} \end{bmatrix} \qquad\qquad A(2t+1) = \begin{bmatrix} \frac{3}{4} & (-1)^t \\ \frac{1}{2} & 1 \end{bmatrix}$$

für alle $t \in \mathbb{N}$. In diesem Beispiel ist $t_0 = 4$ und somit gilt

$$B = A(3) \cdot A(2) \cdot A(1) \cdot A(0)$$

$$= \begin{bmatrix} \frac{3}{4} & -1 \\ \frac{1}{2} & 1 \end{bmatrix} \cdot \begin{bmatrix} 1 & 0 \\ 0 & \frac{1}{2} \end{bmatrix} \cdot \begin{bmatrix} \frac{3}{4} & 1 \\ \frac{1}{2} & 1 \end{bmatrix} \cdot \begin{bmatrix} 1 & 0 \\ 0 & \frac{1}{2} \end{bmatrix} = \begin{bmatrix} \frac{5}{16} & \frac{1}{8} \\ \frac{5}{8} & \frac{1}{2} \end{bmatrix}.$$

Die Matrix B hat die beiden Eigenwerte $\lambda_{1,2} = \frac{13}{32} \pm \frac{\sqrt{89}}{32}$. Daher gilt $B = T^{-1} \begin{bmatrix} \lambda_1 & 0 \\ 0 & \lambda_2 \end{bmatrix} T$ mit $\lambda_{1,2}^t \to 0$ für $(t \to \infty)$. Daraus folgt $\lim_{t\to\infty} B^t = 0$. Also ist das System nach Korollar 4.3 (2.) global stabil. $\qquad\diamond$

Die Kriterien für die Matrix B in Korollar 4.3 lassen sich sehr einfach mit Hilfe der Eigenwerte von B überprüfen. Das ist Gegenstand des nächsten Abschnittes.

4.2.2   Lineare Systeme mit konstanten Koeffizienten

Gilt für das (affin) lineare System (4.8) $A(t) = A$ und $b(t) = b$ für alle $t \in \mathbb{N}(a)$, so erhält man als Spezialfall folgendes (affin) lineare System mit zeitunabhängigen Koeffizienten

$$x(t+1) = Ax(t) + b, \tag{4.11}$$

wobei $t \in \mathbb{N}(a)$, $x(t) \in \mathbb{K}^n$ für alle $t \in \mathbb{N}(a)$ und $A \in \mathbb{K}^{n \times n}$. Nach Lemma 4.1 ist das System (4.11) genau dann stabil, wenn das zugehörige homogene System $x(t+1) = Ax(t)$ stabil ist.

Beispiel. Die Matrix A habe n paarweise verschiedene Eigenwerte $\lambda_1, \ldots, \lambda_n$. Nach Satz 3.7 haben die Lösungen des homogenen Systems von (4.11) dann die Gestalt

$$x(t) = c_1 \lambda_1^t v_1 + \ldots + c_n \lambda_n^t v_n$$

mit $c_i \in \mathbb{K}$ und Eigenvektoren $v_i \in \mathbb{K}^n$ von λ_i. Wir zeigen: Das System (4.11) ist genau dann stabil, wenn $|\lambda_i| \leq 1$ ist für $i = 1, \ldots, n$.
Beweis. Gilt $|\lambda_i| \leq 1$ für alle $i = 1, \ldots, n$, so folgt die Stabilität aus Satz 4.2 (1.). Ist das System stabil, so ist jede Lösung x von (4.11) beschränkt, d. h. für jedes $i = 1, \ldots, n$ ist $\lambda_i^t v_i$ beschränkt. Also gilt $\|\lambda_i^t v_i\| = |\lambda_i|^t \cdot \|v_i\| \leq c$ für alle $t \in \mathbb{N}(a)$ mit einer Konstanten $c \in \mathbb{K}$. Damit gilt $|\lambda_i| \leq 1$ für alle $i = 1, \ldots, n$. $\square$
Wir zeigen weiterhin: Das System (4.11) ist genau dann asymptotisch stabil, wenn $|\lambda_i| < 1$ ist für alle $i = 1, \ldots, n$.
Beweis. Gilt $|\lambda_i| < 1$ für alle $i = 1, \ldots, n$, so folgt die asymptotische Stabilität aus Satz 4.2 (3.). Ist das System asymptotisch stabil, so ist $\lambda_i^t v_i$ eine Lösung des homogenen Systems, für die $\|\lambda_i^t v_i\| \to 0$ gelten muß für $t \to \infty$. Daraus folgt $|\lambda_i|^t \cdot \|v_i\| \to 0$ für $t \to \infty$ und daher $|\lambda_i| < 1$ für alle $i = 1, \ldots, n$. $\square$ $\Diamond$

Dieser Zusammenhang von Stabilitätsverhalten und Eigenwerten läßt sich auch auf solche Situationen verallgemeinern, in denen die Matrix A nicht n verschiedene Eigenwerte besitzt. Für dieses Resultat benötigen wir jedoch noch folgende Definition.

Definition 13. Ein Eigenwert λ einer Matrix $A \in \mathbb{K}^{n \times n}$ heißt *einfach*, wenn λ die algebraische Vielfachheit 1 besitzt. Der Eigenwert λ heißt *halbeinfach*, wenn die geometrische Vielfachheit von λ gleich seiner algebraischen Vielfachheit ist.

Bemerkung. Man beachte, daß die geometrische Vielfachheit stets kleiner oder gleich der algebraischen Vielfachheit ist. Ein einfacher Eigenwert ist daher stets halbeinfach. Ein Eigenwert λ ist genau dann halbeinfach, wenn der größte Jordanblock zu λ in der Jordanschen Normalform von A die Ordnung 1 hat, denn die geometrische Vielfachheit von λ ist die Anzahl der Jordan-Blöcke zu λ und die algebraische Vielfachheit von λ ist gleich der Ordnung der Untermatrix aus allen Jordan-Blöcken zu λ (vgl. auch den Exkurs über die Jordansche Normalform auf S.72).

Beispiel. Für die Matrix

$$A = \begin{bmatrix} \lambda_1 & & 0 & & \\ & \lambda_1 & & 0 & \\ & & \lambda_2 & 1 & \\ & 0 & & \lambda_2 & \\ & & & & \lambda_3 \end{bmatrix}$$

mit verschiedenen Eigenwerten λ_i ist λ_3 ein einfacher Eigenwert und λ_1 ein halbeinfacher, aber kein einfacher Eigenwert. Dagegen ist der Eigenwert λ_2 nicht halbeinfach, also insbesondere nicht einfach. $\diamond$

Damit können wir folgendes Resultat zeigen.

Satz 4.4. Es gelten für das System (4.11) $x(t+1) = Ax(t) + b$ folgende Aussagen.

1. Das System (4.11) ist genau dann stabil, wenn $|\lambda| \leq 1$ für alle Eigenwerte λ von A ist und $|\lambda| = 1$ nur dann, falls λ ein halbeinfacher Eigenwert ist.

2. Das System (4.11) ist genau dann global asymptotisch stabil, wenn $|\lambda| < 1$ für alle Eigenwerte λ von A ist.

Beweis. Es genügt nach Lemma 4.1, die Nullösung des zu (4.11) homogenen Systems

$$x(t+1) = Ax(t) \tag{4.12}$$

zu betrachten. Ist $B = TAT^{-1}$ eine Jordansche Normalform von A, dann ist die Lösung x zum System (4.12) gegeben durch $x(t) = T^{-1}y(t)$, wobei y die Lösung des Systems

$$y(t+1) = By(t) \tag{4.12$'$}$$

ist (vgl. Satz 3.11).

1. Es gilt jedenfalls $\|x(t)\| \leq \|T^{-1}\| \cdot \|y(t)\|$ und $\|y(t)\| \leq \|T\| \cdot \|x(t)\|$. Also ist x genau dann beschränkt, wenn y beschränkt ist. Mit Satz 4.2 (1.) folgt daraus, daß das System (4.12) genau dann stabil ist, wenn das System (4.12$'$) stabil ist.

1.1 Wir betrachten zunächst den Fall $\mathbb{K} = \mathbb{C}$. Nach Satz 3.11 sind dann die Lösungen des Systems (4.12$'$) gegeben durch Linearkombinationen von „auf gleiche Länge gebrachten" Lösungen der Systeme $z(t+1) = J_m(\lambda)z(t)$, wobei $\lambda \in \mathbb{C}$ alle Eigenwerte von A durchläuft und $J_m(\lambda)$ ein Jordan-Block der Ordnung $m \leq n$ zu λ ist. Dabei haben die Vektoren $z(t) = [z_1(t), \ldots, z_m(t)]^T$ nach Lemma 3.9 die Gestalt

$$z_i(t) = \lambda^{t+i-1}\Delta^{i-1}p(t)$$

mit Grad $p(t) \leq m - 1$, $1 \leq i \leq m$, wenn $\lambda \neq 0$ ist, und

$$z(t) = \sigma^t z(0) \text{ mit } \sigma[c_1, \ldots, c_m]^T = [c_2, \ldots, c_m, 0]^T,$$

wenn $\lambda = 0$ gilt. Nach Satz 4.2 (1.) ist das System (4.12′) genau dann stabil ist, wenn alle Lösungen von (4.12′) beschränkt sind. Da die Lösungen für $\lambda = 0$ automatisch beschränkt sind, genügt es, die Eigenwerte λ von A mit $\lambda \neq 0$ zu betrachten. Wir nehmen zunächst an, daß die Bedingung für die Eigenwerte in Aussage 1 erfüllt ist. Aus $|\lambda| < 1$ folgt $\lambda^{t+k} \cdot t^r \longrightarrow 0$ für $t \to \infty$ und $k, r \in \mathbb{N}$. Daher gilt auch $z_i(t) \longrightarrow 0$ für $t \to \infty$. Also ist die Lösung von $z(t+1) = J_m(\lambda)z(t)$ insbesondere beschränkt. Gilt stattdessen $|\lambda| = 1$, so ist λ nach Voraussetzung halbeinfach. Daraus folgt für die Ordnung m des Jordan-Blocks $m = 1$, d.h. das Polynom $p(t)$ ist konstant. Also ist auch hier $z(t)$ beschränkt. Somit sind alle Linearkombinationen der Lösungen von $z(t+1) = J_m(\lambda)z(t)$ und daher auch alle Lösungen des Systems (4.12′) beschränkt. Nach Satz 4.2 (1.) ist das System (4.12′) damit stabil.

Sei umgekehrt das System (4.12′) stabil. Aus Satz 4.2 (1.) folgt, daß alle Lösungen von (4.12′) beschränkt sind. Betrachte jetzt eine Lösung y von (4.12′), in der m Komponenten gegeben sind durch $\lambda^{t+i-1}\Delta^{i-1}p(t)$ mit Grad $p(t) = m - 1$, $1 \leq i \leq m$. Da y und damit insbesondere $\lambda^t p(t)$ beschränkt ist, muß $|\lambda| \leq 1$ sein. Ist $|\lambda| = 1$, so muß $p(t)$ beschränkt sein. Daraus folgt für den Grad des Polynoms $m - 1 = 0$, also gilt $m = 1$. Somit gibt es nur Jordan-Blöcke der Ordnung 1 für $|\lambda| = 1$, d.h. λ ist halbeinfach. Damit ist Aussage 1 für den Fall $\mathbb{K} = \mathbb{C}$ gezeigt.

1.2 Für den Fall $\mathbb{K} = \mathbb{R}$ können wir analog verfahren. In diesem Fall ist nach Satz 3.11 die allgemeine Lösung des Systems (4.12′) gegeben durch Linearkombinationen von „auf gleiche Länge gebrachten" Lösungen der Systeme $z(t + 1) = J_m(\lambda)z(t)$, die die oben angegebene Gestalt haben, wobei $\lambda \in \mathbb{R}$ alle reellen Eigenwerte von A durchläuft, und Lösungen der Systeme $z(t + 1) = J_{2m}(\alpha, \beta)z(t)$, wobei $J_{2m}(\alpha, \beta)$ ein reeller Jordan-Block der Ordnung $2m \leq n$ ist und $\mu = \alpha + i\beta \in \mathbb{C}$ alle komplexen Eigenwerte von A durchläuft. Für die Lösungen zu reellen Eigenwerten λ gilt wie in Fall 1.1, daß sie genau dann beschränkt sind, wenn $|\lambda| < 1$ ist oder $|\lambda| = 1$ und λ halbeinfach ist. Die Lösungen zu komplexen Eigenwerten $\mu = \rho e^{i\varphi}$ setzen sich nach Lemma 3.10 aus Lösungen des Typs

$$\rho^{t+j-1} \sin \varphi(t + j - 1) \cdot \Delta^{j-1}p(t) \quad \text{und} \quad \rho^{t+j-1} \cos \varphi(t + j - 1) \cdot \Delta^{j-1}p(t)$$

zusammen, wobei Grad $p(t) \leq m - 1$ ist. Ist $|\mu| < 1$, so gilt $\rho < 1$ und diese Lösungen sind beschränkt. Ist $|\mu| = 1$ und μ halbeinfach, so ist $m = 1$ und daher sind diese Lösungen ebenfalls beschränkt. Umgekehrt seien die Lösungen obigen Typs beschränkt. Aus der Beschränktheit von $\rho^t \sin \varphi t \cdot p(t)$ folgt, daß $|\mu| = \rho \leq 1$ sein muß. Ist $\rho = 1$, so muß $p(t)$ beschränkt sein und daher ist $m = 1$ und μ somit halbeinfach. Damit ist Aussage 1 auch für den Fall $\mathbb{K} = \mathbb{R}$ gezeigt.

2. Wegen $\|x(t)\| \leq \|T^{-1}\| \cdot \|y(t)\|$ und $\|y(t)\| \leq \|T\| \cdot \|x(t)\|$ gilt $\lim_{t\to\infty} \|x(t)\| = 0$ genau dann, wenn $\lim_{t\to\infty} \|y(t)\| = 0$. Mit Satz 4.2 (3.) folgt daraus, daß das System (4.12) genau dann global asymptotisch stabil ist, wenn das System (4.12′) global asymptotisch stabil ist. Nach Satz 4.2 (3.) ist daher zu zeigen, daß $\lim_{t\to\infty} \|y(t)\| = 0$ für alle Lösungen y von (4.12′) äquivalent ist zu $|\lambda| < 1$ für alle Eigenwerte von A.

Es gelte $|\lambda| < 1$ für alle Eigenwerte von A. Ist λ ein Eigenwert von A mit $\lambda \neq 0$, so wurde für die Lösung des Systems $z(t+1) = J_m(\lambda)z(t)$ in 1., Fall $\mathbb{K} = \mathbb{C}$ bereits $z_i(t) \to 0$ $(t \to \infty)$ für $1 \leq i \leq m$ gezeigt. Analoges gilt für die Lösungen des Systems $z(t+1) = J_{2m}(\alpha, \beta)z(t)$ für den Fall $\mathbb{K} = \mathbb{R}$, wenn $\mu = \alpha+i\beta$ ein komplexer Eigenwert von A ist. Ist $\lambda = 0$, so gilt für die Lösung des Systems $z(t+1) = J_m(\lambda)z(t)$ ja $z(t) = \sigma^t z(0)$ und daher $z(t) = 0$ für alle $t \geq m$. Also konvergieren die Lösungen dieser Teilsysteme gegen 0 und damit auch alle Lösungen von (4.12′).

Für die Umkehrung betrachten wir eine Lösung y von (4.12′) mit einer Komponente λ^t bzw. $\rho^t \sin \varphi t$, falls $\lambda \in \mathbb{R}$ bzw. $\mu = \rho e^{i\varphi} \in \mathbb{C}$ ist. Aus $\lim_{t\to\infty} \|y(t)\| = 0$ folgt dann $|\lambda| < 1$ bzw. $\rho = |\mu| < 1$.

$\square$

Beispiel. Wir betrachten noch einmal das lineare Cobweb-Modell aus der Ökonomie, das wir in Kapitel 3.3 untersucht haben (vgl. S.99ff). In diesem Modell ergibt sich der Marktpreis eines verderblichen Gutes durch den Ausgleich von Güterangebot und Güternachfrage von Produzenten bzw. Konsumenten. Erstere produzieren ihr Angebot aufgrund einer Preisschätzung der nächsten Periode. Da das Gut verderblich ist, müssen alle produzierten Güter verkauft werden. Daher führt ein Überangebot über die Nachfragefunktion der Konsumenten (die mehr Güter nur zu einem geringeren Stückpreis abnehmen) zu einem Preisrückgang, ein Unterangebot (Übernachfrage) entsprechend zu einem Preisanstieg. Das Resultat dieses Verhaltens ist in der einfachsten Form folgende Preisdynamik (Gleichung (3.28), S.100)

$$p_{n+1} = \left(-\frac{b}{a}\right) p_n + \frac{d_0 - s_0}{a} \tag{4.13}$$

mit $a, b > 0$, $s_0, d_0 \geq 0$. Die zentrale Frage in diesem Modell ist, ob es ein Preisgleichgewicht p^* von (4.13) gibt und falls ja, ob es asymptotisch stabil ist. Führt dieses Angebots- und Nachfrageverhalten also zu einer Konvergenz des Güterpreises? Um diese Frage zu beantworten, haben wir in Kapitel 3.3 die Differenzengleichung (4.13) gelöst und mit Hilfe der allgemeinen Lösung Stabilitätsaussagen gemacht. Mit Satz 4.4 können wir diese Frage nun direkt beantworten, d.h. ohne die Differenzengleichung (4.13) lösen zu müssen. Es folgt aus Satz 4.4 (2.) direkt, daß die Preissetzungsdynamik global asymptotisch stabil ist, wenn $\frac{b}{a} < 1$ gilt. Insbesondere gilt dann für zwei beliebige Lösungen p und p' von (4.13)

$$\lim_{n\to\infty} |p_n - p_n'| = 0.$$

Gilt $d_0 < s_0$, so existiert ein Preisgleichgewicht $p^* = \frac{s_0 - d_0}{a+b} > 0$ (man beachte, daß Preise hier stets nichtnegativ sind), das global asymptotisch stabil ist. $\diamond$

Sind die Bedingungen aus Satz 4.4 nicht erfüllt und gilt sogar $|\lambda| > 1$ für alle Eigenwerte von A, dann ist das homogene System (4.12) nicht nur instabil, sondern alle Lösungen außer der Nullösung streben gegen unendlich, wie das folgende Korollar zu Satz 4.4 zeigt.

Korollar 4.5. Gilt $|\lambda| > 1$ für alle Eigenwerte λ von A, so gilt für jede Lösung des homogenen Systems (4.12) $x(t+1) = Ax(t)$, $t \in \mathbb{N}(a)$

$$\lim_{t \to \infty} \|x(t)\| = \infty \text{ falls } x(a) \neq 0.$$

Beweis. Die Matrix A ist invertierbar, andernfalls wäre $\det A = \det(A - 0E) = 0$, d. h. 0 wäre ein Eigenwert von A, was im Widerspruch zur Voraussetzung steht. Die Eigenwerte von A^{-1} sind gerade die inversen Eigenwerte von A. Wegen $|\lambda| > 1$ gilt $|\lambda^{-1}| < 1$, daher ist das homogene System $y(t+1) = A^{-1}y(t)$ nach Satz 4.4 (2.) asymptotisch stabil. Also gilt für alle Lösungen $\|A^{a-t}y(a)\| = \|y(t)\| = \|y(t) - 0\| \to 0$ für $t \to \infty$. Daraus folgt $A^{-t} \to 0$. Ist $\|x(t)\| \leq c$ für alle $t \in \mathbb{N}(a)$, so gilt

$$\|x(a)\| \leq \|A^{-t}\| \cdot \|A^t x(a)\| \leq \|A^{-t}\| \cdot c$$

für alle $t \in \mathbb{N}(a)$. Daraus folgt $\|x(a)\| = 0$ und somit $x(a) = 0$. $\qquad\square$

Anders als bei nichtlinearen diskreten dynamischen Systemen sind bei linearen Systemen einige Stabilitätsbegriffe äquivalent. Dieses Resultat ist eine weitere Folgerung aus Satz 4.4.

Korollar 4.6. Für das System (4.11) $x(t+1) = Ax(t) + b$ sind folgende Eigenschaften äquivalent.

1. Das System ist asymptotisch stabil.

2. Das System ist global asymptotisch stabil.

3. Das System ist gleichmäßig asymptotisch stabil.

4. Das System ist exponentiell asymptotisch stabil.

5. Es gilt $|\lambda| < 1$ für alle Eigenwerte λ von A.

Beweis. Seien x und $\overline{x}$ Lösungen des Systems (4.11). Es gilt

$$\|\overline{x}(t) - x(t)\| = \|A^{t-b}\overline{x}(b) - A^{t-b}x(b)\| \leq \|A^{t-b}\| \cdot \|\overline{x}(b) - x(b)\|$$

für alle $t \in \mathbb{N}(b)$. Ist das System asymptotisch stabil, dann gilt $\|A^{t-b}\| \leq c$ für alle $t \geq b$, da nach Satz 4.2 (3.) $\lim_{t \to \infty} \|x(t)\| = 0$, woraus $\|A^t\| \to 0$ für $t \to \infty$ folgt. Zu $\varepsilon > 0$ wähle dann $\delta = \frac{\varepsilon}{c}$. Also ist das System (4.11) gleichmäßig stabil. Aus $\|A^t\| \to 0$ für $t \to \infty$ folgt außerdem $\|\overline{x}(t) - x(t)\| \to 0$ für $t \to \infty$. Also ist das System (4.11) auch gleichmäßig attraktiv. Somit folgt 3. aus 1., weshalb 1. und 3. äquivalent sind. Die restlichen Äquivalenzen folgen aus Satz 4.2 (3. und 4.) und Satz 4.4 (2.) $\qquad\square$

Korollar 4.7. Für die lineare Differenzengleichung n-ter Ordnung

$$\sum_{i=0}^{n} a_i u(t+i) = b_n \tag{4.14}$$

mit $t \in \mathbb{N}$ und $a_0 a_n \neq 0$ gelten folgende Aussagen.

1. Die Differenzengleichung (4.14) ist genau dann stabil, wenn für alle Wurzeln λ des charakteristischen Polynoms von (4.14) gilt, daß $|\lambda| \leq 1$ ist und $|\lambda| = 1$ nur, falls λ eine einfache Wurzel ist.

2. Die Differenzengleichung (4.14) ist genau dann global asymptotisch stabil, wenn für alle Wurzeln λ des charakteristischen Polynoms von (4.14) gilt, daß $|\lambda| < 1$ ist.

Beweis. In Kapitel 1.3 haben wir gezeigt, daß eine lineare Differenzengleichung der Form (4.14) äquivalent ist zu einem diskreten dynamischen System der Form $x(t + 1) = Ax(t) + b$ mit $x_i(t) = u(t + i - 1)$. Die Eigenwerte von A sind die Wurzeln des charakteristischen Polynoms von (4.14). Ist λ eine Wurzel des charakteristischen Polynoms der Differenzengleichung, so ist nach Lemma 3.12 die geometrische Vielfachheit von λ gleich 1. Da λ genau dann halbeinfach ist, wenn die geometrische Vielfachheit gleich der algebraischen Vielfachheit ist, sind Halbeinfachheit und Einfachheit für λ äquivalent. Die Behauptung folgt damit aus Satz 4.2. $\qquad\square$

Beispiele. 1. Sei $x(t + 1) = Ax(t)$ mit $\mathbb{K} = \mathbb{C}$ und

$$A = \begin{bmatrix} 1 & -5 \\ \frac{1}{4} & -1 \end{bmatrix}.$$

Es gilt für das charakteristische Polynom von A

$$\chi_A(X) = \det(XE - A) = \det \begin{bmatrix} X - 1 & 5 \\ -\frac{1}{4} & X + 1 \end{bmatrix} = X^2 - 1 + \frac{5}{4} = X^2 + \frac{1}{4}.$$

Es ergeben sich die beiden Eigenwerte $\lambda_{1,2} = \pm\frac{i}{2}$ von A, d.h. es gilt $|\lambda_{1,2}| = \frac{1}{2} < 1$. Das System ist also nach Korollar 4.6 asymptotisch stabil und damit sogar exponentiell asymptotisch stabil.

2. Sei $x(t + 1) = Ax(t)$ mit $\mathbb{K} = \mathbb{R}$ und

$$A = \begin{bmatrix} 1 & 1 \\ 0 & 1 \end{bmatrix}.$$

Für das charakteristische Polynom von A gilt $\chi_A(X) = (X - 1)^2$. Also ist $\lambda = 1$ der einzige Eigenwert von A mit algebraischer Vielfachheit 2. Da λ damit nicht halbeinfach ist, ist das System nach Satz 4.4 (1.) nicht stabil. Also muß wenigstens eine Lösung dieses Systems gegen unendlich streben. Das kann auch direkt gezeigt werden, denn es gilt

$$\begin{aligned} x_1(t + 1) &= x_1(t) + x_2(t) \\ x_2(t + 1) &= x_2(t). \end{aligned}$$

Daraus folgt $x_2(t) = x_2(0) = $ konstant, also gilt $x_1(t) = x_1(0) + tx_2(0)$. Daher ist die Lösung mit $x(0) = [r, 0]^T$ beschränkt, aber die Lösung mit $x(0) = [r, s]^T$ ist für $s \neq 0$ unbeschränkt.

3. Sei $x(t+1) = Ax(t)$ mit

$$A = \begin{bmatrix} 1 & 0 \\ 0 & \frac{1}{2} \end{bmatrix}.$$

Offenbar sind $\lambda_1 = 1$ und $\lambda_2 = \frac{1}{2}$ die beiden Eigenwerte von A. Da λ_1 insbesondere halbeinfach ist, ist das System nach Satz 4.4 (1.) stabil, aber nach Satz 4.4 (2.) wegen $|\lambda_1| = 1$ nicht asymptotisch stabil. Also kann mindestens eine Lösung nicht gegen 0 konvergieren. In der Tat, es ist

$$x(t) = A^t x(0) = \begin{bmatrix} 1 & 0 \\ 0 & \left(\frac{1}{2}\right)^t \end{bmatrix} x(0)$$

und daher konvergiert für $x_1(0) \neq 0$ keine Lösung gegen 0. $\diamond$

Für die Stabilität diskreter dynamischer Systeme mit konstanten Koeffizienten ist ausschlaggebend, ob die Eigenwerte der Matrix A innerhalb oder außerhalb des Einheitskreises (Einheitsintervalls) liegen. Nach Satz 4.4 (2.) ist das System asymptotisch stabil, wenn für alle Eigenwerte λ von A gilt $|\lambda| < 1$. Gilt dagegen $|\lambda| > 1$ für alle Eigenwerte λ von A, so ist das System nach Korollar 4.5 nicht nur instabil, sondern es gilt $\|x(t)\| \to \infty$ für $t \to \infty$ für alle Lösungen xT des homogenen Systems $x(t+1) = Ax(t)$ mit $x(a) \neq 0$. Sei nun $\mathbb{K} = \mathbb{R}$ und

$$A = \begin{bmatrix} \lambda_1 & & 0 \\ & \ddots & \\ 0 & & \lambda_n \end{bmatrix} \in \mathbb{R}^{n \times n}$$

mit $|\lambda_i| < 1$ für $1 \leq i \leq k$ und $|\lambda_i| > 1$ für $k+1 \leq i \leq n$. Es gilt, für $a = 0$,

$$x(t) = A^t x(0) = \begin{bmatrix} \lambda_1^t & & 0 \\ & \ddots & \\ 0 & & \lambda_n^t \end{bmatrix} x(0).$$

Daraus folgt

$$\lim_{t \to \infty} x_i(t) = \begin{cases} 0 & , 1 \leq i \leq k \\ \infty & , k+1 \leq i \leq n, \ x_i(0) \neq 0. \end{cases}$$

Also gilt

$$\lim_{t \to \infty} x(t) = [\underbrace{0, \ldots, 0}_{k}, \infty, \ldots, \infty]^T.$$

Sei S das Erzeugnis der Einheitsvektoren $e^1, \ldots, e^k \in \mathbb{R}^n$, d.h. S ist direkte Summe der Eigenräume zu den Eigenwerten λ mit $|\lambda| < 1$ von A, und sei U das Erzeugnis der

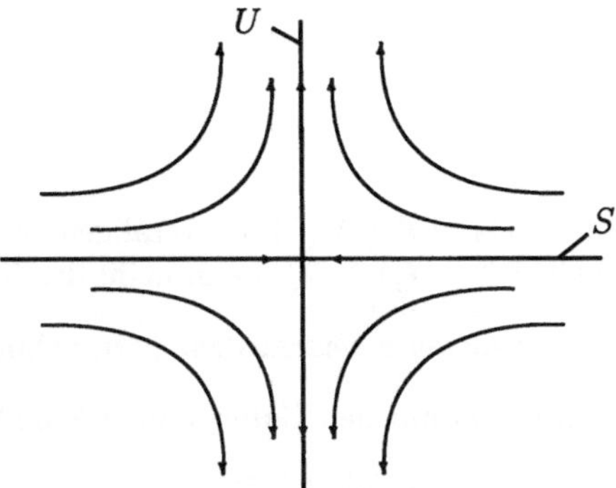

Abb. 4.8   Stabiler und instabiler Unterraum für $x_1(t) = \left(\frac{1}{2}\right)^t x_1(0)$ und $x_2(t) = 2^t x_2(0)$

Einheitsvektoren $e^{k+1}, \ldots, e^n \in \mathbb{R}^n$, d. h. U ist direkte Summe der Eigenräume zu den Eigenwerten λ mit $|\lambda| > 1$ von A. Dann gilt

$$x(0) \in S \implies \lim_{t \to \infty} \|x(t)\| = 0 \tag{4.15}$$

$$x(0) \in U \setminus \{0\} \implies \lim_{t \to \infty} \|x(t)\| = \infty. \tag{4.16}$$

In Abhängigkeit der Eigenwerte λ_i dieser speziellen Matrix A lassen sich also zwei unter A invariante Räume S und U bestimmen mit der Eigenschaft (4.15) bzw. (4.16). Man nennt daher S den *stabilen Unterraum* und U den *instabilen Unterraum* von $\mathbb{R}^n$ bezüglich A.

Beispiel. Für die Matrix

$$A = \begin{bmatrix} \frac{1}{2} & 0 \\ 0 & 2 \end{bmatrix}$$

ist $S = \mathbb{R}e^1$ und $U = \mathbb{R}e^2$ (vgl. Abb. 4.8) Für einen beliebigen Startpunkt $x(0)$ gilt $x(0) = x_1(0)e^1 + x_2(0)e^2$, sowie $x_1(t) = \left(\frac{1}{2}\right)^t x_1(0)$ und $x_2(t) = 2^t x_2(0)$. Daraus folgt $x_1(t)x_2(t) = x_1(0)x_2(0) = $ konstant für alle $t \in \mathbb{N}$. Also sind die Bahnen $\{x(0), x(1), x(2), \ldots\}$ für $x_1(0) \cdot x_2(0) \neq 0$ Hyperbeln in $\mathbb{R}^2$. Man nennt homogene Systeme $x(t+1) = Ax(t)$ daher auch *hyperbolisch*, wenn für die Eigenwerte λ von A stets $|\lambda| \neq 1$ gilt. $\Diamond$

Diese Überlegungen wollen wir nun verallgemeinern.

Definition 14. Für das homogene diskrete dynamische System

$$x(t + 1) = Ax(t) \tag{4.17}$$

mit $t \in \mathbb{N}(a)$, $x(t) \in \mathbb{K}^n$ und $A \in \mathbb{K}^{n \times n}$ heißt

$$S := \bigoplus_{|\lambda| < 1} V(\lambda)$$

stabiler Unterraum und

$$U := \bigoplus_{|\lambda|>1} V(\lambda)$$

instabiler Unterraum von (4.17), wobei $V(\lambda)$ der verallgemeinerte Eigenraum zu einem Eigenwert λ von A ist. Falls $\mathbb{K}^n = \bigoplus_{|\lambda|\neq 1} V(\lambda)$, dann heißt das System *hyperbolisch*. (Alle direkten Summen sind über paarweise verschiedene λ zu nehmen.)

Satz 4.8. Für das System (4.17) mit den Unterräumen S und U gilt

   1. Aus $x(a) \in S$ folgt $x(t) \in S$ für alle $t \in \mathbb{N}(a)$ und $\lim_{t\to\infty} \|x(t)\| = 0$;

   2. Aus $x(a) \in U$, $x(a) \neq 0$ folgt $x(t) \in U$ für alle $t \in \mathbb{N}(a)$ und $\lim_{t\to\infty} \|x(t)\| = \infty$.

Beweis. Ist λ ein Eigenwert von A mit algebraischer Vielfachheit m, dann gilt $V(\lambda) = \{x \in \mathbb{K}^n \,|\, (A - \lambda E_n)^m x = 0\}$. Der verallgemeinerte Eigenraum $V(\lambda)$ ist invariant unter A, denn aus $x \in V(\lambda)$ folgt $(A - \lambda E_n)^m (A - \lambda E_n)x = 0$, d. h. $(A - \lambda E_n)^m Ax - \lambda 0 = 0$. Daher gilt $Ax \in V(\lambda)$. Damit sind auch S und U invariant unter A und es gilt für alle $t \in \mathbb{N}(a)$ jedenfalls $x(t) \in S$, falls $x(a) \in S$, und $x(t) \in U$, falls $x(a) \in U$. Die Aktion von A auf $\mathbb{K}^n$ wird durch eine Jordansche Normalform $B = TAT^{-1}$ von A beschrieben, wobei T einen Basiswechsel von der Standardbasis in $\mathbb{K}^n$ in eine Jordanbasis angibt. Da $\mathbb{K}^n = \bigoplus_\lambda V(\lambda)$, so können wir A auch durch die Restriktion $A|_{V(\lambda)}$ auf die Unterräume $V(\lambda)$ beschreiben. Sei $B(\lambda)$ die Untermatrix von B, die alle Jordan-Blöcke zu λ enthält. Es gilt

$$B(\lambda) = T_\lambda \circ A|_{V(\lambda)} \circ T_\lambda^{-1},$$

wobei T_λ den Basiswechsel in $V(\lambda)$ beschreibt, d. h. $T_\lambda(v)$ gibt die Koordinaten von $v \in V(\lambda)$ bzgl. des Teils der Jordanbasis in $V(\lambda)$.

1. Aus $|\lambda| < 1$ folgt nach Satz 4.4 (2.) $\lim_{t\to\infty} \|B(\lambda)^t u\| = 0$ für alle $u \in \mathbb{K}^m$, d. h. das zu $B(\lambda)$ gehörende System ist asymptotisch stabil. Wegen $A|_{V(\lambda)} = T_\lambda^{-1} \circ B(\lambda) \circ T_\lambda$ gilt

$$A^t|_{V(\lambda)} = \left(T_\lambda^{-1} \circ B(\lambda) \circ T_\lambda\right)^t = T_\lambda^{-1} \circ B(\lambda)^t \circ T_\lambda.$$

Also gilt $\lim_{t\to\infty} \|A^t v\| = 0$ für alle $v \in V(\lambda)$ und alle λ mit $|\lambda| < 1$. Daraus folgt

$$\lim_{t\to\infty} \|x(t)\| = \lim_{t\to\infty} \|A^t x(0)\| = 0$$

für alle $x(0) \in S = \bigoplus_{|\lambda|<1} V(\lambda)$.

2. Aus $|\lambda| > 1$ folgt nach Korollar 4.5 $\lim_{t\to\infty} \|B(\lambda)^t u\| = \infty$ für alle $u \in \mathbb{K}^m\backslash\{0\}$. Somit gilt $\lim_{t\to\infty} \|A^t v\| = \infty$ für $v \in V(\lambda)\backslash\{0\}$ und daher $\lim_{t\to\infty} \|A^t v\| = \infty$ für $v \in U\backslash\{0\}$.

$$\square$$

Für ein hyperbolisches lineares System gilt $\mathbb{K}^n = S \oplus U$ und das System ist dynamisch durch Satz 4.8 beschrieben. Ein zweidimensionales Beispiel haben wir bereits oben betrachtet (vgl. Abb. 4.8). Ein weiteres Beispiel ist das folgende.

Beispiel. Sei $x(t+1) = Ax(t)$ mit $t \in \mathbb{N}$, $x(t) \in \mathbb{R}^3$ für alle $t \in \mathbb{N}$ und

$$A = \begin{bmatrix} \frac{1}{2} & 0 & 0 \\ 1 & \frac{1}{2} & 0 \\ 0 & 1 & 2 \end{bmatrix}.$$

Das charakteristische Polynom von A lautet $\chi_A(X) = \det(XE_3 - A) = (X - \frac{1}{2})^2(X - 2)$. Daraus folgen die beiden Eigenwerte $\lambda_1 = \frac{1}{2}$ mit algebraischer Vielfachheit $m_1 = 2$ und $\lambda_2 = 2$ mit $m_2 = 1$. Also ist das System hyperbolisch. Es gilt $S = V(\lambda_1) = \{x \in \mathbb{R}^3 \mid (A - \frac{1}{2}E_3)^2 x = 0\}$. Wegen

$$\left(A - \frac{1}{2}E_3\right)^2 = \begin{bmatrix} 0 & 0 & 0 \\ 1 & 0 & 0 \\ 0 & 1 & \frac{3}{2} \end{bmatrix}^2 = \begin{bmatrix} 0 & 0 & 0 \\ 0 & 0 & 0 \\ 1 & \frac{3}{2} & \frac{9}{4} \end{bmatrix}$$

gilt $(A - \frac{1}{2}E_3)^2 x = 0$ genau dann, wenn $x_1 + \frac{3}{2}x_2 + \frac{9}{4}x_3 = 0$ bzw. $4x_1 + 6x_2 + 9x_3 = 0$. Somit ist $S = \{x \in \mathbb{R}^3 \mid 4x_1 + 6x_2 + 9x_3 = 0\}$. Weiter gilt $U = V(\lambda_2) = \{x \in \mathbb{R}^3 \mid (A - 2E_3)x = 0\}$, d. h. es gilt $x \in U$ genau dann, wenn

$$(A - 2E_3)x = \begin{bmatrix} -\frac{3}{2} & 0 & 0 \\ 1 & -\frac{3}{2} & 0 \\ 0 & 1 & 0 \end{bmatrix} x = 0.$$

Damit erhält man $U = \{x \in \mathbb{R}^3 \mid x_1 - x_2 = 0\}$ (vgl. Abb. 4.9). Für die Dimension des Eigenraumes von λ_1 gilt $\dim E(\lambda_1) = \dim \mathbb{R}^3 - \operatorname{Rang}(A - \frac{1}{2}E_3) = 3 - 2 = 1$, was die geometrische Vielfachheit des Eigenwertes λ_1 angibt. Also lautet die Jordansche Normalform B von A

$$B = \begin{bmatrix} \frac{1}{2} & 1 & 0 \\ 0 & \frac{1}{2} & 0 \\ 0 & 0 & 2 \end{bmatrix}.$$

Daraus folgt $B(\frac{1}{2}) = \begin{bmatrix} 1/2 & 1 \\ 0 & 1/2 \end{bmatrix}$ und $B(2) = [2]$. Eine Jordanbasis kann man folgendermaßen erhalten: Der Raum aller x mit $(A - \frac{1}{2}E_3)x = 0$ wird erzeugt von $d_1 = [0, 9, -6]^T$. Die Gleichung $(A - \frac{1}{2}E_3)d_2 = d_1$ hat als Lösung $d_2 = [9, 0, -4]^T$. Der Raum aller x mit $(A - 2E_3)x = 0$ wird erzeugt von $d_3 = [0, 0, 1]^T$. Also ist (d_1, d_2, d_3) eine Jordanbasis für A. Die Spalten von T^{-1} werden gegeben durch die Koordinaten der Jordanbasis bzgl. der Standardbasis, also

$$T^{-1} = \begin{bmatrix} 0 & 9 & 0 \\ 9 & 0 & 0 \\ -6 & -4 & 1 \end{bmatrix} \qquad \text{und} \qquad T = \begin{bmatrix} 0 & \frac{1}{9} & 0 \\ \frac{1}{9} & 0 & 0 \\ \frac{4}{9} & \frac{2}{3} & 1 \end{bmatrix}.$$

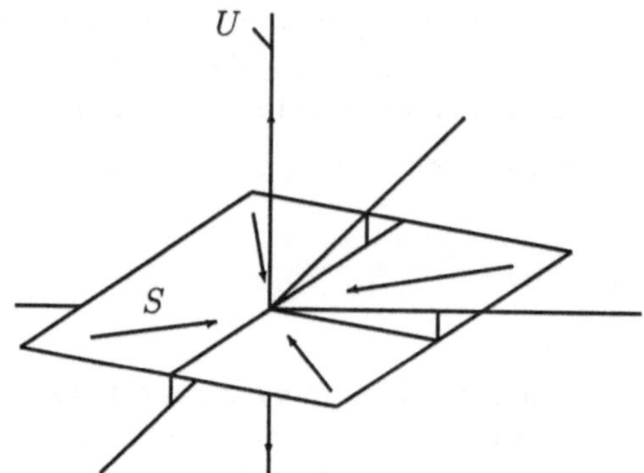

Abb. 4.9   Stabiler und instabiler Unterraum in einem dreidimensionalen Beispiel

Da $d_1, d_2 \in V(\frac{1}{2})$, $d_3 \notin V(\frac{1}{2})$, so ist für $v \in V(\frac{1}{2})$ der Vektor $T_{\frac{1}{2}}(v)$ durch die Koordinaten von v bzgl. d_1 und d_2 gegeben, also $T_{\frac{1}{2}}(v) = [\frac{1}{9}v_2, \frac{1}{9}v_1]^T$ und $T_{\frac{1}{2}}^{-1}(u) = [9u_2, 9u_1]^T$. Es ist

$$B\left(\frac{1}{2}\right) = \begin{bmatrix} \frac{1}{2} & 1 \\ 0 & \frac{1}{2} \end{bmatrix} = \begin{bmatrix} 0 & \frac{1}{9} \\ \frac{1}{9} & 0 \end{bmatrix} \cdot \begin{bmatrix} \frac{1}{2} & 1 \\ 0 & \frac{1}{2} \end{bmatrix} \cdot \begin{bmatrix} 0 & 9 \\ 9 & 0 \end{bmatrix} = T_{\frac{1}{2}} \cdot A|_{V(\frac{1}{2})} \cdot T_{\frac{1}{2}}^{-1}.$$

Legt man in S die Basis (d_1, d_2) zugrunde, so wirkt A auf $S = V(\frac{1}{2})$ wie $B(\frac{1}{2})$ und $\|A^t x\| \to 0$ für $t \to \infty$ und $x \in S$. Legt man in U die Basis d_3 zugrunde, so wirkt A auf $U = V(2)$ wie $B(2) = 2$ und $\|A^t x\| \to \infty$ für $t \to \infty$ und $0 \neq x \in U$ (Abb. 4.9). $\diamond$

Referenzen

- Bei der Stabilität linearer Systeme handelt es sich um einen klassischen Gegenstand. Siehe z. B. [1, 10, 19, 23, 28], wo sich auch weitere Aussagen für den Fall zeitabhängiger Koeffizienten finden.

Aufgaben

1. Prüfen Sie das diskrete dynamische System $x(t + 1) = A(t)x(t) + b(t)$, $t \in \mathbb{N}$ auf Stabilität, wobei $A(t)$ wie folgt gegeben ist.

(a) $\begin{bmatrix} 0 & 1 \\ 1 & -\frac{2}{t+2} \end{bmatrix}$ (b) $\begin{bmatrix} 0 & \frac{2+(-1)^t}{2} \\ \frac{2+(-1)^t}{2} & 0 \end{bmatrix}$

(c) $\begin{bmatrix} \frac{1}{4} & \frac{1}{4} & \frac{1}{t+1} \\ 0 & -\frac{2}{t+2} & 0 \\ 0 & \frac{1}{2}\cos t & \frac{1}{2}\sin t \end{bmatrix}$ (d) $\begin{bmatrix} \frac{1}{t+1} & 0 & 0 \\ -\frac{t}{t+1} & 1 & 0 \\ 0 & 0 & 1 \end{bmatrix}$

2. Prüfen Sie die folgenden Differenzengleichungen für $t \in \mathbb{N}$ auf Stabilität.

   (a) $u(t+1) - \frac{2}{t+2}u(t) = t2^t$;

   (b) $u(t+1) + 3^t u(t) = t\cos\frac{t\pi}{2}$.

   (c) $u(t+2) - \frac{2}{t+1}u(t+1) - u(t) = t^2$;

   (d) $\left(E - \frac{t}{t+1}\right)(E+1)u(t) = 5t$ (E bezeichnet den Shift-Operator!).

3. Für welche jeweiligen Werte von α sind die folgenden Differenzengleichungen stabil?

   (a) $u(t+2) + \frac{\alpha}{\alpha+1}u(t+1) - 12u(t) = t2^t, \quad t \in \mathbb{N}$;

   (b) $u(t+2) - 5u(t+1) + \alpha u(t) = \alpha^t - t^2, \quad t \in \mathbb{N}$.

4. Beweisen Sie Korollar 4.3.

5. Ermitteln Sie die Periode der folgenden Matrizen $A(t)$ und bestimmen Sie das Stabilitätsverhalten des Systems $x(t+1) = A(t)x(t)$ mit $t \in \mathbb{N}$.

   (a) $A(t) = \begin{bmatrix} 0 & \frac{2-(-1)^t}{2} \\ \frac{2+(-1)^t}{2} & 0 \end{bmatrix}$

   (b) $A(t) = \begin{bmatrix} \cos\left(\frac{\pi t}{2} + \frac{\pi}{4}\right) & \frac{1}{2}(-1)^{t+1} \\ (-1)^t & \sin\left(\frac{\pi t}{2}\right) \end{bmatrix}$

   (c) $A(2t+1) = \begin{bmatrix} \frac{1}{4} & \frac{1}{4} & \frac{2-(-1)^t}{2} \\ 0 & \frac{2+(-1)^t}{2} & 0 \\ 0 & \frac{1}{2}0 & \frac{1}{2}\cos(\pi t) \end{bmatrix}$

$$A(2t) = \begin{bmatrix} 1 & 0 & 0 \\ \frac{1}{2} & 1 & 0 \\ 0 & \cos(\pi t) + \sin(\pi t) & \cos\left(\frac{\pi t}{4}\right) + \sin\left(\frac{\pi t}{4}\right) \end{bmatrix}$$

6. Prüfen Sie das diskrete dynamische System $x(t+1) = Ax(t) + b$, $t \in \mathbb{N}$ auf Stabilität, wenn die Koeffizientenmatrix A wie folgt gegeben ist.

   (a) $\frac{1}{4} \cdot \begin{bmatrix} 4 & 0 & 0 \\ 1 & 2 & 1 \\ 2 & -4 & 6 \end{bmatrix}$ (b) $\frac{1}{3} \cdot \begin{bmatrix} 3 & 2 & 1 \\ -1 & 3 & 2 \\ 1 & -3 & -2 \end{bmatrix}$

   (c) $\begin{bmatrix} \frac{1}{6} & \frac{1}{3} & \frac{3}{6} \\ -\frac{2}{3} & \frac{5}{6} & 1 \\ \frac{1}{3} & 0 & \frac{1}{6} \end{bmatrix}$ (d) $\begin{bmatrix} \frac{1}{4} & -\frac{1}{2} & \frac{3}{4} \\ \frac{2}{4} & \frac{1}{4} & -\frac{1}{4} \\ \frac{2}{4} & 0 & \frac{1}{4} \end{bmatrix}$

   (e) $\begin{bmatrix} \frac{3}{4} & \frac{1}{4} & \frac{1}{4} \\ \frac{1}{4} & \frac{5}{4} & -\frac{1}{4} \\ 0 & \frac{1}{2} & 1 \end{bmatrix}$ (f) $\frac{1}{3} \cdot \begin{bmatrix} 3 & 2 & 3 \\ \frac{-1}{2} & 1 & 0 \\ 0 & 0 & 2 \end{bmatrix}$

7. Im linearen Cobweb-Modell aus Kapitel 3.3 wurde unter anderem folgende Preissetzungsdynamik betrachtet (vgl. Gleichung (3.32), S.103)

$$p_{n+2} = -\frac{b}{a}(1+\rho)p_{n+1} + \frac{b}{a}\rho p_n + \frac{d_0 - s_0}{a}. \tag{4.18}$$

Die Bestimmung der Lösung von (4.18) gestaltete sich als aufwendig und damit insbesondere auch eine Stabilitätsanalyse. Untersuchen Sie nun das Stabilitätsverhalten der Differenzengleichung (4.18) mit Hilfe der Sätze dieses Kapitels, ohne die Lösung von (4.18) zu berechnen.

8. Im erweiterten Produktionspreismodell von Sraffa, das wir in Kapitel 3.3 betrachtet haben (vgl. S.109ff), setzen Unternehmer in einer mehrsektoralen Produktionswirtschaft den Preis ihres Gutes fest als Summe aus Material- und Lohnkosten pro produzierte Einheit. Daraus resultierte folgende Preissetzungsdynamik (vgl. Gleichung (3.38) auf S.110)

$$p(t+1) = (1+r) \cdot Tp(t) + wl \tag{4.19}$$

mit $T = (\tau_{ij}) \in \mathbb{R}_+^{n \times n}$, $l = [l_1, \ldots, l_n]^T$ und $t \in \mathbb{N}$, wobei $r \geq 0$ die Profitrate, $w > 0$ den Lohnsatz, $l_i > 0$ den Arbeitseinsatz und $\tau_{ij} \geq 0$ den Materialeinsatz von Gut j zur Produktion einer Einheit des Gutes $1 \leq i \leq n$ bezeichnet. Die zentrale Frage in diesem Modell lautet: Unter welchen Bedingungen für das Preissystem (4.19) existiert ein Gleichgewichtspreis $p^* > 0$, dem sich die Preise $p(t)$ unabhängig von ihrem Anfangswert langfristig annähern?

   (a) Geben Sie an, unter welchen Bedingungen das System (4.19) global asymptotisch stabil ist.

   (b) Wie groß ist die maximale Profitrate R, für die dieses Verhalten noch gilt?

9. Zeigen Sie, daß die Nullösung der homogenen Differenzengleichung

$$u(t+3) + a_2 u(t+2) + a_1 u(t+1) + a_0 u(t) = 0$$

genau dann asymptotisch stabil ist, wenn $|a_0 + a_2| < 1 + a_1$ und $|a_1 - a_0 a_2| < 1 - a_0^2$ ist.

10.* Zeigen Sie, daß die Nullösung der homogenen Differenzengleichung

$$u(t+4) + a_3 u(t+3) + a_2 u(t+2) + a_1 u(t+1) + a_0 u(t) = 0$$

genau dann asymptotisch stabil ist, wenn folgende Bedingungen erfüllt sind:

$$|a_0| < 1;$$
$$|a_1 + a_3| < 1 + a_2 + a_0;$$
$$|a_2(1-a_0) + a_0(1-a_0^2) + a_3(a_0 a_3 - a_1)| < a_0 a_2(1-a_0)$$
$$+ (1-a_0^2) + a_1(a_0 a_3 - a_1).$$

11. Bestimmen Sie den stabilen Unterraum S und den instabilen Unterraum U der homogenen diskreten dynamischen Systeme $x(t+1) = Ax(t)$ mit $t \in \mathbb{N}$ und

$$\text{(a)} \quad A = \begin{bmatrix} 0 & 1 \\ \frac{2}{3} & -\frac{5}{3} \end{bmatrix}$$

$$\text{(b)} \quad A = \begin{bmatrix} \frac{1}{10} & 1 & 0 \\ 0 & \frac{1}{10} & 1 \\ 0 & 0 & 2 \end{bmatrix}$$

$$\text{(c)} \quad A = \begin{bmatrix} 0 & 1 & 0 \\ 0 & 0 & 1 \\ \frac{1}{4} & \frac{3}{4} & 0 \end{bmatrix}$$

5 Nichtlineare diskrete dynamische Systeme und Differenzengleichungen

Bei der Untersuchung nichtlinearer diskreter dynamischer Systeme und Differenzengleichungen ist es in der Regel nicht möglich, eine explizite Darstellung aller Lösungen des Systems zu finden. In vielen Anwendungen spielt die genaue Gestalt der Lösung selbst auch nur eine untergeordnete Rolle. Lösungen können sehr schnell mit Hilfe von Computersimulationen aus der rekursiven Darstellung erzeugt werden.

Mit Ausnahme weniger Anwendungen, wie beispielsweise der Dynamik von Aktienkursen, bei der offensichtlich der Wert der Lösung zum nächsten Zeitpunkt von zentraler Bedeutung ist, ist für nichtlineare Systeme hauptsächlich das Langzeitverhalten von Lösungen bedeutsam, wie wir es für lineare Systeme bereits im vierten Kapitel diskutiert haben. Ein wesentlicher Unterschied zum Verhalten von linearen Systemen besteht jedoch darin, daß das Stabilitätsverhalten von Lösungen im allgemeinen nur eine lokale Eigenschaft ist. Anders als im Beispiel sogenannter Populationsmodelle in Abschnitt 5.1, ist der Nachweis global stabiler Lösungen bereits in eindimensionalen diskreten dynamischen Systemen in vielen Fällen schwierig. Insbesondere gibt es dazu keine allgemeine Theorie. Der Nachweis lokal stabiler Lösungen kann bei nichtlinearen Differenzengleichungen zum Teil mit Hilfe der linearen Stabilitätstheorie durch Variablentransformation oder durch lineare Approximation erreicht werden. In den beiden Abschnitten 5.2 und 5.3 werden diese und andere, allgemeine Stabilitätskriterien vorgestellt.

Daneben tritt bei nichtlinearen Systemen das Phänomen auf, daß sich instabile Lösungen trotz einer beliebig kleinen Differenz in den Anfangswerten völlig unterschiedlich verhalten und stark irregulär verlaufen können (vgl. auch Kapitel 1.1). Dieses Lösungsverhalten wird chaotisches Verhalten genannt und ist Gegenstand zahlreicher Publikationen (z. B. [8, 9, 11, 22, 26, 27, 29, 31, 32]). Abschnitt 5.4 soll einen kleinen Überblick über dieses Gebiet geben und gegenüber der Stabilitätstheorie abgrenzen.

Wir beschränken uns im folgenden auf die autonomen diskreten dynamischen Systeme

$$x(t+1) = Tx(t) \tag{5.1}$$

mit Startpunkt $x(a) \in M$ und $T : M \to M$, wobei $M \subset \mathbb{K}^n$. Dabei sei wieder $\mathbb{K} \in \{\mathbb{R}, \mathbb{C}\}$ und $\| \cdot \|$ eine Norm auf $\mathbb{K}^n$. Da Stabilitätseigenschaften von Lösungen $x : t \mapsto x(t)$

von (5.1) im allgemeinen nur lokale Eigenschaften sind, konzentriert man sich auf die Untersuchung von Gleichgewichtslösungen und periodischen Lösungen von (5.1).

Definition 15. 1. Ein Punkt $\overline{x} \in \mathbb{K}^n$ heißt *periodischer Punkt* von T, wenn es ein $p \in \mathbb{N}$ gibt mit $T^p \overline{x} = \overline{x}$. Das kleinste p mit dieser Eigenschaft heißt *Periode* von $\overline{x}$. Ein periodischer Punkt $\overline{x} \in \mathbb{K}^n$ heißt *p-periodischer Punkt* von T, wenn p seine Periode ist. Im Fall $p = 1$ heißt $\overline{x}$ *Fixpunkt* von T.

2. Eine Lösung x von (5.1) heißt *Gleichgewicht(slösung)*, wenn $x(t) = x^*$ für alle $t \in \mathbb{N}(a)$ und x^* ein Fixpunkt von T ist. Eine Lösung x heißt *p-periodische Lösung*, wenn $x(a) = \overline{x}$ und $\overline{x}$ ein p-periodischer Punkt von T ist. Wenn nicht anders erwähnt, bezeichnet x^* immer ein Gleichgewicht von (5.1).

Ein Fixpunkt ist also ein periodischer Punkt, aber kein p-periodischer Punkt mit $p > 1$; ein 2-periodischer Punkt ist kein 4-periodischer Punkt usw. Für eine p-periodische Lösung gilt insbesondere

$$x(t + p) = T^{t-a}(T^p(x(a))) = T^{t-a}x^* = T^{t-a}(x(a)) = x(t) \text{ für alle } t \in \mathbb{N}(a),$$

d. h. nur die Punkte $x(a), \ldots, x(a + p - 1)$ sind zu ermitteln. Ein Gleichgewicht x^* ist stabil gemäß Definition 12, wenn es zu jedem $\varepsilon > 0$ ein $\delta = \delta(\varepsilon, a) > 0$ gibt, so daß gilt

$$x_0 \in B(x^*, \delta) \implies T^t x_0 \in B(x^*, \varepsilon) \text{ für alle } t \in \mathbb{N}(a),$$

wobei $B(x^*, r) := \{x \in \mathbb{K}^n \mid \|x - x^*\| < r\}$. Das Gleichgewicht x^* ist asymptotisch stabil, wenn es stabil und attraktiv ist; letztere Eigenschaft besagt, daß es ein $\delta' = \delta'(a) > 0$ gibt, so daß $\lim_{t \to \infty} T^t x_0 = x^*$ gilt für alle $x_0 \in B(x^*, \delta')$. Die nächsten drei Abschnitte geben Kriterien an, unter denen ein Gleichgewicht von (5.1) stabil bzw. asymptotisch stabil ist.

5.1 Nichtlineare Differenzengleichungen

Ein Spezialfall des diskreten dynamischen Systems (5.1) ist eine autonome Differenzengleichung n-ter Ordnung in Normalgestalt

$$u(t + n) = f(u(t), u(t + 1), \ldots, u(t + n - 1)), \tag{5.2}$$

mit $t \in \mathbb{N}(a)$, $f : D \to \mathbb{K}$ und $u(t) \in D \subset \mathbb{K}^n$ für alle $t \in \mathbb{N}(a)$ (vgl. auch Kapitel 1.2). In diesem Fall wird in (5.1) $x(t) = [u(t), \ldots, u(t + n - 1)]^T$ gesetzt und die Abb. T durch $Tx = [x_2, \ldots, x_n, f(x)]^T$ definiert, wobei wir in diesem Abschnitt vereinfachend immer $n = 1$ annehmen werden. Ein möglicher Ansatz, über die Stabilität eines Gleichgewichts von (5.2) Aussagen machen zu können, besteht darin, Gleichung (5.2) im Gleichgewicht durch eine lineare Differenzengleichung zu approximieren. Da wir über eine Stabilitätstheorie linearer Differenzengleichungen verfügen, sind dann jedenfalls Aussagen über lokale Stabilitätseigenschaften des möglich.

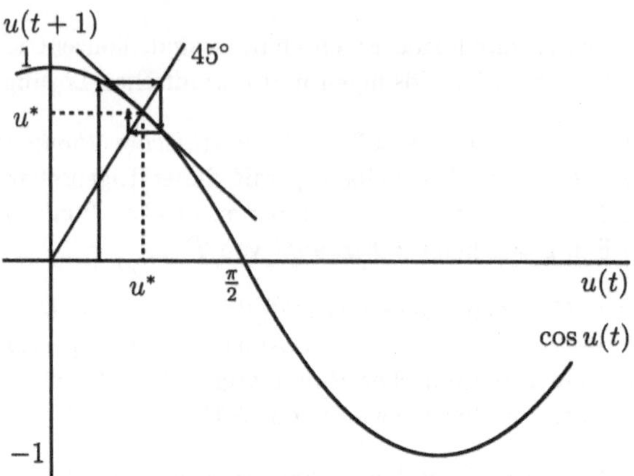

Abb. 5.1   Stabiles Gleichgewicht von $u(t + 1) = \cos u(t)$

Beispiel. Sei $u(t + 1) = \cos u(t)$, mit $t \in \mathbb{N}$. In $\mathbb{R}$ ist $\cos u^* = u^*$ eindeutig lösbar. Es erscheint einleuchtend (vgl. Abb. 5.1), daß man durch Approximation von cos im Punkt u^* durch die Tangente folgendes Stabilitätskriterium erhält. Das Gleichgewicht u^* ist genau dann asymptotisch stabil, wenn die Steigung der Tangente (absolut) kleiner als eins ist. Die Steigung der Tangente im Gleichgewicht ist gegeben durch $-\sin u^*$. Für das Gleichgewicht findet man $u^* \approx 0.739$. Wegen $|\sin u^*| \approx 0.674 < 1$ ist u^* asymptotisch stabil. $\diamond$

Der folgende Satz zeigt, daß das Vorgehen in diesem Beispiel gerechtfertigt ist.

Satz 5.1. Sei $u(t + 1) = f(u(t))$ eine Differenzengleichung erster Ordnung mit einer Abb. $f : D \to D$, die stetig differenzierbar auf der offenen Teilmenge $D \subset \mathbb{R}$ ist. Ist u^* ein Gleichgewicht der Differenzengleichung, dann ist u^*

1. asymptotisch stabil, wenn $|f'(u^*)| < 1$ gilt und

2. instabil, wenn $|f'(u^*)| > 1$ gilt.

Beweis. 1. Da f stetig differenzierbar ist, existiert ein $\varepsilon > 0$ und ein $0 < c < 1$ mit $|f'(u)| \leq c$ für alle $u \in I :=]-\varepsilon + u^*, \varepsilon + u^*[$. Nach dem Mittelwertsatz gilt außerdem

$$f(u) - f(v) = f'(\xi)(u - v)$$

für $u, v \in I$ mit $u < \xi < v$. Damit gilt $|f(u) - f(v)| \leq c|u - v|$. Speziell für $v = u^*$ erhält man daher

$$|f(u) - f(u^*)| \leq c|u - u^*| < \varepsilon$$

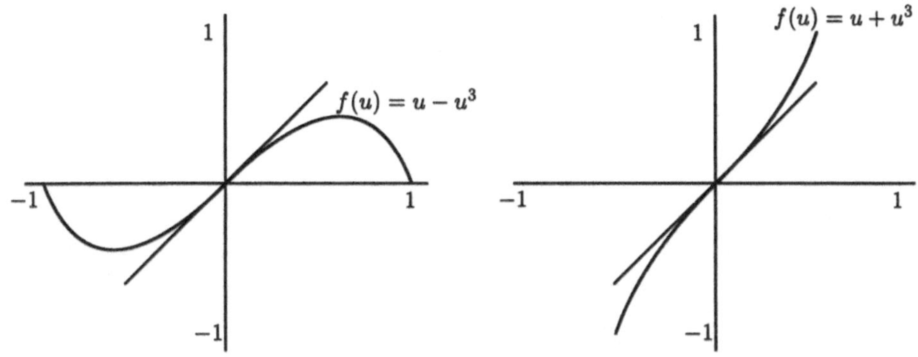

Abb. 5.2 Stabile und instabile Nullösung mit $f'(0) = 1$

für $u \in I$. Also gilt $f(u) \in I$, d.h. $f(I) \subset I$ und somit auch $f^k(I) \subset I$ für alle $k \geq 1$. Daraus folgt

$$|f^k(u) - u^*| = |f(f^{k-1}(u)) - f(u^*)| \leq c|f^{k-1}(u) - u^*| \leq \ldots \leq c^k|u - u^*|$$

für alle $u \in I$ und alle $k \geq 1$. Wegen $|f^k(u) - u^*| \leq c^k|u - u^*|$ für alle $u \in I$ ist u^* stabil und wegen $c < 1$ gilt $\lim_{k \to \infty} |f^k(u) - u^*| = 0$ für alle $u \in I$. Also ist u^* auch attraktiv.

2. Da f stetig differenzierbar ist, existiert ein $\varepsilon > 0$ und ein $d > 1$ mit $|f'(u)| \geq d$ für alle $u \in I :=]-\varepsilon + u^*, \varepsilon + u^*[$. Mit dem Mittelwertsatz gilt dann

$$|f(u) - f(v)| \geq d|u - v|$$

für alle $u, v \in I$. Speziell für $v = u^*$ erhält man

$$|f(u) - f(u^*)| \geq d|u - u^*|.$$

Wir nehmen an, es gäbe ein $u \in I$ mit $u \neq u^*$ und $f^k(u) \in I$ für alle $k \geq 1$. Dann gilt

$$|f^k(u) - u^*| = |f(f^{k-1}(u)) - f(u^*)| \geq d|f^{k-1}(u) - u^*| \geq \ldots \geq d^k|u - u^*|$$

für alle $k \geq 1$. Daraus folgt aber $\lim_{k \to \infty} |f^k(u) - u^*| = \infty$, was ein Widerspruch zur Annahme $|f^k(u) - u^*| < \varepsilon$ für alle $k \geq 1$ steht. Also bleibt für kein $u \in I$ mit $u \neq u^*$ die Bahn $\{u, f(u), f^2(u), \ldots\}$ ganz in I, d.h. u^* ist instabil.

$\square$

Bemerkungen. 1. Die Umkehrungen in Satz 5.1 gelten im allgemeinen nicht, wie folgende Beispiele zeigen.

(a) Für $f(u) = u - u^3$ ist $f(u^*) = u^*$ äquivalent mit $u^* = 0$. Obwohl u^* asymptotisch stabil ist (wie man z.B. durch graphische Iteration verifizieren kann, vgl. Abb. 5.2), gilt $f'(u^*) = 1 - 3(u^*)^2 = 1$.

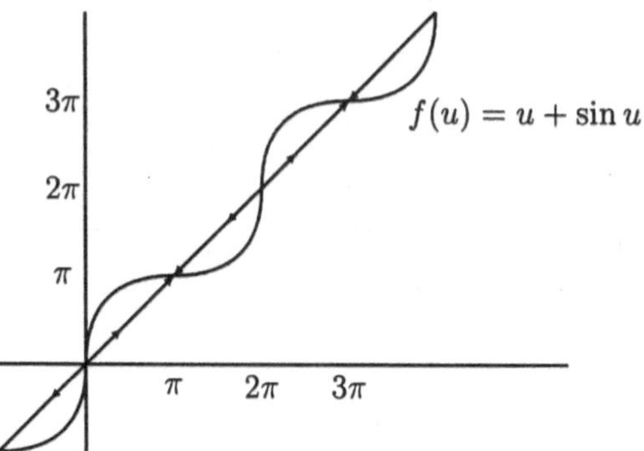

Abb. 5.3   Stabile und instabile Gleichgewichte von $u(t+1) = u(t) + \sin u(t)$

(b) Für $f(u) = u + u^3$ ist $f(u^*) = u^*$ äquivalent mit $u^* = 0$. Obwohl u^* hier instabil ist, gilt $f'(u^*) = 1 + 3(u^*)^2 = 1$ (vgl. Abb. 5.2).

2. Ist $|f'(u^*)| = 1$, wie etwa in den beiden obigen Beispielen, so muß man zur Beurteilung des Stabilitätsverhaltens eine bessere Approximation als die erste Ableitung von f vornehmen, d. h. höhere Ableitungen von f im Punkt u^* berücksichtigen. Beispielsweise ist u^* stabil, falls $f'(u^*) = 1$, $f''(u^*) = 0$ und $f'''(u^*) < 0$ (vgl. Aufgabe 2). Oft ist es nützlich, die sogenannte *Schwarz-Ableitung*

$$S_f(u) := \frac{f'''(u)}{f'(u)} - \frac{3}{2}\left(\frac{f''(u)}{f'(u)}\right)^2$$

für die Stabilitätsanalyse heranzuziehen.

3. Die Aussagen in Satz 5.1 sind nur lokaler Natur. Folgendes Beispiel zeigt, daß man in Aussage 1 des Satzes keine globale asymptotische Stabilität erwarten kann. Sei $f(u) = u + \sin u$, $D = \mathbb{R}$. Die Gleichgewichte von f sind gegeben durch $u^* = k\pi$ für $k \in \mathbb{Z}$. Ist k ungerade, so ist das Gleichgewicht asymptotisch stabil, ist k gerade, so ist das Gleichgewicht instabil (vgl. Abb. 5.3). Keines der Gleichgewichte ist global asymptotisch stabil.

Von Differenzengleichungen wissen wir bereits aus Kapitel 1.2, daß eine Differenzengleichung n-ter Ordnung nicht immer in Normalgestalt (5.2) gegeben ist. Im allgemeinen ist statt der Funktion f in (5.2) nur eine Funktion g mit

$$g(u(t), u(t+1), \ldots, u(t+n)) = 0 \tag{5.3}$$

bekannt. Daher kann man in diesem Fall auch nicht die Ableitung von g im Gleichgewicht zu Hilfe ziehen. Insbesondere ist Satz 5.1 nicht anwendbar. Trotzdem ist es in einigen Fällen möglich, eine Differenzengleichung der Form (5.3) auf eine lineare Differenzengleichung in Normalgestalt (5.2) zu reduzieren, z. B. durch eine geeignete Transformation oder Zerlegung von (5.3). Wir diskutieren hierzu nur einige Beispiele von (5.3) für den Fall $n = 1$. Dabei heißt eine Lösung $u \mapsto u(t)$ von (5.3) p-periodisch, wenn $u(t+p) = u(t)$ gilt für alle $t \in \mathbb{N}$ und p minimal ist. Eine 1-periodische Lösung heißt Gleichgewicht. Die Stabilitätsbegriffe aus Kapitel 4.1 lassen sich auch auf (5.3) anwenden, ohne daß eine Auflösung nach $u(t + n)$ nötig ist.

Beispiele. 1. Linearisierung durch Transformation. Sei (5.3) gegeben durch

$$u(t + 1)u(t) + 2u(t) + u(t + 1) = 0, \quad t \in \mathbb{N}. \tag{5.4}$$

Betrachte folgende Transformation für $u(0) \neq 0$: $v(t) = u(t)^{-1}$. Dann ist (5.4) äquivalent zu

$$2v(t + 1) + v(t) + 1 = 0.$$

Man erhält $v(t + 1) = -\frac{v(t)+1}{2}$ und mit Hilfe des Lösungsprinzips für Differenzengleichungen (vgl. S.84) die allgemeine Lösung $v(t) = c \cdot (-\frac{1}{2})^t - \frac{1}{3}$ mit $c \in \mathbb{K}$ für alle $t \in \mathbb{N}$. Daraus folgt

$$u(t) = \left(c \cdot \left(-\frac{1}{2} \right)^t - \frac{1}{3} \right)^{-1}.$$

Für $c = 0$ erhält man das Gleichgewicht $u(t) = -3$ von (5.4), das wegen $\lim_{t\to\infty} u(t) = -3$ attraktiv ist. Falls $u(0) = 0$ gilt, so folgt $u(t) = 0$ für alle $t \in \mathbb{N}$. Also ist $u(t) = 0$ ebenfalls ein Gleichgewicht, welches nicht stabil ist. Da damit nicht alle Lösungen von (5.4) stabil sind, ist insbesondere das System (5.4) nicht stabil.

2. Linearisierung durch Zerlegung. Sei (5.3) gegeben durch

$$u(t + 1)^2 - 4u(t + 1)u(t) - 5u(t)^2 = 0, \quad t \in \mathbb{N}. \tag{5.5}$$

Es ist (5.5) äquivalent zu

$$(u(t + 1) - 5u(t))(u(t + 1) + u(t)) = 0, \quad t \in \mathbb{N}.$$

Daraus folgt $u(t + 1) = 5u(t)$ oder $u(t + 1) = -u(t)$. Also sind $u(t) = c_1 5^t$ und $u(t) = c_2(-1)^t$ mit $c_1, c_2 \in \mathbb{R}$ Lösungen von (5.5). Aber es gibt noch unendlich viele weitere Lösungen von (5.5), indem man abwechselnd einer dieser Lösungen folgt. Insbesondere ist eine Lösung durch $u(0)$ nicht eindeutig bestimmt. Weder das Gleichgewicht $u(t) = 0$ noch die periodischen Lösungen $u(t) = c_2(-1)^t$ von (5.5) sind stabil.

3. Linearisierung durch Transformation. Wir betrachten nun eine nichtautonome Differenzengleichung erster Ordnung. Sei

$$u(t + 1)u(t) + p(t)u(t + 1) + q(t)u(t) + r(t) = 0, \quad t \in \mathbb{N}, \tag{5.6}$$

wobei p, q und r Polynome von t sind. Diese Differenzengleichung heißt auch *diskrete Riccati-Gleichung*, da sie der nichtlinearen Riccati-Differentialgleichung $u' + \alpha(t)u^2 + \beta(t)u + \gamma(t) = 0$ entspricht. Man beachte, daß (5.6) im allgemeinen kein Spezialfall von (5.3) ist! Beispiel 1 ist eine spezielle diskrete Riccati-Gleichung für $p \equiv 1$, $q \equiv 2$ und $r \equiv 0$. Wir unterscheiden zwei Fälle von (5.6).

1. Fall: $r \equiv 0$. Sei $p(t)q(t) \neq 0$ für alle $t \in \mathbb{N}$. Dann ist $u(t) = 0$ ein Gleichgewicht von (5.6). Ist $u(0) \neq 0$, dann gilt $u(t) \neq 0$ für alle $t \in \mathbb{N}$. In diesem Fall ergibt eine Division von (5.6) durch $u(t+1)u(t)$

$$1 + p(t)\frac{1}{u(t)} + q(t)\frac{1}{u(t+1)} = 0.$$

Setzt man $v(t) = u(t)^{-1}$, so erhält man

$$q(t)v(t+1) + p(t)v(t) + 1 = 0,$$

also eine nichtautonome lineare Differenzengleichung. Ist für ein $t \in \mathbb{N}$ $p(t) = 0$ bzw. $q(t) = 0$, so ist für $u(t) = 0$ bzw. $u(t) = -p(t)$ durch (5.6) kein Wert für $u(t+1)$ bestimmt.

2. Fall: $r \not\equiv 0$. Sei $p(t)q(t) \neq r(t)$ für alle $t \in \mathbb{N}$. Definiere für eine Lösung u von (5.6) induktiv $t \mapsto v(t)$ durch $v(t+1) = (p(t) + u(t))v(t)$ für $t \in \mathbb{N}$ und $v(0) \neq 0$. Wäre $p(t) + u(t) = 0$ für ein $t \in \mathbb{N}$, so wäre auch $q(t)u(t) + r(t) = 0$ und daher $p(t)q(t) = r(t)$ im Widerspruch zur Voraussetzung. Daher ist $p(t) + u(t) \neq 0$ für alle $t \in \mathbb{N}$ und somit auch $v(t) \neq 0$ für alle $t \in \mathbb{N}$. Es ist $u(t) = \frac{v(t+1)}{v(t)} - p(t)$ für alle $t \in \mathbb{N}$ und durch Einsetzen in (5.6) ergibt sich

$$\begin{aligned}
0 &= \left(\frac{v(t+2)}{v(t+1)} - p(t+1)\right) \cdot \left(\frac{v(t+1)}{v(t)} - p(t)\right) + p(t)\left(\frac{v(t+2)}{v(t+1)} - p(t+1)\right) + \\
&\quad + q(t)\left(\frac{v(t+1)}{v(t)} - p(t)\right) + r(t) \\
&= \frac{v(t+2)}{v(t)} - p(t+1)\frac{v(t+1)}{v(t)} + q(t)\frac{v(t+1)}{v(t)} + r(t) - p(t)q(t)
\end{aligned}$$

bzw.

$$v(t+2) + (q(t) - p(t+1))v(t+1) + (r(t) - q(t)p(t))v(t) = 0,$$

also ebenfalls eine lineare Differenzengleichung. Ist $p(t)q(t) = r(t)$ für ein $t \in \mathbb{N}$, so ergibt sich aus (5.6) für dieses t

$$(u(t+1) + q(t))(u(t) + p(t)) = 0$$

und für $u(t) = -p(t)$ ist kein Wert für $u(t+1)$ bestimmt. In beiden Fällen läßt sich somit unter den angegebenen Voraussetzungen das Stabilitätsverhalten von Lösungen von (5.6) mit Hilfe der linearen Stabilitätstheorie aus Kapitel 4 bestimmen.

4. Linearisierung durch Transformation. Wir betrachten einen Spezialfall von Beispiel 3. Sei (5.3) gegeben durch

$$u(t+1)u(t) - 2u(t) + 2 = 0, \quad t \in \mathbb{N}, \tag{5.7}$$

d. h. in der diskreten Riccati-Gleichung (5.6) sind die nichtautonomen Parameter konstant gesetzt mit $p \equiv 0$, $q \equiv -2$ und $r \equiv 2$. Beispiel 3 liefert für $u(t) = \frac{v(t+1)}{v(t)}$

$$v(t+2) - 2v(t+1) + 2v(t) = 0. \tag{5.8}$$

Wir berechnen die Lösung von (5.8) mittels des Lösungsprinzips für lineare Differenzengleichungen (vgl. S.84). Das charakteristische Polynom lautet $X^2 - 2X + 2 = (X-1)^2 + 1$. Die charakteristischen Wurzeln sind $\lambda_1 = 1 + i$ und $\lambda_2 = 1 - i$. Es gilt $\lambda_1 = \rho e^{i\varphi}$ mit $\rho = \sqrt{2}$ und $\varphi = \frac{\pi}{4}$. Damit lautet die allgemeine Lösung von (5.8)

$$v(t) = c_1(\sqrt{2})^t \cos\left(\frac{\pi}{4}t\right) + c_2(\sqrt{2})^t \sin\left(\frac{\pi}{4}t\right)$$

mit beliebigen Konstanten $c_1, c_2 \in \mathbb{R}$. Daraus erhält man für die allgemeine Lösung von (5.7)

$$u(t) = \frac{v(t+1)}{v(t)} = \frac{c_1(\sqrt{2})^{t+1} \cos\left(\frac{\pi}{4}(t+1)\right) + c_2(\sqrt{2})^{t+1} \sin\left(\frac{\pi}{4}(t+1)\right)}{c_1(\sqrt{2})^t \cos\left(\frac{\pi}{4}t\right) + c_2(\sqrt{2})^t \sin\left(\frac{\pi}{4}t\right)}.$$

Wir können ohne Beschränkung der Allgemeinheit $c_1 \neq 0$ annehmen und erhalten weiter

$$u(t) = \sqrt{2} \cdot \frac{\cos\left(\frac{\pi}{4}(t+1)\right) + \frac{c_2}{c_1} \sin\left(\frac{\pi}{4}(t+1)\right)}{\cos\left(\frac{\pi}{4}t\right) + \frac{c_2}{c_1} \sin\left(\frac{\pi}{4}t\right)}.$$

Setze $\frac{c_2}{c_1} = \tan\theta = \frac{\sin\theta}{\cos\theta}$ mit $\theta \in]-\frac{\pi}{2}, \frac{\pi}{2}[$. Damit gilt schließlich

$$\begin{aligned}
u(t) &= \sqrt{2} \cdot \frac{\cos\left(\frac{\pi}{4}(t+1)\right)\cos\theta + \sin\left(\frac{\pi}{4}(t+1)\right)\sin\theta}{\cos\left(\frac{\pi}{4}t\right)\cos\theta + \sin\left(\frac{\pi}{4}t\right)\sin\theta} \\
&= \sqrt{2} \cdot \frac{\cos\left(\frac{\pi}{4}(t+1) - \theta\right)}{\cos\left(\frac{\pi}{4}t - \theta\right)} \\
&= \sqrt{2} \cdot \frac{\cos\left(\frac{\pi}{4}t - \theta\right)\cos\frac{\pi}{4} - \sin\left(\frac{\pi}{4}t - \theta\right)\sin\frac{\pi}{4}}{\cos\left(\frac{\pi}{4}t - \theta\right)} \\
&= 1 - \tan\left(\frac{\pi}{4}t - \theta\right), \text{ da } \cos\frac{\pi}{4} = \sin\frac{\pi}{4} = \frac{1}{\sqrt{2}}.
\end{aligned}$$

Jede Lösung u von (5.7) ist also periodisch mit der Periode 4. Damit sind alle Lösungen von (5.7) stabil (vgl. Aufgabe 4). $\diamond$

Die bisherigen Beispiele machen deutlich, daß stabile Gleichgewichte im allgemeinen nur lokal stabil sind. Das gilt auch für die Aussagen in Satz 5.1. Daher müssen offenbar

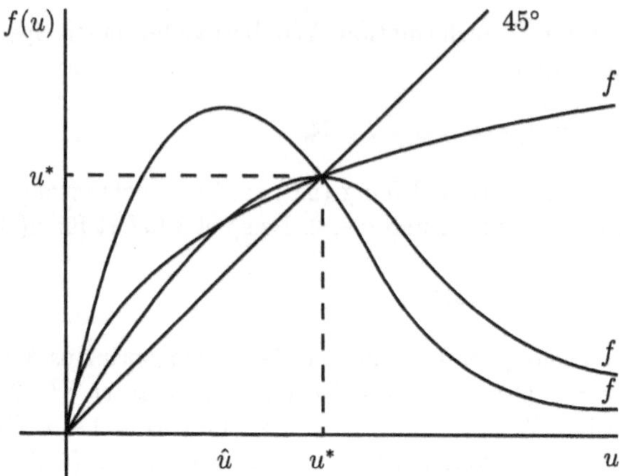

Abb. 5.4   Beispiele für Populationsmodelle

zusätzliche Bedingungen aufgestellt werden, um aus einem lokal stabilen Gleichgewicht ein global stabiles Gleichgewicht zu machen. Bereits das Auftreten von zwei oder mehr Gleichgewichten bedeutet, daß das System nicht mehr global stabil sein kann.

Global stabile Gleichgewichte sind jedoch in Anwendungen von Bedeutung, wie zum Beispiel im folgenden Populationsmodell. Wie in diesem Modell nennt man ein Gleichgewicht oft auch dann noch global (asymptotisch) stabil, wenn alle Lösungen mit Startpunkt im Inneren des Definitionsbereiches gegen das (im Inneren des Definitionsbereiches eindeutige) Gleichgewicht konvergieren.

Anwendung: Populationsmodelle nach Cull.   Gibt $u(t)$ die Anzahl der Individuen einer Population zum Zeitpunkt $t \in \mathbb{N}$ an und nimmt man an, daß sich zwei Generationen nicht überschneiden, so läßt sich die Anzahl $u(t+1)$ der Individuen zum Zeitpunkt $t+1$ beschreiben als eine Funktion von $u(t)$, d.h. $u(t+1) = f(u(t))$, $t \in \mathbb{N}$. Unter einem *Populationsmodell* verstehen wir im folgenden eine nichtlineare autonome Differenzengleichung erster Ordnung der Form (5.2)

$$u(t+1) = f(u(t)) \qquad\qquad (5.9)$$

mit $t \in \mathbb{N}$ und $D = \mathbb{R}_+$, die folgenden Bedingungen genügt (vgl. Abb. 5.4):

- f ist stetig mit $f(0) = 0$ und $f(u) > 0$ für alle $u > 0$;

- es gibt einen eindeutigen Fixpunkt $u^* > 0$ mit

  (1) $f(u) > u$ für alle $0 < u < u^*$ und

  (2) $f(u) < u$ für alle $u > u^*$;

- hat f ein lokales Maximum an der Stelle $\hat{u} \in {]0, u^*[}$, so ist f monoton fallend für alle $u > \hat{u}$.

Ist die Größe einer Population zum Zeitpunkt $t \in \mathbb{N}$ durch $u(t) = u^*$ gegeben, so befindet sich die Population im Gleichgewicht und ändert sich im weiteren Zeitverlauf nicht. Gilt stattdessen $u(t) > u^*$, so nimmt die Population aufgrund eines Populationsdrucks (durch Knappheit von Raum und Nahrung) im nächsten Zeitschritt ab, denn in diesem Fall gilt $u(t + 1) = f(u(t)) < u(t)$. Umgekehrt nimmt die Population für $u(t) < u^*$ bis zum nächsten Zeitpunkt zu, unabhängig von der Existenz eines Maximums. Für ein solches Populationsmodell gilt der folgende Satz.

Satz 5.2. Das Populationsmodell (5.9) ist genau dann global asymptotisch stabil (d. h. u^* ist global asymptotisch stabil), wenn es keinen Zyklus der Periode 2 hat.

Beweis. Es ist lediglich die Rückrichtung zu zeigen. Sei u eine Lösung von (5.9) mit $u(0) > 0$ und $u(t) \neq u^*$ für alle $t \in \mathbb{N}$. Dann sind folgende Fälle zu unterscheiden:

(a) Es gilt $u(t) > u^*$ für alle $t \in \mathbb{N}$. Dann folgt aus Voraussetzung (2) $u(t) > u(t+1) > u^*$ für alle $t \in \mathbb{N}$. Also gilt $\lim_{t \to \infty} u(t) = u^*$, da u^* der einzige positive Fixpunkt von f ist.

(b) Es gibt ein $t_0 \in \mathbb{N}$ mit $u(t_0) < u^*$.

i. Falls $f(u) \leq u^*$ für alle $u \in\,]0, u^*[$, so gilt nach Voraussetzung (1) $u < f(u) \leq u^*$ für alle $u \in\,]0, u^*[$. Daraus folgt $u(t) < u(t + 1) < u^*$ für alle $t \geq t_0$ und somit gilt $\lim_{t \to \infty} u(t) = u^*$.

ii. Es gibt ein $u \in\,]0, u^*[$ mit $f(u) > u^*$, d. h. es existiert ein lokales Maximum $\hat{u} \in\,]0, u^*[$ mit $f(\hat{u}) > u^*$. Da f nach Voraussetzung stetig ist, existiert dann ein $u \in\,]0, u^*[$ mit $f(u) = u^*$. Sei $\tilde{u} = \inf\{u < u^* \mid f(u) = u^*\}$, dann gilt $u < f(u) < u^*$ für alle $u \in\,]0, \tilde{u}[$. Wegen $u(t_0) < u^*$ und $u(t) \neq u^*$ für alle $t \in \mathbb{N}$ existiert somit ein $t_1 \geq t_0$ mit $\tilde{u} < u(t_1) < u^*$. Nach Voraussetzung hat f keinen 2-periodischen Punkt, d. h. es gilt $f^2(u) \neq u$ für alle $u \in\,]0, u^*[$. Da f^2 stetig ist mit $f^2(\tilde{u}) = f(u^*) = u^* > \tilde{u}$, folgt daraus $f^2(u) > u$ für alle $u \in\,]0, u^*[$. Weiter ist f nach Voraussetzung monoton fallend auf $]\hat{u}, \infty[$. Wegen $f(u) \geq u^*$ für alle $u \in\,]\tilde{u}, u^*[$ gilt daher $f^2(u) \leq u^*$ für alle $u \in\,]\tilde{u}, u^*[$. Also gilt $u < f^2(u) \leq u^*$ für alle $u \in\,]\tilde{u}, u^*[$. Wegen $u(t_1) \in\,]\tilde{u}, u^*[$ gilt somit $u(t_1+2s) < u(t_1+2s+2) < u^*$ für alle $s \in \mathbb{N}$. Daraus folgt $u(t_1+2s) \to u^*$ für $s \to \infty$ und wegen der Stetigkeit von f gilt auch $\lim_{s \to \infty} u(t_1 + 2s + 1) = \lim_{s \to \infty} f(u(t_1 + 2s)) = u^*$.

$\square$

Eine einfache Folgerung aus Satz 5.2 liefert das folgende Korollar.

Korollar 5.3. Ein Populationsmodell ist genau dann global stabil, wenn eine der folgenden Bedingungen erfüllt ist.

1. Die Funktion f hat kein Maximum in $]0, u^*[$.

2. Die Funktion f hat ein Maximum $\hat{u} \in\,]0, u^*[$ mit $f^2(u) > u$ für alle $u \in\,]\hat{u}, u^*[$.

Beweis. Aufgabe 8

$\square$

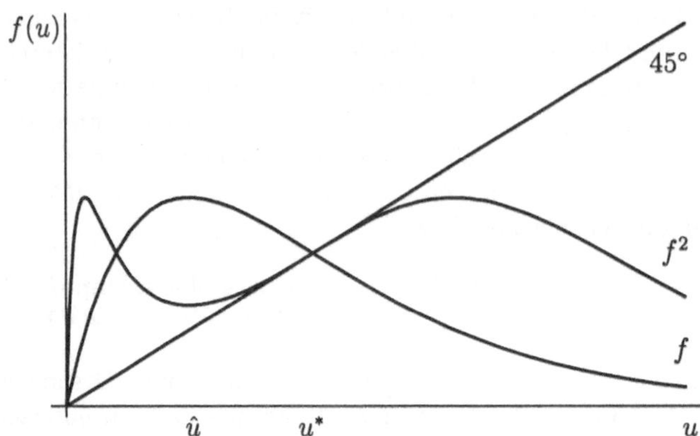

Abb. 5.5   Global stabiles Populationsmodell für $f(u) = ue^{2-u}$.

Beispiele. 1. Sei $u(t+1) = \sqrt{u(t)}$. Dann sind die Voraussetzungen eines Populationsmodells mit $f(u) = \sqrt{u}$ erfüllt. Es gilt $u^* = 1$ und dieses ist der einzige periodische Punkt, der positiv ist. Also sind alle Voraussetzungen von Satz 5.2 erfüllt und $u^* = 1$ ist ein global stabiles Gleichgewicht (vgl. auch Kapitel 1.2).

2. Sei $u(t+1) = u(t)e^{1-\sqrt{u(t)}}$. Dann ist die Funktion f gegeben durch $f(u) = ue^{1-\sqrt{u}}$ und f hat die beiden Fixpunkte 0 und $u^* = 1$. Es gilt $f'(u) = e^{1-\sqrt{u}}(1 - \frac{\sqrt{u}}{2})$, also gilt $f'(0) = e > 1$ und da $u^* = 1$ der einzige positive Fixpunkt ist, erfüllt f die beiden Voraussetzungen (1) und (2) eines Populationsmodells. Weiter hat f nur an der Stelle $\hat{u} = 4$ ein lokales Maximum und es ist $\hat{u} > u^*$. Somit sind alle Voraussetzungen eines Populationsmodells erfüllt, das nach Korollar 5.3 (1.) global stabil ist.

3. Sei $u(t+1) = u(t)e^{2-u(t)}$. Dann ist die Funktion f gegeben durch $f(u) = ue^{2-u}$ (Abb. 5.5), also sind 0 und $u^* = 2$ die einzigen Fixpunkte von f. Weiter gilt $f'(u) = e^{2-u}(1-u)$, d. h. f hat an der Stelle $\hat{u} = 1$ ein lokales Maximum. Wegen $f'(u) < 0$ für $u > \hat{u}$ ist f monoton fallend für alle $u > \hat{u}$. Wegen $f'(0) = e^2 > 1$ sind auch die beiden Bedingungen (1) und (2) erfüllt, d. h. durch f ist ein Populationsmodell gegeben. Wegen $\hat{u} < u^*$ ist Bedingung 2 von Korollar 5.3 zu prüfen. Es gilt

$$f^2(u) = f(u)e^{2-f(u)} = ue^{4-u-ue^{2-u}}.$$

Daraus folgt, daß $f^2(u) = u$ genau dann gilt, wenn $u = 0$ oder $4 - u - ue^{2-u} = 0$, d. h. $u = 2$ ist. Also hat f^2 die selben Fixpunkte wie f und wegen $f^2(1) = e^{3-e} > 1$ folgt daraus $f^2(u) > u$ für alle $u \in]0, u^*[$ (vgl. Abb. 5.5). Also ist dieses Populationsmodell global stabil.

4. Sei nun $u(t+1) = u(t)e^{4-2u(t)}$. Dann ist die Funktion f gegeben durch $f(u) = ue^{4-2u}$, d. h. 0 und $u^* = 2$ sind wie im Beispiel zuvor die einzigen Fixpunkte von f (Abb. 5.6). Es gilt $f'(u) = e^{4-2u}(1 - 2u)$, also gilt $f'(0) = e^4 > 1$ und da $u^* = 2$ der

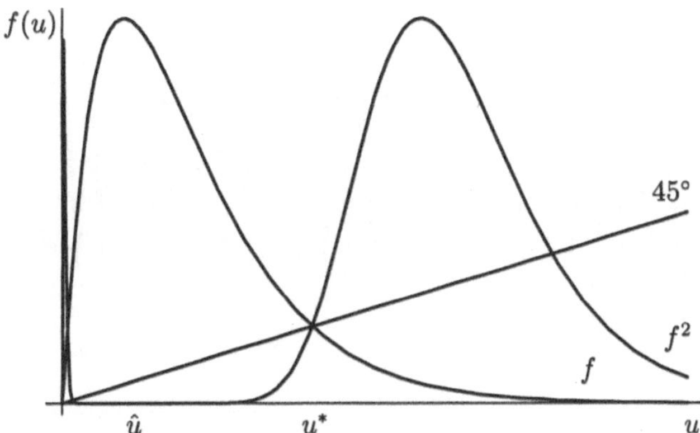

Abb. 5.6   Nicht global stabiles Populationsmodell für $f(u) = ue^{4-2u}$.

einzige positive Fixpunkt ist, erfüllt f die beiden Voraussetzungen (1) und (2) eines Populationsmodells. Weiter hat f an der Stelle $\hat{u} = \frac{1}{2}$ ein lokales Maximum und wegen $f'(u) < 0$ für $u > \hat{u}$ ist f monoton fallend für alle $u > \hat{u}$. Damit sind alle Voraussetzungen eines Populationsmodells erfüllt. Wegen $\hat{u} < u^*$ ist wieder Bedingung 2 von Korollar 5.3 zu prüfen. Es gilt

$$f^2(u) = f(u)e^{4-2f(u)} = ue^{8-2u-2ue^{4-2u}}.$$

Daraus folgt $f^2(1) = e^{6-2e^2} < 1$, also ist Bedingung 2 in Korollar 5.3 nicht erfüllt (vgl. Abb. 5.6). Somit ist dieses Populationsmodell nicht global stabil. $\Diamond$

Neben der Stabilitätsuntersuchung von Gleichgewichten und periodischen Lösungen von nichtlinearen Differenzengleichungen (5.2) kann das Verhalten instabiler Lösungen von (5.2) von großem Interesse sein. Wir betrachten dazu ein anderes Populationsmodell, das nicht alle der oben genannten Eigenschaften besitzt.

Anwendung: Logistisches Populationsmodell. Sei $u(t)$ wieder die Anzahl der Individuen einer Population zum Zeitpunkt $t \in \mathbb{N}$, so daß sich die Anzahl $u(t+1)$ der Individuen zum Zeitpunkt $t+1$ beschreiben läßt als eine Funktion von $u(t)$, d.h. $u(t+1) = f(u(t))$, $t \in \mathbb{N}$. Für kleine Anzahlen von Individuen kann man hier näherungsweise für die Funktion f annehmen, daß

$$f(u) = au + \text{ nichtlinearer Ausdruck.}$$

In dem nichtlinearen Ausdruck muß berücksichtigt werden, daß durch begrenzte Ressourcen (z. B. Nahrung) eine Konkurrenz zwischen den Individuen besteht, die proportional zu der Anzahl der Begegnungen zwischen ihnen ist. Diese wiederum ist zum Zeitpunkt t proportional zu $u(t)^2$. Damit erhält man z. B. folgendes Modell:

$$u(t+1) = au(t) - bu(t)^2 \tag{5.10}$$

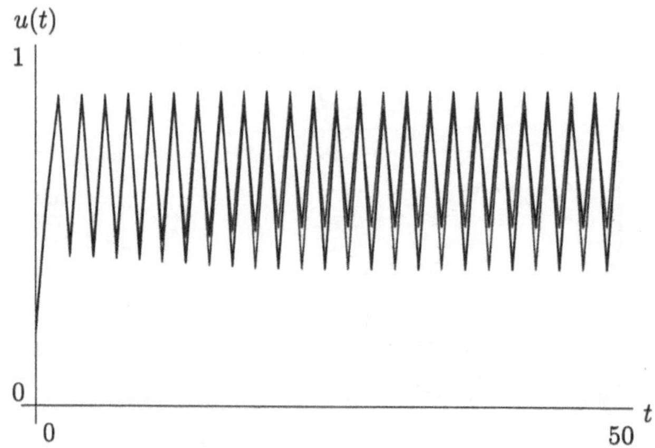

Abb. 5.7   Zwei instabile Lösungen von $u(t+1) = 3.5u(t)(1 - u(t))$

mit $t \in \mathbb{N}$ und $a, b > 0$. Dabei repräsentiert a die Wachstumsrate der Population und b ihre Abhängigkeit von den Ressourcen (bzw. von der Umwelt). Der Ausdruck $\frac{a}{b}$ wird daher auch als Umweltkapazität bezeichnet.

Vereinfacht man Gleichung (5.10) durch $b = a$, dann erhält man die Logistische Gleichung $u(t+1) = au(t)(1 - u(t))$ mit $a \in (0, 4]$, $t \in \mathbb{N}$ und $u(t) \in [0, 1]$, d. h. es gilt $f(u) = au(1 - u)$ (vgl. auch Kapitel 1.1). Die Logistische Gleichung ist kein Populationsmodell in dem oben definierten Sinne, da f sinnvoll nur auf $[0, 1]$ definiert ist und daher auch nicht $f(u) > 0$ für alle $u > 0$ gilt. Ergänzt man f durch $f(u) = 0$ für $u \geq 1$, so sind alle Eigenschaften des obigen Populationsmodells erfüllt, bis auf die strikte Positivität von f für $u \geq 1$.

Offenbar sind $u^* = 0$ und $u^* = 1 - \frac{1}{a}$ die beiden einzigen Gleichgewichtslösungen. Es gilt $f'(u) = -2au + a$ und daher $f'(0) = a$ und $f'(1 - \frac{1}{a}) = 2 - a$. Damit ist nach Satz 5.1 das Gleichgewicht $u^* = 0$ für alle $a < 1$ asymptotisch stabil und für $a > 1$ instabil (der Definitionsbereich, der in Satz 5.1 offen sein muß, kann zur Anwendung dieses Satzes auf ganz $\mathbb{R}$ erweitert werden). Das Gleichgewicht $u^* = 1 - \frac{1}{a}$ ist nach Satz 5.1 für $1 < a < 3$ asymptotisch stabil und für $a > 3$ instabil. Abb. 5.7 zeigt den Verlauf der beiden Lösungen u (graue Kurve) und $\overline{u}$ (schwarze Kurve) mit $u(0) = 0.2$ und $\overline{u}(0) = 0.21$, wenn wir für $a = 3.5$ wählen. Obwohl beide Startwerte nahe beieinander liegen, zeigen die Lösungen offenbar kein stabiles Verhalten. Trotzdem ist der Verlauf beider Pfade qualitativ ähnlich. Wählen wir $a = 4$, dann sind die beiden Lösungen u und $\overline{u}$ mit denselben Startwerten wie eben nicht nur instabil, sondern der Verlauf der beiden Pfade ist auch qualitativ völlig unterschiedlich, wie Abb. 5.8 demonstriert. Nach 50 Iterationen sieht man den beiden Lösungen die Nähe ihrer Startwerte nicht mehr an. Ein solches, an einen zufälligen Verlauf erinnerndes Verhalten von Lösungen nennt man *chaotisches Verhalten*. Mit Hilfe des Computerprogramms CHAOS, das in der Programmiersprache *Pascal* geschrieben ist und am Ende des Kapitels 5 abgedruckt ist, können die Abbildungen 5.7 und 5.8 am eigenen Computer reproduziert werden. ◇

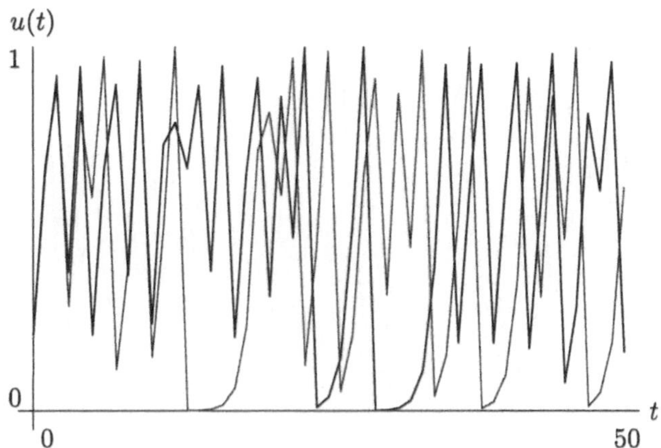

Abb. 5.8   Zwei instabile Lösungen von $u(t+1) = 4u(t)(1 - u(t))$

Wir betrachten zum Abschluß noch zwei weitere Beispiele der Form $u(t+1) = f(u(t))$, die chaotisches Verhalten zeigen.

Beispiele. 1. Der Bernoulli-Shift. Sei $u(t+1) = 2u(t) \mod 1$ mit $t \in \mathbb{N}$ und $u(t) \in [0,1[$, d. h. es gilt

$$f(u) = \begin{cases} 2u & , \quad 0 \le u < \frac{1}{2} \\ 2u - 1 & , \quad \frac{1}{2} \le u < 1. \end{cases}$$

Ist $u(0) \in [0,1[$, dann kann $u(0)$ als binäre Zahl geschrieben werden. Es gilt $u(0) = d_1 2^{-1} + d_2 2^{-2} + d_3 2^{-3} + \dots$ mit Bits $d_i \in \{0,1\}$, $i \in \mathbb{N}$. Um eine eindeutige binäre Darstellung zu erhalten, schließen wir Darstellungen aus, in denen für ein gewisses k gilt, daß $d_i = 1$ ist für alle $i \ge k$. Nun ergibt sich der binäre Ausdruck für $u(1)$ aus dem binären Ausdruck für $u(0)$, indem das erste Bit d_1 von $u(0)$ gestrichen wird. Somit ist d_2 das erste Bit im binären Ausdruck für $u(1)$ (Shift). Besitzt nun $u(0)$ einen binären Ausdruck endlicher Länge, so gibt es ein k mit $d_i = 0$ für alle $i > k$ und somit gilt $u(t) = 0$ für alle $t \ge k$. Ist $u(0)$ rational und hat einen binären Ausdruck unendlicher Länge, dann ist die Lösung u periodisch (vgl. Aufgabe 11). Für $u(0) = \frac{1}{3}$ gilt $u(t+2) = u(t)$, d. h. u ist eine 2-periodische Lösung. Für $u(0) = \frac{1}{4}$ gilt $u(1) = \frac{1}{2}$ und damit $u(t) = 0$ für alle $t \ge 2$. Für $u(0) = \frac{1}{5}$ gilt $u(t+4) = u(t)$, d. h. u ist eine 4-periodische Lösung.

Ist $u(0)$ irrational, dann ist die Lösung aperiodisch. Somit sind alle periodischen Lösungen u instabil, da in jeder Umgebung eines rationalen $u(0)$ eine Lösung mit irrationalem $\bar{u}(0)$ startet, welche aperiodisch ist. Daher ist auch der einzige Fixpunkt $u^* = 0$ von f auf $[0,1[$ instabil. Also sind alle Lösungen des Bernoulli-Shifts instabil und zeigen chaotisches Verhalten. Eine Lösung u, deren Startwert $u(0)$ irrational ist, durchläuft (zumindest näherungsweise) jeden Punkt des Intervalls $[0,1[$. Abb. 5.9 zeigt den chaotischen Verlauf der beiden Lösungen u (graue Kurve) und $\bar{u}$ (schwarze Kurve) mit $u(0) = \sqrt{0.5}$ und $\bar{u}(0) = \sqrt{0.5} + 0.0001$.

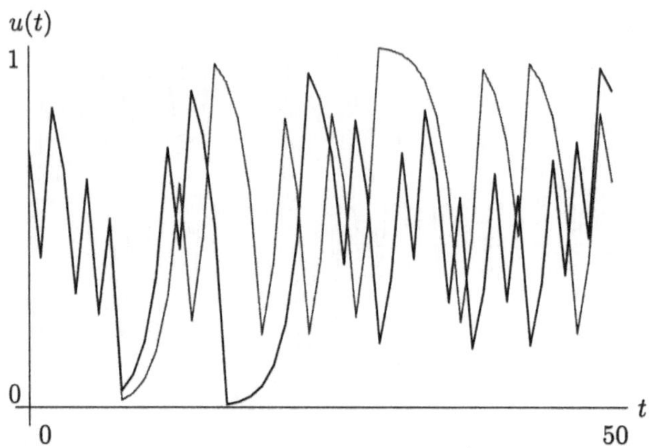

Abb. 5.9   Zwei instabile Lösungen von $u(t+1) = 2u(t) \mod 1$

2. Die Zelt-Abbildung. Sei $u(t+1) = f(u(t))$ mit $t \in \mathbb{N}$, $u(t) \in [0,1]$ und

$$f(u) = a\left(\frac{1}{2} - \left|u - \frac{1}{2}\right|\right).$$

Dabei ist $0 \leq a \leq 2$. Die Funktion f, die ihren Namen ihrer graphisches Darstellung verdankt (Abb. 5.10), hat an der Stelle $u^* = 0$ stets einen Fixpunkt. Für $a = 1$ sind alle Punkte $u \in [0, \frac{1}{2}]$ Fixpunkte von f und für $a > 1$ hat f einen zweiten Fixpunkt $u^* = \frac{a}{1+a} > \frac{1}{2}$ (vgl. Abb. 5.10). Auch diese Abbildung zeigt für $a = 2$ chaotisches Verhalten (Aufgabe 12). $\diamond$

Referenzen

- Für eine ausführlichere Darstellung der Populationsmodelle (5.9) siehe Cull, P.: *Local and global stability for population models*. Biological Cybernetics 54 (1986), S.141-149 und Cull, P.: *Local and global stability of discrete one-dimensional population models*. In: Ricciardi, L. M. (Hrsg.), Biomathematics and Related Computational Problems, Kluwer, 1988, S.271-278.

- Zum chaotischen Verhalten in diskreten dynamischen Systemen existiert eine ausgedehnte Literatur, siehe z. B. [22, 29, 31].

Aufgaben

1. Sei $u(t+1) = f(u(t))$ eine Differenzengleichung erster Ordnung mit einer Abb. $f : D \to D$, die stetig differenzierbar auf der offenen Teilmenge $D \subset \mathbb{R}$ ist. Sei u eine p-periodische Lösung der Differenzengleichung. Zeigen Sie, daß u asymptotisch stabil ist, wenn gilt

$$|f'(u(0)) \cdot f'(u(1)) \cdot \ldots \cdot f'(u(p-1))| < 1.$$

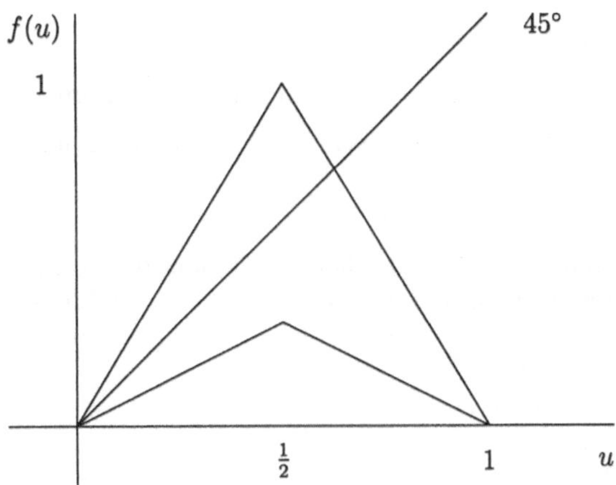

Abb. 5.10   Die Zelt-Abbildung für $a = \frac{1}{2}$ und $a = 2$

2. Sei $u(t+1) = f(u(t))$ eine Differenzengleichung erster Ordnung mit einer Abb. $f :$ $D \to D$, die dreimal differenzierbar auf der offenen Teilmenge $D \subset \mathbb{R}$ ist. Sei u^* ein Gleichgewicht der Differenzengleichung mit $f'(u^*) = 1$, $f''(u^*) = 0$. Zeigen Sie, daß folgende Aussagen gelten:

(a) Gilt $f'''(u^*) < 0$, so ist u^* asymptotisch stabil.

(b) Gilt $f'''(u^*) > 0$, so ist u^* instabil.

Hinweis: Es genügt, die Behauptung mit Hilfe einer graphischen Iteration zu zeigen.

3. Bestimmen Sie alle Lösungen der diskreten Riccati-Gleichung (5.6)

$$u(t+1)u(t) + pu(t+1) + qu(t) = 0, \quad t \in \mathbb{N}$$

in Abhängigkeit der reellen Parameter $p \neq 0$ und q.

4. Zeigen Sie, daß alle Lösungen der diskreten Riccati-Gleichung (5.7) stabil sind.

5. Sei $u(t+1) = (u(t) + c) \cdot u(t)^{-1}$ für $t \in \mathbb{N}$, $u(0) > 0$ mit einem reellen Parameter $c > 0$.

(a) Ermitteln Sie die Gleichgewichte in Abhängigkeit des Parameters c.

(b) Prüfen Sie die Gleichgewichte auf asymptotische Stabilität.

6. Sei $u(t+1) = au(t) \cdot (1 + bu(t))^{-2}$ für $t \in \mathbb{N}$, $u(0) > 0$ mit reellen Parametern $a > 0$, $b > 0$.

(a) Ermitteln Sie die Gleichgewichte in Abhängigkeit der Parameter a und b.

(b) Prüfen Sie die Gleichgewichte auf asymptotische Stabilität.

7. Sei $u(t+1) = au(t) \cdot (1 + u(t)^{-k})$ für $t \in \mathbb{N}$, $u(0) > 0$

   (a) Ermitteln Sie die Gleichgewichte in Abhängigkeit der Parameter a und k.

   (b) Prüfen Sie die Gleichgewichte auf asymptotische Stabilität und Instabilität.

8. Beweisen Sie Korollar 5.3.

9. Zeigen Sie, daß folgende Differenzengleichungen Populationsmodelle im Sinne obiger Definition (5.9) sind und überprüfen Sie diese auf globale Stabilität

   (a) $u(t+1) = u(t)e^{1-u(t)}$ mit $t \in \mathbb{N}$, $u(t) \geq 0$;

   (b) $u(t+1) = f(u(t))$ mit $t \in \mathbb{N}$, $u(t) \geq 0$ und

$$f(u) = \begin{cases} 2u & , \quad u < 1 \\ \max\{4 - 2u, 0.5\} & , \quad u \geq 1. \end{cases}$$

10. Zeigen Sie, daß alle Lösungen u der Differenzengleichung zweiter Ordnung

$$u(t+2) = \sqrt{u(t+1)} + \sqrt{u(t)}, \quad t \in \mathbb{N}$$

für $u(0) > 0$ global stabil sind.

11.* Sei u eine Lösung des Bernoulli-Shifts mit rationalem Anfangswert $u(0)$, der keine endliche Binärdarstellung hat. Zeigen Sie, daß u eine periodische Lösung ist.

12. Die Zelt-Abbildung.

   (a) Bestimmen Sie die Gleichgewichte der Zeltabbildung in Abhängigkeit des Parameters a und überprüfen Sie diese auf Stabilität.

   (b) Finden Sie eine 2-periodische Lösung der Zeltabbildung für $a = 2$.

   (c) Machen Sie sich mit Hilfe eines Computerprogramms klar, daß zwei nahe beieinander startende Lösungen der Zeltabbildung einen völlig unterschiedlichen Verlauf zeigen, wenn $a = 2$ ist.
      Hinweis: Erzeugen Sie Abbildungen der Art 5.8 und 5.9 durch entsprechende Änderungen des Programms CHAOS, das am Ende von Kapitel 5 abgedruckt ist.

5.2   Stabilitätskriterien durch lineare Approximation

Im Gegensatz zu Differenzengleichungen erster Ordnung wird für mehrdimensionale diskrete dynamische Systeme (5.1) eine Transformation oder Zerlegung, wie in den Beispielen des vorigen Abschnittes, eher die Ausnahme sein. Ist das System in einem Gleichgewicht x^* differenzierbar, so kann man auch in der höherdimensionalen Situation die

Ableitung des Systems als lineare Approximation in x^* heranziehen und mit ihrer Hilfe, ähnlich wie in Satz 5.1, Stabilitätsaussagen machen. Sei also

$$x(t+1) = Tx(t) \tag{5.11}$$

mit Startpunkt $x(a)$, $T : M \to M$ und reellem Zustandsraum $M \subset \mathbb{R}^n$. Es bezeichne $DT_x : \mathbb{R}^n \to \mathbb{R}^n$ die Ableitung von T an der Stelle x und $J_T(x)$ die Jacobi-Matrix der partiellen Ableitungen von T an der Stelle x. Es sei $\| \cdot \|$ eine Norm auf $\mathbb{R}^n$ und $\|L\| := \sup_{x \neq 0} \frac{\|L(x)\|}{\|x\|}$ die zugehörige Operatornorm für eine Abbildung $L : \mathbb{R}^n \to \mathbb{R}^n$. Wir zeigen nun folgende Verallgemeinerung zu Satz 5.1.

Satz 5.4. Ist x^* ein Gleichgewicht des Systems $x(t+1) = T(x(t))$ und ist T in einer Umgebung von x^* in M stetig differenzierbar, so gelten folgende Aussagen.

1. Sei $\|DT_{x^*}\| < 1$. Dann gibt es ein $\varepsilon > 0$ und ein $c \in [0, 1[$, so daß

$$x(0) \in M, \ \|x(0) - x^*\| < \varepsilon \implies \|x(t) - x^*\| < c^t \|x(0) - x^*\|$$

   für alle $t \in \mathbb{N}$. Insbesondere ist x^* dann asymptotisch stabil.

2. Sei DT_{x^*} invertierbar und $\|DT_{x^*}^{-1}\|^{-1} > 1$. Dann gibt es ein $\delta > 0$ und ein $d > 1$, so daß

$$x(i) \in M, \ \|x(i) - x^*\| < \delta \text{ für } 0 \le i \le t-1 \implies \|x(t) - x^*\| \ge d^t \|x(0) - x^*\|$$

   für alle $t \in \mathbb{N}$. Insbesondere ist x^* dann instabil.

Beweis. 1. Da T in einer Umgebung von x^* stetig differenzierbar ist mit $\|DT_{x^*}\| < 1$, existiert ein $\varepsilon > 0$ und ein $0 \le c < 1$ mit $\|DT_x\| \le c$ für alle $x \in B(x^*, \varepsilon)$. Nach dem Mittelwertsatz gilt

$$\|Tx - Ty\| \le \|DT_z\| \cdot \|x - y\|$$

für $x, y \in B(x^*, \varepsilon)$ und ein $z = \alpha x + (1 - \alpha)y$ mit $\alpha \in {]0, 1[}$. Daraus folgt $\|Tx - Ty\| \le c \cdot \|x - y\|$ für alle $x, y \in B(x^*, \varepsilon)$ und speziell

$$\|Tx - x^*\| \le c \cdot \|x - x^*\| < \varepsilon.$$

Daraus folgt $T(B(x^*, \varepsilon)) \subset B(x^*, \varepsilon)$. Also gilt

$$\|x(t) - x^*\| = \|T(x(t-1)) - T(x^*)\| \le c \cdot \|x(t-1) - x^*\|$$
$$\le \ldots \le c^t \cdot \|x(0) - x^*\|$$

für alle $t \ge 1$ und $x(0) \in B(x^*, \varepsilon)$.

2. Sei $H = DT_{x^*}$. Dann gilt

$$\|x - y\| = \|H^{-1}Hx - H^{-1}Hy\| \leq \|H^{-1}\| \cdot \|Hx - Hy\|.$$

Daraus folgt $\|Hx - Hy\| \geq d'\|x - y\|$ mit $d' = \|H^{-1}\|^{-1}$. Nach der Taylorentwicklung gilt weiter

$$Tx - Tx^* = DT_{x^*}(x - x^*) + o(\|x - x^*\|)$$

mit $\lim_{x \to x^*} \frac{o(\|x-x^*\|)}{\|x-x^*\|} = 0$. Wählt man nun $\eta > 0$ mit $d = d' - \eta > 1$ und $\delta > 0$ mit $\frac{\|o(\|x-x^*\|)\|}{\|x-x^*\|} \leq \eta$ für $x \in B(x^*, \delta)\backslash\{x^*\}$, dann erhält man

$$\begin{aligned}
\|Tx - Tx^*\| &\geq \|DT_{x^*}(x - x^*)\| - \|o(\|x - x^*\|)\| \\
&\geq d'\|x - x^*\| - \eta\|x - x^*\| = d\|x - x^*\|
\end{aligned}$$

für alle $x \in B(x^*, \delta)$. Sei $\|x(i) - x^*\| < \delta$, d.h. $x(i) \in B(x^*, \delta)$ für $0 \leq i \leq t - 1$. Dann gilt

$$\|x(t) - x^*\| = \|T(x(t - 1)) - x^*\| \geq d\|x(t - 1) - x^*\| \geq \ldots \geq d^t\|x(0) - x^*\|.$$

Somit ist x^* instabil, denn es gilt $x(t) \in B(x^*, \delta)$ für alle $t \in \mathbb{N}$ und $x(0) \neq x^*$ impliziert den Widerspruch $\|x(t) - x^*\| \to \infty$ für $t \to \infty$.

$\square$

Bemerkung. In Satz 5.4 (2.) kann die Voraussetzung $\|DT_x^{-1}\|^{-1} > 1$ nicht durch $\|DT_x\| > 1$ ersetzt werden, wie folgendes Gegenbeispiel zeigt. Sei $T : \mathbb{R}^2 \to \mathbb{R}^2$ mit $Tx = Ax$ und

$$A = \begin{bmatrix} \frac{1}{2} & 0 \\ 2 & \frac{1}{2} \end{bmatrix}.$$

Es ist $Ax^* = x^*$ äquivalent mit $x^* = 0$. Weiter ist $J_T(x) = A$ und $DT_x(h) = Ah$. Da $\lambda = \frac{1}{2}$ einziger Eigenwert von A ist mit $|\lambda| < 1$, so ist $x^* = 0$ nach Satz 4.4 (2.) asymptotisch stabil. Betrachte nun für eine Matrix B die Zeilensummennorm $\|B\|_1 = \max_{1 \leq i \leq n} \sum_{j=1}^n |b_{ij}|$. Damit gilt $\|DT_x\|_1 = \frac{5}{2} > 1$, aber $x^* = 0$ ist asymptotisch stabil, also nicht instabil. In Übereinstimmung mit Satz 5.4 (2.) gilt, wegen $A^{-1} = \begin{bmatrix} 2 & 0 \\ -8 & 2 \end{bmatrix}$, daß

$$\|DT_x^{-1}\|_1^{-1} = \|A^{-1}\|_1^{-1} = \frac{1}{10} < 1.$$

Ziehen wir einige Folgerungen aus Satz 5.4.

Korollar 5.5. Sei für $x(t + 1) = Tx(t)$ die Abb. $T : M \to M \subset \mathbb{R}^n$ auf der offenen Menge M stetig differenzierbar mit $\|DT_x\| < 1$ für alle $x \in M$. Ist x^* ein Gleichgewicht des Systems, so ist x^* das einzige Gleichgewicht und x^* ist global asymptotisch stabil.

Beweis. Wir zeigen zunächst die Eindeutigkeit des . Sei $\overline{x} \neq x^*$ ein weiteres Gleichgewicht. Dann erhält man wegen $\|DT_z\| < 1$ für $z = \alpha\overline{x} + (1-\alpha)x^*$, $\alpha \in]0,1[$ den Widerspruch

$$\|\overline{x} - x^*\| = \|T\overline{x} - Tx^*\| \leq \|DT_z\| \cdot \|\overline{x} - x^*\| < \|\overline{x} - x^*\|.$$

Somit ist x^* eindeutig. Sei nun $x(0) \in M$ mit $\|x(0) - x^*\| < r$ und $\|DT_x\| \leq c < 1$ für alle $x \in B(x^*, r)$. Wie im Beweis von Satz 5.4 (1) folgt daraus

$$\|x(t) - x^*\| \leq c^t \|x - x^*\| \text{ für alle } x \in B(x^*, r).$$

Da $x(0) \in B(x^*, r)$, gilt $\lim_{t \to \infty} \|x(t) - x^*\| = 0$. $\qquad\Box$

Im nächsten Korollar (und auch später) spielen positiv (negativ) definite Matrizen eine Rolle.

Exkurs Positiv und negativ definite Matrizen

Eine Matrix $A \in \mathbb{R}^{n \times n}$ heißt *positiv definit*, wenn sie symmetrisch ist und für die quadratische Form

$$x^T A x = \sum_{i,j=1}^{n} a_{ij} x_i x_j$$

gilt, daß $x^T A x > 0$ ist für alle $x \in \mathbb{R}^n$, $x \neq 0$. Eine symmetrische Matrix $A \in \mathbb{R}^{n \times n}$ heißt *negativ definit*, wenn $x^T A x < 0$ ist für alle $x \in \mathbb{R}^n$, $x \neq 0$. Für eine Matrix $A = (a_{ij})_{1 \leq i,j \leq n}$ und $1 \leq k \leq n$ sei A_k die Matrix $A_k = (a_{ij})_{1 \leq i,j \leq k}$ und D_k die Determinante von A_k. Dann kann man folgende wichtige Kriterien für die Definitheit zeigen (Aufgabe 1):

- Eine reelle symmetrische Matrix ist genau dann positiv definit, wenn $D_k > 0$ ist für alle $1 \leq k \leq n$.

- Eine reelle symmetrische Matrix ist genau dann negativ definit, wenn $(-1)^k D_k > 0$ ist für alle $1 \leq k \leq n$.

Korollar 5.6. Sei für $x(t+1) = Tx(t)$, $T : M \to M$ auf der ganzen (offenen) Menge M stetig differenzierbar. Sei weiterhin $B \in \mathbb{R}^{n \times n}$ eine positiv definite Matrix, so daß die Matrix

$$J_T(x)^T B J_T(x) - B$$

für alle $x \in M$ negativ definit ist. Ist x^* ein Gleichgewicht des Systems, so ist x^* das einzige Gleichgewicht und global asymptotisch stabil.

Beweis. Durch $\||x\|| := \sqrt{x^T B x}$ für $x \in \mathbb{R}^n$ wird eine Norm auf $\mathbb{R}^n$ definiert, da B positiv definit ist. Die zugehörige Operatornorm von $J_T(x)$ ist dann gegeben durch

$$\||J_T(x)\|| = \max_{\||y\||=1} \frac{\||J_T(x)y\||}{\||y\||} = \max_{\||y\||=1} \sqrt{\frac{y^T J_T(x)^T B J_T(x) y}{y^T B y}},$$

da $y \mapsto J_T(x)y$ eine lineare und stetige Abbildung auf der Einheitssphäre ist. Nach Voraussetzung gilt

$$y^T J_T(x)^T B J_T(x) y - y^T B y < 0 \text{ für alle } y \neq 0.$$

Also ist $\||J_T(x)\|| < 1$ für alle $x \in M$. Korollar 5.5 liefert die Behauptung. $\quad\square$

Die bisherigen Überlegungen zeigen, daß es im allgemeinen von der Wahl der Norm $\| \cdot \|$ abhängt, ob $\|DT_x\| < 1$ für alle $x \in M$ ist oder nicht. Es genügt jedoch, irgendeine Norm mit dieser Eigenschaft zu finden, damit die Voraussetzungen von Satz 5.4 bzw. Korollar 5.5 erfüllt sind. Wie prüft man aber, ob eine solche Norm überhaupt existiert? Eine Möglichkeit besteht darin, die Eigenwerte der Jacobi-Matrix $J_T(x^*)$ der Abb. T im Gleichgewicht x^* zu untersuchen.

Definition 16. Sei $A \in \mathbb{R}^{n \times n}$. Der *Spektralradius* ρ von A ist definiert durch

$$\rho(A) = \max\{|\lambda| \,|\, \lambda \text{ Eigenwert von } A\}.$$

Bemerkung. Im eindimensionalen Fall $(n = 1)$ gilt $\rho(A) < 1$ genau dann, wenn $|A| < 1$. Für $n \geq 2$ gilt eine analoge Aussage nicht. Im allgemeinen gilt nämlich

1. Gilt $\|A\| < 1$ für eine beliebige Norm, so ist $\rho(A) < 1$.

   Beweis. Aufgabe 2a $\quad\square$

2. Gilt $\rho(A) < 1$, so folgt im allgemeinen nicht $\|A\| < 1$ für jede beliebige Norm auf $\mathbb{R}^n$. Als Gegenbeispiel betrachte die Matrix $A = \left[\begin{smallmatrix} 0,5 & 0 \\ 2 & 0,5 \end{smallmatrix}\right]$. Es gilt $\rho(A) = 0.5 < 1$ und $\|A\|_1 = 2.5 > 1$ für die Zeilensummennorm $\| \cdot \|_1$. $\quad\square$

Lemma 5.7. Ist $A \in \mathbb{R}^{n \times n}$ mit $\rho(A) < 1$, so gibt es eine Norm $\| \cdot \|_*$ auf $\mathbb{R}^n$, bezüglich der für die Operatornorm von A gilt

$$\|A\|_* < 1.$$

Beweis. Aus $\rho(A) < 1$ folgt nach Satz 4.4 (2.), daß das zugehörige lineare System $x(t + 1) = Ax(t)$ asymptotisch stabil ist und daher gilt $\lim_{t \to \infty} \|A^t\| = 0$ nach Satz 4.2 (3.) für eine beliebige Norm. Also existiert ein $s \in \mathbb{N}$, so daß $\|A^s\| < 1$. Definiere für $x \in \mathbb{R}^n$

$$\|x\|_* := \sum_{i=0}^{s-1} \|A^i x\|,$$

wobei $\| \cdot \|$ eine beliebige Norm ist. Damit gilt

$$\|A\|_* = \sup_{\|x\|_*=1} \|Ax\|_* = \sup_{\|x\|_*=1} \sum_{i=0}^{s-1} \|A^i Ax\| = \sup_{\|x\|_*=1} \left(\sum_{i=0}^{s-1} \|A^i x\| - \|x\| + \|A^s x\| \right)$$
$$\leq \sup_{\|x\|_*=1} \left(\|x\|_* - \|x\|(1 - \|A^s\|) \right) \leq 1 - K(1 - \|A^s\|) < 1,$$

denn für $K = \left(\sum_{i=0}^{s-1} \|A^i\| \right)^{-1} > 0$ gilt $K \cdot \|x\|_* \leq K \cdot \sum_{i=0}^{s-1} \|A^i\| \cdot \|x\| \leq \|x\|$. $\qquad\square$

Bemerkungen. 1. Aus dem Beweis von Lemma 5.7 folgt unmittelbar die Eigenschaft $\|x\| \leq \|x\|_* \leq K^{-1}\|x\|$.

2. Mit Lemma 5.7 und der davor gemachten Bemerkung folgt jetzt, daß $\rho(A) < 1$ genau dann gilt, wenn es eine Norm $\| \cdot \|$ auf $\mathbb{R}^n$ gibt mit $\|A\| < 1$.

3. Es gilt $\rho(A) = \lim_{s \to \infty} (\|A^s\|)^{1/s}$ (vgl. Aufgabe 2b).

Hat man also zu einem stetig differenzierbaren System die Eigenwerte der Jacobi-Matrix ermittelt, so kann man das Stabilitätsverhalten bestimmen, ohne nach einer in Satz 5.4 geforderten Norm zu suchen. Wir fassen dieses Ergebnis in folgendem Satz zusammen.

Satz 5.8. Sei $x(t + 1) = Tx(t)$ ein System mit $T : M \to M$, x^* ein Gleichgewicht und sei T in einer Umgebung von x^* stetig differenzierbar. Dann gilt

1. Gilt $\rho(DT_{x^*}) < 1$, so ist x^* asymptotisch stabil

2. Gilt $|\lambda| > 1$ für alle Eigenwerte von DT_{x^*}, so ist x^* ist instabil.

Beweis. 1. Folgt aus Satz 5.4 (1.) mit Lemma 5.7

2. Sei $|\lambda| > 1$ für alle Eigenwerte λ von DT_{x^*}, dann ist DT_{x^*} invertierbar (vgl. Aufgabe 3). Die Eigenwerte von $(DT_{x^*})^{-1}$ sind gegeben durch $\frac{1}{\lambda}$, wobei λ die Eigenwerte von DT_{x^*} durchläuft. Damit gilt

$$\rho((DT_{x^*})^{-1}) = \max \left\{ \frac{1}{|\lambda|} \,\Big|\, \lambda \text{ Eigenwert von } DT_{x^*} \right\} < 1,$$

also nach Lemma 5.7 $\|(DT_{x^*})^{-1}\|_* < 1$. Daraus folgt $\|(DT_{x^*})^{-1}\|_*^{-1} > 1$ und daher ist x^* nach Satz 5.4 (2.) instabil.

$\qquad\square$

In Satz 5.8 gelten also die Ungleichungen von Satz 5.4 in der speziellen Norm $\| \cdot \|_*$.

Definition 17. Für das System $x(t + 1) = Tx(t)$ mit Gleichgewicht x^* existiere DT_{x^*}. Dann heißt x^*

1. *Attraktor* (oder *Senke*), wenn $\rho(DT_{x^*}) < 1$.

2. *Repellor* (oder *Quelle*), wenn $|\lambda| > 1$ für alle Eigenwerte λ von DT_{x^*}.

3. *Sattelpunkt*, wenn $|\lambda| > 1$ und $|\mu| < 1$ für wenigstens zwei Eigenwerte λ, μ von DT_{x^*}.

Beispiele. 1. Sei $T(x_1, x_2) = [x_1 - \log \frac{1+e^{x_2}}{2}, -x_2 + \log \frac{1+e^{x_1}}{2}]^T$ mit $M = \mathbb{R}^2$. Dann ist $x^* = 0$ das einzige Gleichgewicht des Systems $x(t+1) = Tx(t)$. Es gilt

$$J_T(x) = \begin{bmatrix} 1 & -\frac{e^{x_2}}{1+e^{x_2}} \\ \frac{e^{x_1}}{1+e^{x_1}} & -1 \end{bmatrix},$$

woraus sich für die Eigenwerte ergibt

$$\lambda_{1,2} = \pm\sqrt{1 - \frac{e^{x_1+x_2}}{(1 + e^{x_1})(1 + e^{x_2})}}.$$

Also gilt $\rho(DT_x) < 1$ für alle $x \in \mathbb{R}^2$ und nach Satz 5.8 (1.) ist $x^* = 0$ ein asymptotisch stabiles Gleichgewicht des Systems $x(t+1) = Tx(t)$. Jedoch zeigen Computersimulationen, daß für einige Startpunkte $x(0)$ die Lösung unbeschränkt ist und daher 0 kein global stabiles Gleichgewicht ist (vgl. Aufgabe 7)! Dieses Beispiel zeigt, daß in Korollar 5.5 die Voraussetzung $\|DT_x\| < 1$ für alle $x \in M$ nicht durch $\rho(DT_x) < 1$ für alle $x \in M$ ersetzt werden kann. Die Konstruktion der Norm $\|\cdot\|_*$ in Lemma 5.7 hängt nämlich von DT_x und daher von x selbst ab.

2. Sei $T(x_1, x_2) = [x_1^2 + 2x_2, x_2^2 + 3x_1]^T$ mit $M = \mathbb{R}^2$. Es ist $x^* = 0$ ein Gleichgewicht des Systems $x(t+1) = Tx(t)$. Es gilt

$$J_T(x) = \begin{bmatrix} 2x_1 & 2 \\ 3 & 2x_2 \end{bmatrix}, \quad \text{also} \quad J_T(0) = \begin{bmatrix} 0 & 2 \\ 3 & 0 \end{bmatrix}.$$

Für die Eigenwerte von $J_T(0)$ gilt $\lambda_{1,2} = \pm\sqrt{6}$ und daher $|\lambda_{1,2}| > 1$. Also ist das Gleichgewicht $x^* = 0$ nach Satz 5.8 instabil.

3. Sei $T(x_1, x_2) = [2x_1 - x_2^3, \frac{1}{2}x_2]^T$ mit $M = \mathbb{R}^2$. Wieder ist $x^* = 0$ ein Gleichgewicht des Systems $x(t+1) = Tx(t)$, in diesem Fall jedoch das einzige. Es gilt

$$J_T(x) = \begin{bmatrix} 2 & -3x_2^2 \\ 0 & \frac{1}{2} \end{bmatrix}, \quad \text{also} \quad J_T(0) = \begin{bmatrix} 2 & 0 \\ 0 & \frac{1}{2} \end{bmatrix}.$$

Offenbar sind 2 und $\frac{1}{2}$ Eigenwerte von $J_T(0)$, also ist 0 ein Sattelpunkt. Betrachte nun das lineare System $x(t+1) = J_T(0)x(t)$. Es gibt eine stabile Mannigfaltigkeit $S = \mathbb{R} \cdot e_2$ und eine instabile Mannigfaltigkeit $U = \mathbb{R} \cdot e_1$ und es ist $\mathbb{R}^2 = U \oplus S$. Für das (nichtlineare) ursprüngliche System $x(t+1) = Tx(t)$ gilt jedoch

$$\lim_{t \to \infty} \|x(t)\| = \infty \text{ für alle } 0 \neq x \in S.$$

Wir zeigen dazu folgende Behauptung (∗)

$$x_1(t+1) = 2^t(2x_1(0) - x_2(0)^3 - 4^{-2}x_2(0)^3 - \ldots - 4^{-2t}x_2(0)^3) \quad \text{und}$$
$$x_2(t+1) = 2^{-t-1}x_2(0)$$

durch vollständige Induktion. Für $t = 0$ gilt $x_1(1) = 2x_1(0) - x_2(0)^3$ und $x_2(1) = \frac{1}{2}x_2(0)$. Sei nun für festes $t \in \mathbb{N}$ die Behauptung (∗) wahr. Dann folgt

$$\begin{aligned}
x_1(t+2) &= 2x_1(t+1) - x_2(t+1)^3 \\
&= 2^{t+1}\left(2x_1(0) - x_2(0)^3 - \ldots - 4^{-2t}x_2(0)^3\right) - 2^{t+1} \cdot 4^{-2(t+1)}x_2(0)^3 \\
x_2(t+2) &= \frac{1}{2}x_2(t+1) = 2^{-t-1-1}x_2(0) = 2^{-(t+1)-1}x_2(0).
\end{aligned}$$

Aus (∗) folgt für $x_1(0) = 0$ und $x_2(0) \neq 0$, daß $\lim_{t\to\infty} x_1(t) = \infty$ und $\lim_{t\to\infty} x_2(t) = 0$ und daher $\lim_{t\to\infty} \|x(t)\| = \infty$ für alle $0 \neq x(0) \in S$. Die stabile Mannigfaltigkeit für das nichtlineare System $x(t+1) = Tx(t)$ ist definiert durch

$$S = \left\{ x \in \mathbb{R}^2 \mid \lim_{t\to\infty} T^t x = x^* \right\}.$$

Sei $x = x_1(0)$ und $y = x_2(0)$. Für $\lim_{t\to\infty} T^t(x,y) = 0$ muß der Klammerausdruck in (∗) gegen 0 konvergieren, also

$$\begin{aligned}
2x &= y^3 + 4^{-2}y^3 + \ldots = y^3(1 + 4^{-2} + \ldots) \\
&= \frac{y^3}{1 - 4^{-2}} = \frac{16}{15}y^3,
\end{aligned}$$

d. h. $x = \frac{8}{15}y^3$ In der Tat ist diese Bedingung auch hinreichend: Für $x = \frac{8}{15}y^3$ ist nämlich

$$x_1(t+1) = \frac{16}{15}2^t \cdot 4^{-2(t+1)}y^3 \quad \text{und}$$
$$x_2(t+1) = 2^{-(t+1)}y,$$

also $\lim_{t\to\infty} x_1(t) = \lim_{t\to\infty} x_2(t) = 0$. Somit ist $S = \left\{[x,y]^T \in \mathbb{R}^2 \mid x = \frac{8}{15}y^3\right\}$. Dies ist eine kubische Kurve und genau diejenigen Orbits, die auf ihr starten, konvergieren gegen das Gleichgewicht $x^* = 0$ von $x(t+1) = Tx(t)$. $\diamond$

Referenzen

- Beispiel 1 im Anschluß an Satz 5.8 ist folgendem Aufsatz entnommen: Martelli, M.: *Global stability of discrete dynamical systems*. Preprint, 1998.

Aufgaben

1. Für eine Matrix $A = (a_{ij})_{1\leq i,j\leq n}$ und $1 \leq k \leq n$ sei A_k die Matrix $A_k = (a_{ij})_{1\leq i,j\leq k}$ und D_k die Determinante von A_k. Zeigen Sie folgende Aussagen.

(a) Eine reelle symmetrische Matrix ist genau dann positiv definit, wenn $D_k > 0$ ist für alle $1 \leq k \leq n$.

(b) Eine reelle symmetrische Matrix ist genau dann negativ definit, wenn $(-1)^k D_k > 0$ ist für alle $1 \leq k \leq n$.

2. Beweisen Sie die folgenden Aussagen.

(a) Sei $A \in \mathbb{R}^{n \times n}$ eine Matrix mit $\|A\| < 1$ für eine beliebige Norm, so ist $\rho(A) < 1$.

(b)* Es gilt $\rho(A) = \lim_{s \to \infty} (\|A^s\|)^{1/s}$.

3. Sei $x \in \mathbb{R}$ und $T : \mathbb{R}^n \to \mathbb{R}^n$ in einer Umgebung von x stetig differenzierbar mit Jacobi-Matrix $J_T(x)$. Zeigen Sie folgende Aussagen: Ist $\lambda \neq 0$ für alle Eigenwerte λ von $J_T(x)$, dann gilt

(a) $J_T(x)$ ist invertierbar.

(b) Sind $\lambda_1, \dots, \lambda_n$ die (nicht notwendig verschiedenen) Eigenwerte von $J_T(x)$, dann sind die Eigenwerte der inversen Matrix zu $J_T(x)$ gegeben durch $\frac{1}{\lambda_i}$ für $i = 1, \dots, n$.

4. Gegeben sei das System $x(t + 1) = [\sqrt{x_2(t)}, \, 2\sqrt{x_1(t)} + 3\sqrt{x_2(t)}\,]^T$, $t \in \mathbb{N}$ auf der Menge $M = \{[x_1, x_2]^T \in \mathbb{R}^2 \mid x_1 > 0, \, x_2 > 0\}$.

(a) Ermitteln Sie die Gleichgewichte des Systems.

(b) Prüfen Sie die Gleichgewichte auf asymptotische Stabilität.

5. Prüfen Sie , ob die folgenden Matrizen positiv definit oder negativ definit sind.

$$(a) \quad A = \begin{bmatrix} -1 & 1 & 1 \\ 1 & -2 & \frac{1}{2} \\ 1 & \frac{1}{2} & 0 \end{bmatrix} \qquad\qquad (b) \quad A = \begin{bmatrix} 1 & 2 & 3 \\ 2 & 1 & 0 \\ 3 & 0 & 1 \end{bmatrix}.$$

6. Zeigen Sie unter Benutzung von Korollar 5.6, daß das System

$$x(t + 1) = \left[\frac{5}{1 + x_2(t)}, \, 3 + x_1(t)^2 \right]^T, \quad t \in \mathbb{N}$$

in der Menge $M = \{[x_1, x_2]^T \in \mathbb{R}^2 \mid |x_1| < 2, \, x_2 > 3.5\}$ ein Gleichgewicht besitzt, das global asymptotisch stabil ist.
Hinweis: Man versuche es mit einer Diagonalmatrix B.

7. Finden Sie für das System in Beispiel 1 im Anschluß an Satz 5.8 wenigstens einen Anfangswert, so daß die zugehörige Lösung unbeschränkt ist.

8. Auf dem $\mathbb{R}^3$ sei das System $x(t + 1) = Tx(t)$, $t \in \mathbb{N}$, mit $T(x_1, x_2, x_3) = [x_1 x_2 + ax_3, \, x_1^2, \, x_2^2 + x_3^2 + ax_1]^T$ gegeben, wobei a ein Parameter in $\mathbb{R}$ ist.

(a) Untersuchen Sie für das Gleichgewicht $x^* = 0$ asymptotische Stabilität in Abhängigkeit von a.

(b) Finden Sie für geeignete Parameterwerte von a eine Umgebung von $x^* = 0$, in der sich das System aufhält und dort global asymptotisch stabil ist.

(c) Ermitteln Sie für das zugeordnete lineare System im Nullpunkt die instabile und die stabile Mannigfaltigkeit in Abhängigkeit vom Parameter a.

(d) Prüfen Sie das Gleichgewicht $x^* = 0$ mittels Computersimulation auf globale asymptotische Stabilität in Abhängigkeit vom Parameter a.

5.3 Liapunovs direkte Methode

Ein Nachteil der im vorherigen Abschnitt vorgestellten Methode zur Stabilitätsanalyse von Gleichgewichten x^* des diskreten dynamischen Systems (5.1) ist, daß die Abb. T in einer Umgebung von x^* differenzierbar sein muß. Außerdem eignet sich diese Methode auch nur zur Prüfung der lokalen Stabilität, nicht aber der globalen Stabilität eines .

Eine wichtige Methode, die es erlaubt, auch globale Stabilität für Gleichgewichte nichtlinearer und nichtdifferenzierbarer dynamischer Systeme nachzuweisen, ohne Lösungen konkret ermitteln zu müssen, ist Liapunovs direkte Methode. Die wesentliche Aufgabe bei dieser Methode besteht darin, eine Funktion zu finden, deren Werte auf einer Lösung sich ständig verringern und die nur im Gleichgewicht den Wert 0 hat. Eine derartige Funktion heißt Liapunov-Funktion des Systems.

Im folgenden sei $\| \cdot \|$ eine beliebige, aber festgewählte Norm auf $\mathbb{R}^n$ und

$$x(t+1) = Tx(t), \quad t \in \mathbb{N} \tag{5.12}$$

ein diskretes dynamisches System mit $T : M \to M$, $M \subset \mathbb{R}^n$.

Definition 18. Sei $x(t+1) = Tx(t)$ ein System (5.12) mit Gleichgewicht $x^* \in M$, d. h. $Tx^* = x^*$. Eine *Liapunov-Funktion V von T in x^** ist eine Funktion $V : U \to \mathbb{R}$, die auf einer offenen Umgebung U von x^* in M definiert ist, dort stetig ist und für die gilt

1. $V(x^*) = 0$ und $V(x) > 0$ für $x^* \neq x \in U$;

2. $\Delta V(x) := V(Tx) - V(x) \leq 0$ für alle $x \in U$ mit $Tx \in U$.

Eine Liapunov-Funktion heißt *strikt*, wenn folgende Verschärfung von 2. gilt

2.' $\Delta V(x) < 0$ für alle $x^* \neq x \in U$ mit $Tx \in U$.

Dem zentralen Satz über Liapunov-Funktionen schicken wir folgendes wichtige Lemma voraus.

Lemma 5.9. Sei $x(t+1) = Tx(t)$ ein diskretes dynamisches System (5.12) und sei $x^* \in M$ ein Gleichgewicht von (5.12). Sei T stetig auf einer offenen Umgebung U von x^* in M und sei V eine strikte Liapunov-Funktion von T in x^*, die auf U definiert ist. Ist

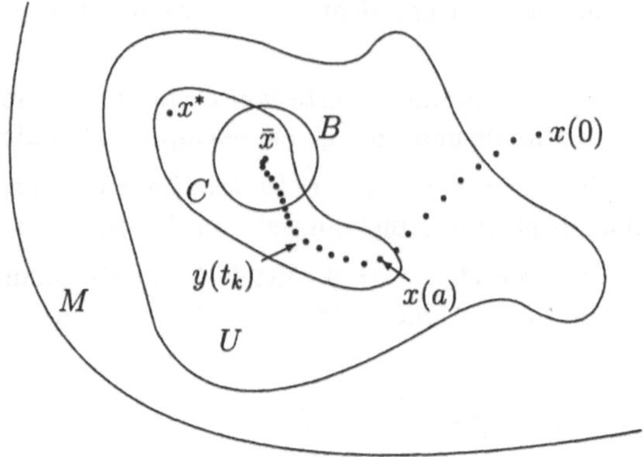

Abb. 5.11   Zum Beweis von Lemma 5.9

x eine Lösung von (5.12), die schließlich in einer kompakten Teilmenge von U enthalten ist, so gilt

$$\lim_{t\to\infty} x(t) = x^*.$$

Beweis. Sei C eine kompakte Teilmenge von U und sei x eine Lösung mit $x(t) \in C$ für alle $t \geq a$, wobei $a \in \mathbb{N}$. Wir nehmen an, $x(t)$ konvergiere nicht gegen das Gleichgewicht x^* für $t \to \infty$ und führen diese Annahme zum Widerspruch. Definieren wir y durch $y(t) = x(t + a)$, so ist $y(t) \in C$ für alle $t \in \mathbb{N}$ und $y(t)$ konvergiert ebenfalls nicht gegen x^* für $t \to \infty$. Daher gibt es eine Folge natürlicher Zahlen $(t_k)_{k\in\mathbb{N}}$ mit $t_k < t_{k+1}$, so daß $\lim_{k\to\infty} y(t_k) = \bar{x} \neq x^*$. Da $x^* \neq \bar{x} \in C \subset U$ ist und T stetig auf U, so folgt wegen $Ty(t_k) = x(t_k + 1 + a) \in C$, daß $T\bar{x} \in U$ ist und daher gibt es eine Umgebung $B = \{z \in \mathbb{R}^n \mid \|z - \bar{x}\| \leq \varepsilon\}$ von $\bar{x}$ in U mit $x^* \notin B$ und $T(B) \subset U$ (vgl. Abb. 5.11). Für $x \in B$ ist $Tx \in U$ und daher $V(Tx) < V(x)$. Da T stetig ist auf B und V stetig auf U, so ist $V \circ T$ stetig auf B und daher gilt

$$q := \sup_{x\in B} \frac{V(Tx)}{V(x)} < 1.$$

Wegen $\lim_{k\to\infty} y(t_k) = \bar{x}$ gibt es ein $k_0 \in \mathbb{N}$, so daß $y(t_k) \in B$ ist für $k \geq k_0$. Somit folgt für alle $k \geq k_0$ wegen $T^t y(t_k) \in C \subset U$ für $t \in \mathbb{N}$

$$V(y(t_{k+1})) = V(T^{t_{k+1}-t_k} y(t_k)) \leq V(Ty(t_k)) \leq qV(y(t_k))$$

und daher durch Iteration

$$V(y(t_{k_0+l})) \leq q^l V(y(t_{k_0}))$$

für alle $l \in \mathbb{N}$. Also gilt $\lim_{l\to\infty} V(y(t_{k_0+l})) = 0$ und daher $V(\bar{x}) = 0$, da $\lim_{l\to\infty} y(t_{k_0+l}) = \bar{x}$ und V auf U stetig ist. Aus Eigenschaft 1 einer Liapunov-Funktion folgt somit $\bar{x} = x^*$, was ein Widerspruch zur Annahme ist. Also muß gelten $\lim_{t\to\infty} x(t) = x^*$. $\square$

Satz 5.10. Sei $x(t+1) = Tx(t)$ ein diskretes dynamisches System (5.12) und sei x^* ein Gleichgewicht von (5.12) im Inneren von M. Weiter sei T in einer Umgebung von x^* stetig. Dann gilt

1. Existiert eine Liapunov-Funktion V von T in x^*, dann ist x^* stabil.

2. Existiert eine strikte Liapunov-Funktion V von T in x^*, dann ist x^* asymptotisch stabil.

Beweis. In diesem Beweis schreiben wir für offene Kugeln $B(x^*, s) = \{x \in \mathbb{R}^n \mid \|x - x^*\| < s\}$ mit $s > 0$ kurz B_s.

1. Sei V eine Liapunov-Funktion von T in x^*, definiert auf einer offenen Umgebung U von x^*. Da x^* innerer Punkt von M ist und T auf einer Umgebung von x^* stetig ist, so gibt es ein $a > 0$ derart, daß $B_a \subset M$ und T auf B_a stetig ist. Wir können annehmen, daß für den Abschluß $\overline{B_a}$ von B_a gilt $\overline{B_a} \subset U$. Da T stetig ist in x^* mit $Tx^* = x^*$, so gibt es eine Kugel B_b mit $b < a$ und $T(B_b) \subset B_a$. Sei nun $0 < \varepsilon < b$ gegeben und sei $m = \inf\{V(x) \mid \varepsilon \leq \|x - x^*\| \leq a\}$. Da V auf $\overline{B_a}$ stetig ist und $V(x) > 0$ für $x^* \neq x \in U$, so ist $m > 0$. Da $U' = \{x \in U \mid V(x) < m\}$ offen ist und $x^* \in U'$, so gibt es ein $0 < \delta < \varepsilon$ mit $B_\delta \subset U'$. Wir zeigen für $x(0) \in B_\delta$ durch vollständige Induktion, daß $x(t) \in B_\varepsilon$ für alle $t \in \mathbb{N}$ ist, woraus die Behauptung folgt. Es ist $x(0) \in B_\delta \subset B_\varepsilon$ und wegen $B_\delta \subset U'$ und der Definition von U' außerdem $V(x(0)) < m$. Sei $x(t) \in B_\varepsilon$ und $V(x(t)) < m$ für ein $t \in \mathbb{N}$. Dann gilt einerseits $x(t+1) = Tx(t) \in T(B_\varepsilon) \subset T(B_b) \subset B_a$ und andererseits nach Definition einer Liapunov-Funktion $V(x(t+1)) = V(Tx(t)) \leq V(x(t)) < m$. Da $x(t+1) \in B_a$ und $V(x(t+1)) < m$, so muß nach Definition von m gelten, daß $x(t+1) \in B_\varepsilon$. Also ist für einen Startpunkt in B_δ die Lösung ganz in B_ε enthalten und x^* daher stabil.

2. Nach 1. gilt für $x(0) \in B_\delta$, daß $x(t) \in B_\varepsilon$ ist für alle $t \in \mathbb{N}$. Es ist T stetig auf B_a und V eine strikte Liapunov-Funktion auf $B_a \subset U$. Für die kompakte Menge $\overline{B_\varepsilon} \subset B_a$ folgt aus Lemma 5.9, daß $\lim_{t \to \infty} x(t) = x^*$ ist für $x(0) \in B_\delta$. Da x^* nach 1. stabil ist, so ist x^* also asymptotisch stabil.

$\square$

Die lokalen Stabilitätsaussagen von Satz 5.10 gelten sogar global, wenn man die Voraussetzungen in Satz 5.10 etwas verschärft. Wir zeigen zwei Korollare von Satz 5.10.

Korollar 5.11. Sei $x(t+1) = Tx(t)$ ein diskretes dynamisches System (5.12) mit Gleichgewicht x^* und stetiger Abb. $T : M \to M$ für eine offene Menge M. Sei V eine strikte Liapunov-Funktion von T in x^*, die auf M definiert ist und mit x gegen unendlich strebt (d. h. es existiert zu jedem $k \in \mathbb{N}$ ein $l \in \mathbb{N}$ mit $V(x) \geq k$, falls $\|x\| \geq l$, $x \in M$). Ist der Abschluß jeder Lösung in M enthalten, so ist x^* global asymptotisch stabil.

Beweis. Nach Satz 5.10 1. ist x^* jedenfalls stabil. Sei x eine Lösung von (5.12). Ist diese Lösung nicht beschränkt, so gibt es zu jedem $l \in \mathbb{N}$ ein $t_l \in \mathbb{N}$ mit $\|x(t_l)\| \geq l$.

Also gibt es zu jedem $k \in \mathbb{N}$ ein $l \in \mathbb{N}$ mit $k \leq V(x(t_l)) \leq V(x(0))$, was offenbar ein Widerspruch ist. Also muß jede Lösung x von (5.12) beschränkt sein. Daher ist der Abschluß des Orbits $\{x(t) \,|\, t \in \mathbb{N}\}$ eine kompakte Teilmenge von M und nach Lemma 5.9 gilt $\lim_{t \to \infty} x(t) = x^*$. Damit ist x^* global asymptotisch stabil. $\qquad \Box$

Korollar 5.12. Ist $x(t+1) = Tx(t)$ ein diskretes dynamisches System (5.12) mit stetiger Abb. $T : \mathbb{R}^n \to \mathbb{R}^n$ und Gleichgewicht x^* und ist V eine strikte Liapunov-Funktion von T in x^*, die auf $\mathbb{R}^n$ definiert ist und die mit x gegen unendlich strebt, so ist x^* global asymptotisch stabil.

Beweis. Für $M = \mathbb{R}^n$ ist der Abschluß jeder Lösung in M enthalten und daher folgt Korollar 5.12 aus Korollar 5.11. $\qquad \Box$

Beispiele. 1. Sei $x(t+1) = Tx(t)$ mit $M = \mathbb{R}^2$ und

$$Tx = Ax = \begin{bmatrix} \cos\theta & \sin\theta \\ -\sin\theta & \cos\theta \end{bmatrix} \cdot x$$

für $0 \leq \theta < \pi$. Es ist $x^* = 0$ ein Gleichgewicht des Systems und für die Eigenwerte von A gilt $\lambda_{1,2} = \cos\theta \pm i\sin\theta$ mit $|\lambda_{1,2}| = 1$. Für $\theta \neq 0$ sind $\lambda_{1,2}$ einfach, sonst halbeinfach. Also ist dieses System nach Satz 4.4 (1.) stabil, aber nicht asymptotisch stabil. Dieses Ergebnis kann man auch mit Hilfe einer Liapunov-Funktion erhalten. Die Funktion $V(x) = x_1^2 + x_2^2$ ist eine Liapunov-Funktion von T in 0, denn es gilt

1. $V(0) = 0$, $V(x) > 0$ für alle $x \neq 0$

2. $V(Tx) = (x_1\cos\theta + x_2\sin\theta)^2 + (-x_1\sin\theta + x_2\cos\theta)^2 = x_1^2 + x_2^2 = V(x)$ für alle $x \in \mathbb{R}^2$.

Nach Satz 5.10 ist das System damit stabil. Wegen $V(Tx) = V(x)$ ist $\lim_{t \to \infty} V(T^t x) = V(x) \neq 0 = V(x^*)$ für $x \neq x^*$ und das System daher nicht asymptotisch stabil.

2. Sei $x(t+1) = Tx(t)$ auf $M = \mathbb{R}^2$ mit

$$Tx = [x_2 - x_2(x_1^2 + x_2^2), \; x_1 - x_1(x_1^2 + x_2^2)]^T.$$

Es ist $x^* = 0$ ein Gleichgewicht. Die Funktion $V(x) = x_1^2 + x_2^2$ ist eine strikte Liapunov-Funktion von T in 0, denn es gilt

1. $V(0) = 0$, $V(x) > 0$ für alle $x \neq 0$

2. $V(Tx) = x_2^2(1 - x_1^2 - x_2^2)^2 + x_1^2(1 - x_1^2 - x_2^2)^2 = (x_1^2 + x_2^2) \cdot (1 - 2(x_1^2 + x_2^2) + (x_1^2 + x_2^2)^2)$. Damit gilt $\triangle V(x) = V(Tx) - V(x) = (x_1^2 + x_2^2)^2 \cdot (-2 + (x_1^2 + x_2^2))$, also ist $\triangle V(x) < 0$ genau dann, wenn $x_1^2 + x_2^2 < 2$ und $x \neq 0$. Daher gilt $\triangle V(x) < 0$ für alle $0 \neq x \in B(0, \sqrt{2}) = \{y \in \mathbb{R}^2 \,|\, \|y\| < \sqrt{2}\}$ bzgl. der euklidischen Norm.

Nach Satz 5.10 ist das System damit asymptotisch stabil. Man kann mit Hilfe der Liapunov-Funktion aber sogar den Konvergenzradius bestimmen. Sei dazu $0 \neq x \in B(0, \sqrt{2})$ für die euklidische Norm, d.h. $\|x\| = \sqrt{x_1^2 + x_2^2}$. Für $y = Tx$ gilt dann $y_1^2 + y_2^2 = V(y) = V(Tx) < V(x) = x_1^2 + x_2^2$ und daher auch $\|y\| < \|x\|$. Also gilt $y = Tx \in B(0, \|x\|) \subset B(0, \sqrt{2})$. Eine Lösung, die in x startet, bleibt daher in $B(0, \|x\|)$. Nach Lemma 5.9 konvergiert jede Lösung, die in $B(0, \sqrt{2})$ startet, gegen 0. Das zeigt, daß man mittels einer Liapunov-Funktion mehr erhalten kann, als nur die bloße asymptotische Stabilität, wie sie sich etwa vermöge linearer Approximation ergibt. Es ist $x^* = 0$ nicht global asymptotisch stabil, denn für einen Startpunkt $x(0)$ mit $\|x(0)\| = \sqrt{2}$ ist $\|x(t)\| = \sqrt{2}$ für alle $t \in \mathbb{N}$.

3. Sei $x(t+1) = Tx(t)$ mit $M = \{y \in \mathbb{R}^2 \mid y_1 > 0, \, y_2 > 0\}$ und

$$Tx = [\sqrt{x_2}, \, 2\sqrt{x_1} + 3\sqrt{x_2}]^T.$$

Die Bedingungen für einen Fixpunkt von T sind $\sqrt{x_2} = x_1$ und $2\sqrt{x_1} + 3\sqrt{x_2} = x_2$. Ist $y = x_2^{1/4}$, so folgt $y^4 = 3y^2 + 2y$. Aus $y = 0$ folgt $x_2 = 0$ und daher auch $x_1 = 0$, aber $[0,0]^T \notin M$. Sei also $y \neq 0$ und daher $y^3 = 3y + 2$. Es ist $y = 2$ eine Wurzel und es folgt $x_2 = 16$ und $x_1 = 4$. Tatsächlich ist $x^* = [4, 16]^T$ ein Gleichgewicht des Systems. Da $y^3 - 3y - 2 = (y-2)(y^2 + 2y + 1)$ ist und $y^2 + 2y + 1$ keine positive Wurzel besitzt, so ist $[4, 16]^T$ das einzige Gleichgewicht des Systems. Sei für $x \in M$

$$V(x) = \max \left\{ \left| \log \frac{x_1}{4} \right|, \, \left| \log \frac{x_2}{16} \right| \right\}.$$

Es ist V eine strikte Liapunov-Funktion von T in x^*, die auf M definiert ist, denn es gilt: V ist stetig auf M und $V(x) = 0$ bedeutet $\log \frac{x_1}{4} = \log \frac{x_2}{16} = 0$, d.h. $x = x^*$. Die Eigenschaft 2' einer strikten Liapunov-Funktion ist etwas schwieriger nachzuweisen. Für $x \in M$ ist $Tx \in M$ und

$$V(Tx) = \max \left\{ \left| \log \frac{\sqrt{x_2}}{4} \right|, \, \left| \log \frac{2\sqrt{x_1} + 3\sqrt{x_2}}{16} \right| \right\}.$$

Für $x_2 \neq 16$ ist

$$\left| \log \frac{x_2}{16} \right| = \left| \log \left(\frac{\sqrt{x_2}}{4} \right)^2 \right| = 2 \left| \log \frac{\sqrt{x_2}}{4} \right| > \left| \log \frac{\sqrt{x_2}}{4} \right|,$$

also $|\log \frac{\sqrt{x_2}}{4}| < V(x)$ für $x \neq x^*$. Weiterhin ist $\log \frac{2\sqrt{x_1}+3\sqrt{x_2}}{16} = \log(\alpha a + (1 - \alpha)b)$ mit $\alpha = \frac{1}{4}$, $a = \frac{\sqrt{x_1}}{2}$ und $b = \frac{\sqrt{x_2}}{4}$. Da $\log$ monoton ist, gilt $|\log(\alpha a + (1 - \alpha)b)| \leq \max\{|\log a|, |\log b|\}$ (Aufgabe 3). Damit folgt für $x \neq x^*$

$$\left| \log \frac{2\sqrt{x_1} + 3\sqrt{x_2}}{16} \right| \leq \max \left\{ \left| \log \frac{\sqrt{x_1}}{2} \right|, \, \left| \log \frac{\sqrt{x_2}}{4} \right| \right\}$$

$$< 2 \max \left\{ \left| \log \frac{\sqrt{x_1}}{2} \right|, \, \left| \log \frac{\sqrt{x_2}}{4} \right| \right\} = V(x).$$

Daraus folgt $V(Tx) < V(x)$ für alle $x^* \neq x \in M$. Also ist V eine strikte Liapunov-Funktion, die auf M definiert ist. Offensichtlich strebt $V(x)$ gegen unendlich, wenn x gegen unendlich strebt. Schließlich ist der Abschluß jeder Lösung in M enthalten. Sei dazu $x(0) \in M$ und $\varepsilon = \min\{x_1(0), x_2(0), \frac{1}{2}\}$. Es ist $0 < \varepsilon < 1$ und daher $Tx(0) \geq [\sqrt{\varepsilon}, 2\sqrt{\varepsilon} + 3\sqrt{\varepsilon}]^T \geq [\varepsilon, \varepsilon]^T$. Durch Iteration folgt $x(t) \geq [\varepsilon, \varepsilon]^T$ und daher ist der Abschluß der Lösung enthalten in $\{x \in M \mid x \geq [\varepsilon, \varepsilon]^T\} \subset M$. Nach Korollar 5.11 ist $x^* = [4, 16]^T$ somit global asymptotisch stabil. $\hfill \diamond$

Als eine Anwendung von Liapunov Funktionen behandeln wir linear approximierbare nichtlineare Systeme der Gestalt

$$x(t + 1) = Ax(t) + g(x(t)), \qquad t \in \mathbb{N} \tag{5.13}$$

mit $x(t) \in \mathbb{R}^n$, $A \in \mathbb{R}^{n \times n}$ und $g : \mathbb{R}^n \to \mathbb{R}^n$ mit $g(0) = 0$ und $\lim_{x \to 0} \frac{g(x)}{\|x\|} = 0$. Die Annahmen über g implizieren, daß A die Jacobi-Matrix des Systems im Nullpunkt ist. Der nächste Satz erinnert daher an das weiter oben behandelte Korollar 5.6.

Satz 5.13. Sei $A \in \mathbb{R}^{n \times n}$. Gibt es eine positiv definite Matrix $B \in \mathbb{R}^{n \times n}$, so daß die Matrix $A^T BA - B$ negativ definit ist, so ist $x^* = 0$ ein asymptotisch stabiles Gleichgewicht des Systems (5.13).

Beweis. Es ist $x^* = 0$ ein Gleichgewicht. Wir zeigen, daß durch $V(x) = x^T Bx$ eine strikte Liapunov-Funktion von T mit $Tx = Ax + g(x)$ in x^* definiert wird. Jedenfalls ist V stetig auf $\mathbb{R}^n$ und es gilt $V(0) = 0$ und $V(x) > 0$ für $x \neq 0$, da B positiv definit ist. Es gilt

$$\begin{aligned}
\triangle V(x) &= V(Tx) - V(x) = V(Ax + g(x)) - V(x) \\
&= (Ax + g(x))^T B(Ax + g(x)) - x^T Bx \\
&= x^T (A^T BA)x - x^T Bx + r(x)
\end{aligned}$$

mit $r(x) = x^T A^T Bg(x) + g(x)^T BAx + g(x)^T Bg(x)$. Da $A^T BA - B$ negativ definit ist, gilt für $s = \sup\{y^T A^T BAy - y^T By \mid y \in \mathbb{R}^n, \|y\| = 1\}$, daß $s < 0$ ist. Für $x \neq 0$ und $y = \frac{x}{\|x\|}$ ist

$$x^T (A^T BA)x - x^T Bx = \|x\|^2 (y^T (A^T BA)y - y^T By).$$

Also folgt $\triangle V(x) \leq \|x\|^2 (s + \frac{r(x)}{\|x\|^2})$. Da

$$\frac{r(x)}{\|x\|^2} = \frac{x^T}{\|x\|} A^T B \frac{g(x)}{\|x\|} + \frac{g(x)^T}{\|x\|} BA \frac{x}{\|x\|} + \frac{g(x)^T}{\|x\|} B \frac{g(x)}{\|x\|},$$

so gibt es nach Voraussetzung über g ein $\delta > 0$, so daß $\frac{r(x)}{\|x\|^2} < -s$ für $0 \neq \|x\| < \delta$. Damit gilt $\triangle V(x) < 0$ für $0 \neq x \in \{y \in \mathbb{R}^n \mid \|y\| < \delta\}$ und $x^* = 0$ ist asymptotisch stabil nach Satz 5.10 (2.). $\hfill \square$

Korollar 5.14. Sei $A \in \mathbb{R}^{n \times n}$. Gilt für den Spektralradius $\rho(A) < 1$, so ist das Gleichgewicht $x^* = 0$ von (5.13) asymptotisch stabil.

Beweis. Nach Korollar 4.6 ist das lineare System zu A exponentiell asymptotisch stabil, also

$$\|A^t x\| \leq c_1 e^{-\lambda t} \|x\| \text{ mit } c_1 > 0, \lambda > 0.$$

Analog gilt wegen $\rho(A^T) = \rho(A) < 1$

$$\|(A^T)^t x\| \leq c_2 e^{-\mu t} \|x\| \text{ mit } c_2 > 0, \mu > 0$$

und daher

$$\|(A^T)^t A^t x\| \leq c_2 e^{-\mu t} \|A^t x\| \leq c_1 c_2 e^{-(\lambda+\mu)t} \|x\|.$$

Daraus folgt, daß $B = \sum_{t=0}^{\infty} (A^T)^t A^t$ in $\mathbb{R}^{n \times n}$ existiert. Die Matrix B ist symmetrisch und es ist $x^T B x = \sum_{t=0}^{\infty} x^T (A^T)^t A^t x = \sum_{t=0}^{\infty} \|A^t x\|^2$. Also ist B positiv definit. Es gilt

$$A^T B A = \sum_{t=0}^{\infty} A^T (A^T)^t A^t A = \sum_{t=1}^{\infty} (A^T)^t A^t = B - E$$

und daher ist $A^T B A - B = -E$ negativ definit. Somit folgt das Korollar aus Satz 5.13. $\qquad\square$

Die Voraussetzung an $A^T B A - B$ in Satz 5.13 erinnert an eine entsprechende Voraussetzung in Korollar 5.6. In der Tat könnte man auch, ähnlich wie im Beweis von Korollar 5.6, Satz 5.13 aus Satz 5.4 herleiten, wenn man zusätzlich voraussetzt, daß g in einer Umgebung von 0 stetig differenzierbar ist. Ähnliches gilt für Korollar 5.14, das sich unter dieser zusätzlichen Voraussetzung aus Satz 5.8 herleiten ließe. Satz 5.13 bzw. Korollar 5.14 liefert darüber hinaus eine Liapunov-Funktion, was oft zusätzliche Einsichten erlaubt.

Das weiter oben erörterte Beispiel 2 im Anschluß an Korollar 5.12 ist von der in Satz 5.13 betrachteten Bauart, denn das dortige System ist $x(t+1) = Ax(t) + g(x(t))$ mit $A = \left[\begin{smallmatrix} 0 & 1 \\ 1 & 0 \end{smallmatrix}\right]$ und $g(x) = -(x_1^2 + x_2^2) \left[\begin{smallmatrix} x_2 \\ x_1 \end{smallmatrix}\right]$. Es gilt $\lim_{x \to 0} \frac{\|g(x)\|}{\|x\|} = \lim_{x \to 0} \|x\|^2 = 0$. Jedoch ist $A^T B A - B$ für keine positiv definite Matrix B eine negativ definite Matrix und es ist $\rho(A) = 1$. Dieses Beispiel zeigt also, daß die in Satz 5.13 und Korollar 5.14 gemachten Voraussetzungen keineswegs notwendig sind.

Wir wollen uns jetzt der Frage zuwenden, unter welchen Bedingungen das nichtlineare System (5.13) instabil ist. Nach Satz 5.8 ist das zumindest dann der Fall, wenn $|\lambda| > 1$ für alle Eigenwerte λ von A gilt. Für lineare Systeme $x(t+1) = Ax(t)$ gilt Instabilität jedoch schon unter der Bedingung $\rho(A) > 1$ (vgl. Satz 4.4). Mit Hilfe des folgenden Lemmas können wir zeigen, daß diese Bedingung auch für nichtlineare Systeme der Gestalt (5.13) hinreichend ist.

Lemma 5.15. Seien $A_1 \in \mathbb{R}^{m \times m}$, $A_2 \in \mathbb{R}^{n \times n}$ und $C \in \mathbb{R}^{m \times n}$ beliebige Matrizen. Dann hat die Gleichung

$$A_1 X A_2 - X = C \tag{5.14}$$

genau dann eine eindeutige Lösung $X \in \mathbb{R}^{m \times n}$, wenn kein Eigenwert der Matrix A_1 reziproker Eigenwert der Matrix A_2 ist.

Beweis. Durch $X \mapsto A_1 X A_2 - X$ wird ein Endomorphismus des endlichdimensionalen Vektorraumes $\mathbb{R}^{m \times n}$ definiert. Gleichung (5.14) hat genau dann für jedes C eine eindeutige Lösung X, wenn dieser Endomorphismus ein Isomorphismus ist. Letzteres ist nach der Rangformel der linearen Algebra genau dann der Fall, wenn der Endomorphismus injektiv ist, d. h. wenn gilt

$$A_1 X A_2 = X \quad \Longrightarrow \quad X = 0. \tag{5.15}$$

Wir zeigen, daß (5.15) genau dann gilt, wenn kein Eigenwert der Matrix A_1 reziproker Eigenwert der Matrix A_2 ist. Wir nehmen zunächst an, daß λ ein Eigenwert von A_1 und λ^{-1} ein Eigenwert von A_2 ist. Seien x^1 und x^2 Eigenvektoren der Länge n mit $A_1 x^1 = \lambda x^1$ und $A_2^T x^2 = \lambda^{-1} x^2$. Dann gilt $X = x^1 (x^2)^T \neq 0$ und

$$A_1 X A_2 = A_1 x^1 (x^2)^T A_2 = \lambda x^1 \lambda^{-1} (x^2)^T = X.$$

Somit gilt (5.15) nicht. Sei nun umgekehrt kein Eigenwert der Matrix A_1 reziproker Eigenwert von A_2. Aus $A_1 X A_2 = X$ folgt $A_1^{k-j} X A_2^{k-j} = X$ für alle $k \geq j \geq 0$ und daraus $A_1^j X = A_1^k X A_2^{k-j}$. Bezeichnet $p(\lambda) = \sum_{j=0}^{k} a_j \lambda^j$ ein Polynom vom Grad k, so sei $p^*(\lambda) = \sum_{j=0}^{k} a_j \lambda^{k-j} = \lambda^k p(\frac{1}{\lambda})$. Damit gilt

$$p(A_1) X = A_1^k X p^*(A_2). \tag{5.16}$$

Sei $\chi_i(\lambda)$ das charakteristische Polynom der Matrix A_i für $i = 1, 2$. Nach Voraussetzung haben $\chi_1(\lambda)$ und $\chi_2^*(\lambda)$ keine gemeinsame Wurzel. (Auch 0 ist keine gemeinsame Wurzel, da 0 keine Wurzel von $\chi_2^*(\lambda)$ sein kann.) Also hat der größte gemeinsame Teiler der Polynome $\chi_1(\lambda)$ und $\chi_2^*(\lambda)$ den Grad 0 und es existieren daher Polynome $q(\lambda)$ und $r(\lambda)$, so daß gilt

$$q(\lambda)\chi_1(\lambda) + r(\lambda)\chi_2^*(\lambda) = 1 \quad \text{für alle} \quad \lambda \in \mathbb{R}. \tag{5.17}$$

Definieren wir $p(\lambda) = r(\lambda)\chi_2^*(\lambda)$, so gilt $p^*(\lambda) = r^*(\lambda)\chi_2(\lambda)$. Nach dem Satz von Cayley-Hamilton gilt $\chi_1(A_1) = 0$ und $\chi_2(A_2) = 0$. Daraus folgt $p^*(A_2) = 0$ und, durch Einsetzen von A_1 in (5.17), $p(A_1) = E_n$. Damit folgt mittels (5.16) $X = 0$ und somit die Aussage (5.15). $\qquad\Box$

Der folgende Satz zeigt, daß auch für nichtlineare Systeme der Gestalt (5.13) ein Spektralradius größer als Eins Instabilität impliziert.

Satz 5.16. Sei $A \in \mathbb{R}^{n \times n}$. Gilt für den Spektralradius $\rho(A) > 1$, so ist das Gleichgewicht $x^* = 0$ von (5.13) instabil.

Beweis. Wir wählen eine reelle Zahl $\beta > 0$ so, daß $(1 + \beta)^{1/2} < \rho(A)$ und keines der endlich vielen Produkte zweier Eigenwerte von A gleich $1 + \beta$ ist. Für die Matrix $A_0 = (1 + \beta)^{-1/2}A$ gilt $\rho(A_0) > 1$. Sind weiterhin λ und μ zwei Eigenwerte von A_0, so sind $(1 + \beta)^{1/2}\lambda$ und $(1 + \beta)^{1/2}\mu$ Eigenwerte von A und es gilt

$$(1 + \beta)^{\frac{1}{2}}\lambda \cdot (1 + \beta)^{\frac{1}{2}}\mu \neq 1 + \beta,$$

also $\lambda \cdot \mu \neq 1$. Also sind keine zwei Eigenwerte von A_0 reziprok zueinander und nach Lemma 5.15 gibt es eine Matrix $B \in \mathbb{R}^{n \times n}$, so daß gilt

$$A_0^T B A_0 - B = -E_n \qquad \text{bzw.}$$
$$A^T B A - B = \beta B - (1 + \beta)E_n. \tag{5.18}$$

Wir zeigen zunächst, daß es für die durch $V(x) = -x^T B x$ auf $\mathbb{R}^n$ definierte stetige Funktion ein $x \neq 0$ gibt mit $V(x) > 0$. Angenommen, dies ist nicht der Fall, d. h. es gilt $V(x) \leq 0$ für alle $x \in \mathbb{R}^n$. Es ist nicht möglich, daß $V(x) < 0$ für alle $x \neq 0$ gilt, denn dann müßte $x^* = 0$ nach Satz 5.13 ein asymptotisch stabiles Gleichgewicht des linearen Systems $x(t + 1) = A_0 x(t)$ sein, was wegen Satz 4.4 im Widerspruch zu $\rho(A_0) > 1$ steht. Also muß es ein $x_0 \neq 0$ geben mit $V(x_0) = 0$, woraus mit (5.18) folgt, daß $-V(A_0 x_0) = x_0^T A_0^T B A_0 x_0 = -x_0^T x_0 < 0$ ist, im Widerspruch zur Annahme $V(x) \leq 0$ für alle x. Somit gibt es wenigstens ein $x \neq 0$ mit $V(x) > 0$, woraus wegen $V(\alpha x) = \alpha^2 \cdot V(x)$ für alle $\alpha \in \mathbb{R}$ folgt, daß die Funktion V in jeder Umgebung von $x^* = 0$ wenigstens einmal einen positiven Wert annimmt. Nun gilt

$$\begin{aligned}
\Delta V(x) &= V(Ax + g(x)) - V(x) = -(Ax + g(x))^T B(Ax + g(x)) + x^T B x \\
&= -x^T A^T B A x + x^T B x - g(x)^T B A x - x^T A^T B g(x) - g(x)^T B g(x) \\
&= \beta V(x) + r(x)
\end{aligned}$$

mit $r(x) = (1 + \beta)x^T x - g(x)^T B A x - x^T A^T B g(x) - g(x)^T B g(x)$. Nach Voraussetzung über g gibt es ein $\varepsilon > 0$, so daß

$$s(x) = \frac{g(x)^T}{\|x\|} B A \frac{x}{\|x\|} + \frac{x^T}{\|x\|} A^T B \frac{g(x)}{\|x\|} + \frac{g(x)^T}{\|x\|} B \frac{g(x)}{\|x\|} < 1$$

für alle $0 \neq x \in \mathbb{R}^n$ mit $\|x\| < \varepsilon$ gilt. Daraus folgt für alle $x \neq 0$ mit $\|x\| < \varepsilon$, daß

$$r(x) = (1 + \beta)x^T x - \|x\|^2 s(x) = \|x\|^2(1 + \beta - s(x)) \geq \beta \|x\|^2 \geq 0.$$

Wir nehmen nun an, daß $x^* = 0$ stabil ist. Dann gibt es zu obigem $\varepsilon > 0$ ein $\delta > 0$, so daß $\|x(t)\| < \varepsilon$ für alle $t \in \mathbb{N}$ und alle $x(0) \in \mathbb{R}^n$ mit $\|x(0)\| < \delta$. Andererseits gilt wegen $r(x(t)) \geq 0$, daß $\Delta V(x(t)) \geq \beta V(x(t))$ ist für alle $t \in \mathbb{N}$. Daraus folgt $V(x(t + 1)) \geq (1 + \beta)V(x(t))$ und somit gilt

$$V(x(t + 1)) \geq (1 + \beta)^{t+1} V(x(0)) \geq 0$$

für alle $t \in \mathbb{N}$. Aufgrund der Überlegung weiter oben existiert ein $x(0)$ mit $\|x(0)\| < \delta$ derart, daß $V(x(0)) > 0$ ist. Dann folgt wegen $\beta > 0$, daß $\lim_{t \to \infty} V(x(t)) = \infty$. Da V stetig ist, ist diese Folgerung ein Widerspruch zu $\|x(t)\| < \varepsilon$. Also ist x^* instabil. $\qquad \square$

Offenbar ist die im Beweis von Satz 5.16 definierte Funktion V keine Liapunov Funktion, denn es gilt $\Delta V(x) \geq 0$. Eine solche kann für dieses System auch nicht existieren, da das System (5.13) für $\rho(A) > 1$ instabil ist.

Referenzen

- Das Konzept der Liapunov-Funktion geht zurück auf Liapunov, A.: *Problème général de la stabilité du mouvement*. Ann. Math. Studies 17, Princeton, 1949. Siehe auch [24].

Aufgaben

1. Gegeben seien die Voraussetzungen und Definitionen von Satz 5.10. Weiter bezeichne $W \subset M$ eine Umgebung des Fixpunktes x^* der Abb. T, auf der T stetig ist. Fertigen Sie ein Schema der im Beweis von Satz 5.10 definierten Mengen an und geben Sie zu jeder der folgen Aussagen an, ob sie wahr oder falsch ist. Dabei ist eine Aussage schon dann falsch, wenn unter Berücksichtigung der Voraussetzungen und Definitionen aus Satz 5.10 und dem anschließenden Beweis ein Gegenbeispiel konstruiert werden kann.

   (a) T ist stetig auf $W \backslash U$

   (b) T ist stetig auf $U \backslash W$

   (c) Für alle $x \in W$ gilt $V(Tx) \leq V(x)$

   (d) Es gilt $\overline{B_a} \subset (U \cap W)$

   (e) Es gilt $T(B_a) \subset \overline{B_a}$

   (f) Für alle $x \in (\overline{B_a} \backslash U')$ gilt $V(x) \geq m$

   (g) Für alle $x \in B_\varepsilon$ gilt $V(x) < m$

   (h) Es gilt $T(B_\delta) \subset B_\varepsilon$

   (i) Es gilt $(U' \cap (\overline{B_a} \backslash B_\varepsilon)) \neq \emptyset$

   (j)* Es gilt $U' \subset \overline{B_a}$

2. Gegeben sei das System $x(t+1) = [\sqrt{x_1(t)}, \sqrt{x_2(t)}]^T$ auf der Menge $M = \{[x_1, x_2]^T \in \mathbb{R}^2 \mid x_1 > 0,\ x_2 > 0\}$.

   (a) Ermitteln Sie eine strikte Liapunov-Funktion des Systems im Gleichgewicht $x^* = [1, 1]^T$.

   (b) Zeigen Sie mittels einer Liapunov-Funktion, daß x^* global asymptotisch stabil ist.

3. Beweisen Sie die Ungleichung

$$|\log(\alpha a + (1 - \alpha)b)| \leq \max\{|\log a|, |\log b|\}$$

   für $a > 0$, $b > 0$ und $0 \leq \alpha \leq 1$.

4. Gegeben sei das System $x(t+1) = Tx(t)$, $t \in \mathbb{N}$, $T : M \to M$ mit $M = \{[x_1, x_2, x_3]^T \in \mathbb{R}^3 \mid x_1 > 0,\ x_2 > 0,\ x_3 > 0\}$ und $Tx = [\sqrt{x_1} + \sqrt{x_2},\ \sqrt{x_2} + \sqrt{x_3},\ \sqrt{x_1} + \sqrt{x_3}]^T$.

   (a) Zeigen Sie, daß es genau ein Gleichgewicht x^* des Systems gibt und geben Sie dieses an.

   (b) Finden Sie eine strikte Liapunov-Funktion von T in x^*.

   (c) Zeigen Sie, daß x^* global asymptotisch stabil ist.

5. Gegeben sei ein System $x(t + 1) = Tx(t)$, $t \in \mathbb{N}$ auf $\mathbb{R}^2$ mit $Tx = Ax + g(x)$, wobei

$$A = \begin{bmatrix} 0 & a \\ a^{-1} & 0 \end{bmatrix}, \quad a \neq 0, \quad \text{und} \quad \lim_{x \to 0} \frac{g(x)}{\|x\|} = 0, \quad g(0) = 0.$$

   (a) Zeigen Sie, daß $x^* = 0$ für die lineare Approximation $x(t + 1) = J_T(0)x(t)$ ein stabiles Gleichgewicht ist für jedes $a \neq 0$.

   (b) Finden Sie ein a und ein g derart, daß für das System $x(t + 1) = Tx(t)$ das Gleichgewicht $x^* = 0$ nicht stabil ist.

   (c) Es sei $g(x) = -(x_1^2 + x_2^2)\left[\begin{smallmatrix} x_2 \\ x_1 \end{smallmatrix}\right]$ und $a > 0$. Zeigen Sie, daß für das System $x(t+1) = Tx(t)$ das Gleichgewicht $x^* = 0$ asymptotisch stabil ist.
   Hinweis: Finden Sie eine strikte Liapunov-Funktion $V(x) = x^T Bx$ für eine positiv definite Matrix B mit $A^T BA - B = 0$.

   (d) Es sei g wie unter (c) und $a < 0$. Zeigen Sie, daß für das System $x(t+1) = Tx(t)$ das Gleichgewicht x^* nicht asymptotisch stabil ist.

6. Führen Sie die im Anschluß an Korollar 5.14 angedeuteten Beweise durch, wobei g zusätzlich in einer Umgebung von 0 als stetig differenzierbar vorausgesetzt sei.

   (a) Beweisen Sie Satz 5.13 mit Hilfe von Satz 5.4.

   (b) Beweisen Sie Korollar 5.14 mit Hilfe von Satz 5.8.

5.4 Chaos und Fraktale

Chaos und Fraktale bezeichnen Phänomene dynamischer Systeme, die in den letzten Jahren zu großer Popularität gelangt sind. Gerade bei diskreten dynamischen Systemen tritt Chaos schon in eindimensionalen Systemen (Differenzengleichungen erster Ordnung) auf, z. B. bei der Logistischen Gleichung und dem Bernoulli-Shift (vgl. Kapitel 5.1). Dieses Themengebiet ist inzwischen so umfangreich geworden, daß wir an dieser Stelle nur einen kleinen Überblick geben können. Zu einem gründlichen Studium von Chaos und Fraktalen sei auf die angegebene Literatur verwiesen, z. B. auf [8, 9, 11, 22, 26, 27, 29, 31, 32].

Eine Schwierigkeit von chaotischen Systemen und Fraktalen liegt darin, daß sie oft analytisch kaum zugänglich sind. Viele Eigenschaften chaotischer Systeme müssen mit

Hilfe von Computerprogrammen visualisiert und überprüft werden. Die verfügbare Literatur ist daher gefüllt mit Computerbildern. Charakteristische Eigenschaften können oft nur für einzelne Beispiele analytisch nachgewiesen werden.

Diese Vorgehensweise wird der Leser auch in diesem Abschnitt vorfinden. Das Musterbeispiel für chaotische Differenzengleichungen, die Logistische Gleichung $f(u) = au(1-u)$, ist auch in diesem Buch als Beispiel für die einführenden Begriffe aus dem Bereich chaotischer Systeme gewählt. Da wir nur einen Überblick geben wollen, verzichten wir auf die Beweisführung der angegebenen Theoreme und verweisen stattdessen auf die aufgeführten Referenzen und die im Literaturverzeichnis angegebenen Textbücher aus dem Bereich Chaos und Fraktale. Das Verständnis für chaotisches Verhalten und für die Erzeugung von Computerbildern wird jedoch wesentlich erhöht, wenn die entsprechenden Simulationen am eigenen Computer durchgeführt werden. Daher sind am Ende dieses Abschnittes Listings von selbst erstellen Programmen abgedruckt, mit deren Hilfe bzw. durch entsprechende Abwandlung alle Abbildungen dieses Abschnittes selbst erzeugt werden können. Daneben lassen sich auch mit professionellen Programmen, z. B. mit dem Programm WINFRACT, das man sich kostenlos aus dem Internet herunterladen kann, seltsame Attraktoren und Fraktale ohne Zusatzkenntnisse in hoher Auflösung erzeugen.

Attraktoren und Limesmengen. Bei der Stabilitätsuntersuchung diskreter dynamischer Systeme

$$x(t+1) = Tx(t) \tag{5.19}$$

mit $T : M \to M$, $M \subset \mathbb{R}^n$ und $t \in \mathbb{N}$ haben wir uns in den vorangegangenen drei Abschnitten auf das Verhalten der Bahnen bzw. Orbits $\{x(t) \,|\, t \in \mathbb{N}\}$ von (5.19) konzentriert. Dabei waren besonders diejenigen Lösungen x von (5.19) von Interesse, für die $\lim_{t\to\infty} x(t) = x^*$ gilt. Im allgemeinen ist in solchen Fällen x^* ein lokal stabiles Gleichgewicht von (5.19).

Bisher wenig berücksichtigt blieben diejenigen Lösungen von (5.19), die mehr als einen Häufungspunkt besitzen wie z. B. periodische Lösungen. Ein Punkt $a \in \mathbb{R}^n$ heißt *Häufungspunkt* einer Lösung x von (5.19), wenn es eine Teilfolge $(s(t))_{t\in\mathbb{N}}$ der natürlichen Zahlen gibt, so daß $\lim_{t\to\infty} x(s(t)) = a$ ist. Sei X die Menge aller Häufungspunkte eines Orbits $\{x(t) \,|\, t \in \mathbb{N}\}$ von (5.19) für gegebenes $x(0)$, also

$$X = X(T, x(0)) = \bigcap_{t\geq 0} \overline{\{x(s) \,|\, s \geq t\}} = \bigcap_{t\geq 0} \overline{\{T^s(x(0)) \,|\, s \geq t\}}.$$

Die Menge X heißt ω-*Limesmenge* des Orbits. Es gilt $T(X) = X$, d. h. X ist invariant unter T, denn die Orbits $\{x(t) \,|\, t \in \mathbb{N}\}$ und $\{Tx(t) \,|\, t \in \mathbb{N}\}$ haben offenbar die selben Häufungspunkte. Weiterhin ist X abgeschlossen, denn der Grenzwert einer Folge von Punkten aus $X(T, x(0))$ ist der Grenzwert einer Teilfolge des Orbits $\{x(t)\}$, der definitionsgemäß zu X gehört. Das Konzept der ω-Limesmenge deckt auch Gleichgewichte und periodische Lösungen von (5.19) ab. Ist nämlich x^* ein Gleichgewicht des Systems (5.19), so gilt $X(T, x^*) = \{x^*\}$. Ist x eine p-periodische Lösung von (5.19), d. h. eine periodische Lösung mit (minimaler) Periode p, so gilt $X(T, x(0)) = \{x(0), x(1), \dots, x(p-1)\}$.

Analog zur Stabilitätsbetrachtung von Gleichgewichten und periodischen Lösungen kann man die Stabilität einer ω-Limesmenge studieren. Wir erinnern uns beispielsweise, daß ein Gleichgewicht x^* von (5.19) attraktiv heißt, wenn alle Lösungen x von (5.19), die in einer Umgebung von x^* starten, gegen x^* konvergieren. Das Gleichgewicht x^* ist also ein (lokaler) Attraktor von (5.19). Verallgemeinert heißt eine ω-Limesmenge X von T und $x(0)$ *Attraktor*, wenn alle Orbits in einer Umgebung dieselbe ω-Limesmenge X besitzen.

Definition 19. Eine ω-Limesmenge $A = X(T, x(0))$ heißt (lokaler) *Attraktor* von T, wenn es ein $\varepsilon > 0$ gibt mit $X(T, y(0)) = X(T, x(0))$ für alle $y(0) \in B(x(0), \varepsilon)$.

Beispiele. 1. Als erstes Beispiel betrachten wir die Logistische Gleichung

$$u(t+1) = au(t)(1 - u(t)), \quad a \in\,]0, 4], \ t \in \mathbb{N}, \tag{5.20}$$

die wir schon mehrfach, insbesondere in Abschnitt 5.1 untersucht haben. Gleichung (5.20) ist ein Spezialfall von (5.19) mit $M = [0, 1]$ und $T = f$, $f(u) = au(1 - u)$. In Abschnitt 5.1 haben wir gezeigt, daß $u^* = 0$ und $u^* = 1 - \frac{1}{a}$ (für $a > 1$) die beiden einzigen Gleichgewichtslösungen von (5.20) sind. Das Ergebnis der Stabilitätsanalyse in Abschnitt 5.1 lautet, daß $u^* = 0$ für alle Parameter $a < 1$ asymptotisch stabil und für $a > 1$ instabil ist. Das Gleichgewicht $u^* = 1 - \frac{1}{a}$ ist für $1 < a < 3$ asymptotisch stabil und für $a > 3$ instabil. Somit ist $A = \{0\}$ ein Attraktor für $a < 1$ und $A = \{1 - \frac{1}{a}\}$ ein Attraktor für $1 < a < 3$.

Richtet man das Augenmerk auf die instabilen Lösungen von (5.20), so haben wir festgestellt, daß hierfür im Fall $a = 4$ ein Verhalten auftritt, welches in Abschnitt 5.1 mit *chaotisch* beschrieben wurde: Zwei Lösungen, deren Startwerte beliebig nahe beieinander liegen, verhalten sich nach einigen Perioden völlig unterschiedlich (vgl. auch Abb. 5.8 aus Abschnitt 5.1). Das Verhalten einer Lösung hängt also sensitiv von ihrem Anfangswert ab.

2. Wir betrachten den Bernoulli-Shift $u(t+1) = 2u(t) \mod 1$ mit $t \in \mathbb{N}$ und $u(t) \in [0, 1[$ (vgl. Abschnitt 5.1), d. h. es ist

$$f(u) = \begin{cases} 2u & , \quad 0 \leq u < \frac{1}{2} \\ 2u - 1 & , \quad \frac{1}{2} \leq u < 1. \end{cases} \tag{5.21}$$

Damit ist (5.21) mit $M = [0, 1]$ und $T = f$ ein Spezialfall von (5.19). Aus Abschnitt 5.1 wissen wir, daß alle Lösungen u von (5.21) mit rationalem Anfangswert $u(0) \in [0, 1]$ periodisch sind oder gegen den eindeutigen Fixpunkt $u^* = 0$ konvergieren. Also sind alle ω-Limesmengen $X(f, u(0))$ für rationales $u(0)$ endlich. Ist für eine Lösung u der Anfangswert $u(0)$ irrational, so ist sie aperiodisch und die ω-Limesmenge X ist in diesem Fall unendlich. Daraus folgt, daß (5.21) keinen Attraktor haben kann, da in jeder Umgebung eines irrationalen Anfangswertes $u(0)$ rationale Zahlen liegen und umgekehrt.

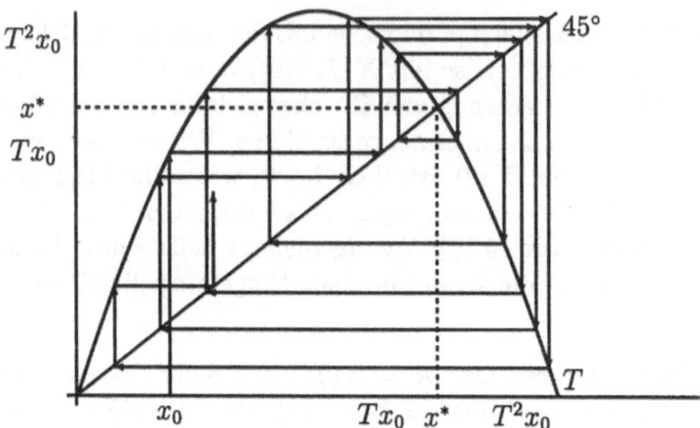

Abb. 5.12   Graphische Iteration von $u(t+1) = 4u(t)(1 - u(t))$

Selbst für zwei Lösungen u und u' mit beliebig nahe beieinander liegenden, irrationalen Anfangswerten $u(0)$ und $u'(0)$ nimmt der Abstand $|u(t) - u'(t)|$ nahezu jeden Wert des Intervalls $[0, 1]$ an. Das resultiert daraus, daß der Ausdruck $u(t) - u'(t)$ nur von denjenigen Bits in der (unendlich langen) binären Darstellung von $u(0)$ und $u'(0)$ abhängt, welche hinter der t-ten Stelle liegen. Der Anfangsabstand $|u(0) - u'(0)|$ verdoppelt sich in jedem Zeitschritt, da $|u(t) - u'(t)| = 2^t |u(0) - u'(0)|$ mod 1. Somit hängt auch beim Bernoulli-Shift der Wert von $u(t) = f^t(u(0))$ für große t sehr sensitiv vom Anfangswert $u(0)$ ab (vgl. auch Abb. 5.9 aus Abschnitt 5.1). $\diamond$

Offenbar ist also die sensitive Abhängigkeit vom Anfangswert eine charakteristische Eigenschaft chaotischen Verhaltens. Was heißt nun aber Chaos? Wer an dieser Stelle eine allgemeine Definition für den Begriff Chaos erwartet, der muß enttäuscht werden. Leider gibt es bis heute keine allgemein akzeptierte Definition für chaotisches Verhalten. Wir stellen daher nur einige von mehreren möglichen charakteristischen Eigenschaften chaotischer Funktionen vor. Sensitive Abhängigkeit vom Anfangswert ist dabei ein wesentliches Merkmal chaotischen Verhaltens. Eine Abb. $T : M \to M$ hat auf einer unter T invarianten Teilmenge $V \subset M$ des Systems (5.19) *sensitive Abhängigkeit von den Anfangswerten*, wenn es ein $\varepsilon > 0$ gibt, so daß zu jedem $x \in V$ und zu jedem $\delta > 0$ ein $y \in B(x, \delta)$ und ein $t \in \mathbb{N}$ existiert mit $\|T^t x - T^t y\| > \varepsilon$. D. h. benachbarte Orbits, egal wie dicht die Anfangswerte beieinander liegen, separieren voneinander, obwohl beide in der invarianten Menge V bleiben.

Betrachtet man die graphische Iteration der Logistischen Gleichung (5.20), wie wir sie bereits in Kapitel 1.1 kennengelernt haben, so ergibt sich ein weiteres Phänomen (vgl. Abb. 5.12). Die Lösung $\{u(t) \,|\, t \in \mathbb{N}\}$ ist für überabzählbar viele Anfangswerte $u(0) \in [0, 1]$ *dicht* in $[0, 1]$. D. h. für die ω-Limesmenge $X(f, u(0))$ gilt $\overline{X} = [0, 1]$. Zusammenfassend können wir also festhalten, daß sich ein chaotisches diskretes dynamisches System $x(t+1) = Tx(t)$ mit stetiger Abb. $T : M \to M$, $t \in \mathbb{N}$ im allgemeinen durch

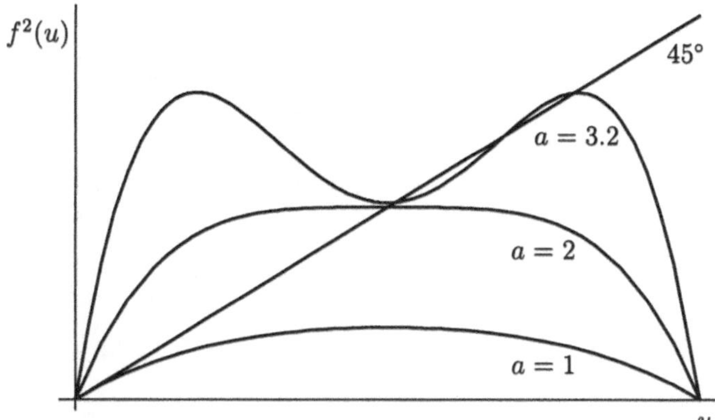

Abb. 5.13   Die zweite Iterierte f^2 der Logistischen Gleichung $f(u) = au(1 - u)$ für verschiedene Parameterwerte von a

folgende Eigenschaften auszeichnet: Es gibt eine unter T invariante Teilmenge $V \subset M$ des Systems, so daß für wenigstens einen Punkt $x(0) \in V$ die Lösung x instabil und die ω-Limesmenge $X(T, x(0))$ dicht in V ist, d. h. es gilt $\overline{X} = V$, und daß T auf V sensitive Abhängigkeit von den Anfangswerten hat. Dabei ist die Bedingung, daß x eine instabile Lösung des Systems ist, explizit notwendig für chaotisches Verhalten.

Periodenverdoppelung und Chaos.   Kommen wir noch einmal auf die Logistische Gleichung (5.20) zurück. Da es für $1 < a < 3$ ein eindeutiges, asymptotisch stabiles Gleichgewicht von (5.20) gibt, aber für $a = 4$ Chaos auftritt, liegt die Frage nahe, wie sich das System für Parameterwerte zwischen $a = 3$ und $a = 4$ verhält? Diese Fragestellung ist von prinzipiellem Interesse bei Funktionalgleichungen der Gestalt

$$F(a, x) = 0 \tag{5.22}$$

mit $F : \mathbb{R}^k \times \mathbb{R}^n \to \mathbb{R}^n$, bei der nach Lösungen x in Abhängigkeit der k variierenden Parameter a gesucht wird. Man bezeichnet eine Lösung (a^*, x^*) von (5.22) als *Bifurkationspunkt*, wenn sich die Anzahl der Lösungen x von (5.22) in einer kleinen Umgebung von x^* ändert, sobald der Parameter a in einer kleinen Umgebung von a^* variiert.

Wir wollen die Bifurkationspunkte der Logistischen Gleichung bestimmen. Dazu betrachten wir die Fixpunkte der Abb. $f^2(u)$, die genau die 2-periodischen Lösungen von (5.20) darstellen (vgl. Abb. 5.13). Eine Stabilitätsanalyse mit Hilfe der Sätze aus Abschnitt 5.1 zeigt, daß die beiden 2-periodischen Lösungen für $3 < a \leq 3.449$ asymptotisch stabil sind (Aufgabe 2a). An dieser Stelle sei noch einmal daran erinnert, daß eine p-periodische Lösung eine periodische Lösung mit (minimaler) Periode p ist (vgl. Definition 15). Ein Fixpunkt ist keine 2-periodische Lösung, eine 2-periodische Lösung ist keine 4-periodische Lösung usw.

Bemerkenswert sind die Beobachtungen für weiter anwachsendes a. Für $3.449 < a \leq 3.544$ werden die 2-periodischen Lösungen instabil, jedoch kommen asymptotisch

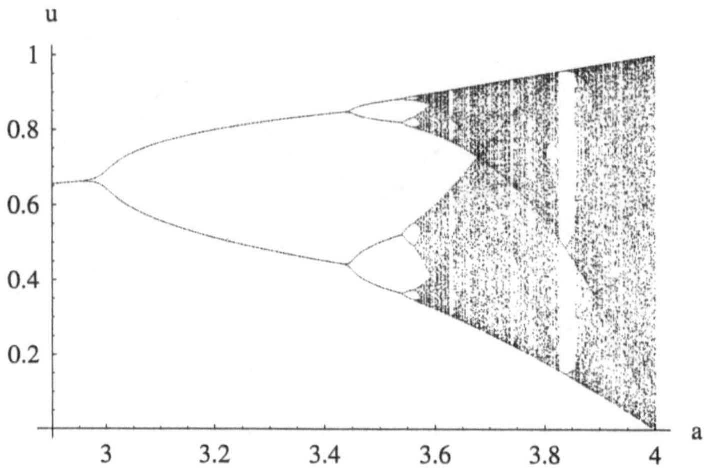

Abb. 5.14   Bifurkationsdiagramm der Logistischen Gleichung

stabile 4-periodische Lösungen hinzu usw. Mit wachsendem a, aber immer kleineren
Intervallen ergeben sich 2^n-periodische, asymptotisch stabile Lösungen, während die 2^k-
periodischen Lösungen für $k < n$ instabil sind. Es zeigt sich, daß es eine unendliche Folge
von *Periodenverdoppelungen* mit Bifurkations-Parametern a_n gibt, so daß

$$\frac{a_{n-1} - a_n}{a_n - a_{n+1}} \longrightarrow \delta \quad \text{für } n \to \infty, \tag{5.23}$$

wobei (5.20) für $a_n < a \leq a_{n+1}$ asymptotisch stabile 2^n-periodische Lösungen besitzt.
Für die beiden Grenzwerte ermittelt man $\delta \approx 4.6692$ und $a^* = \lim_{n\to\infty} a_n \approx 3.5700$. Eine
Folge mit der Eigenschaft (5.23) für diesen Wert δ heißt *Feigenbaum-Folge*. Feigenbaum
konnte zeigen, daß der qualitative Charakter der Periodenverdoppelung und der exakte
Wert der Konstanten δ unabhängig von der Wahl der speziellen Abb. T ist. Die in diesem
Sinne universelle Konstante δ wird daher oft auch *Feigenbaumzahl* genannt.

Interessant sind die Eigenschaften der Logistischen Gleichung (5.20) für $a > a^*$. Nun
sind alle Lösungen der Periode 2^n instabil und es gibt für die meisten $a > a^*$ einen
Attraktor, der unendlich viele Punkte aus $[0,1]$ enthält (Abb. 5.14). Ein solcher Attraktor gibt eine sehr irregulär verlaufende Lösung an und wird daher *seltsamer Attraktor*
genannt. Seine Existenz ist ebenfalls eine Eigenschaft chaotischer Systeme. Obwohl also Chaos für die Parameter $a > a^*$ die Regel ist, zeigt Abb. 5.14 jedoch die Existenz
kleiner Intervalle, in denen asymptotisch stabile periodische Lösungen auftauchen, z. B.
für $a = 3.83$. Abb. 5.14 kann mit Hilfe des Computerprogramms LOGIS, das am Ende
dieses Abschnittes abgedruckt ist, auch am eigenen Bildschirm erzeugt werden. Insbesondere kann man sich auch kleinere Intervalle für a anzeigen lassen, womit sich die oben
angegebenen Bifurkationsstellen von a überprüfen lassen. Das Programm LOGIS ist in
der Programmiersprache *Pascal* geschrieben, läßt sich aber einfach auf andere Sprachen
übertragen.

Liapunov-Exponenten. Beim Studium chaotischer Differenzengleichungen, wie der Logistischen Gleichung oder dem Bernoulli-Shift, trafen wir auf eine sensitive Abhängigkeit der Lösungen von ihren Anfangswerten. Es ist sogar charakteristisch für benachbarte chaotische Orbits, daß ihr Abstand im Durchschnitt exponentiell anwächst. Im Gegensatz zum Verhalten von Orbits, die gegen die endlichen Attraktoren von periodischen Lösungen oder Gleichgewichten konvergieren, ist es daher unmöglich, das Verhalten chaotischer Lösungen weit in die Zukunft vorherzusagen. Das gilt nicht nur, wenn der Anfangswert unscharf gegeben ist, sondern wegen der Rundungsfehler in Computerberechnungen auch für exakt gegebene Anfangswerte.

Seien u und u' Lösungen der Differenzengleichung

$$u(t+1) = f(u(t)), \quad t \in \mathbb{N} \tag{5.24}$$

mit stetig differenzierbarer Abb. $f : D \to D$, $D \subset \mathbb{R}$ offen, $u(0) = u_0$ und $u'(0) = u_0 + \varepsilon$. Für kleine $\varepsilon > 0$ gilt dann die Näherung

$$u(t) - u'(t) = f^t(u_0) - f^t(u_0 + \varepsilon) \approx \left(\frac{d}{du}(f^t)(u_0) \right) (u_0 - (u_0 + \varepsilon)).$$

Mit der Kettenregel erhält man für die Ableitung von f^t

$$\frac{d}{du}(f^t)(u_0) = f'(u(t-1)) \cdot f'(u(t-2)) \cdot \ldots \cdot f'(u(0)).$$

Sind alle Faktoren in obigem Ausdruck von vergleichbarer Größenordnung, dann wächst oder fällt der Ausdruck $\frac{d}{du}(f^t)(u_0)$ mit wachsendem t exponentiell, d. h. es gilt für große t

$$\left| \frac{d}{du}(f^t)(u_0) \right| \approx e^{\lambda t}. \tag{5.25}$$

Daraus folgt für großes t und hinreichend kleines $\varepsilon > 0$

$$|f^t(u_0) - f^t(u_0 + \varepsilon)| \approx \varepsilon \cdot e^{\lambda t}. \tag{5.26}$$

Für die zeitlich mittlere Wachstumsrate λ, mit der sich zwei Orbits in (5.26) voneinander entfernen, die ursprünglich nahe beieinander lagen, wird man daher ansetzen, daß

$$\lambda \approx \frac{1}{t} \log \left| \frac{d}{du}(f^t)(u_0) \right|$$

für große t ist. Also

$$\lambda \approx \frac{1}{t} \log |f'(u(t-1)) \cdot f'(u(t-2)) \cdot \ldots \cdot f'(u(0))| = \frac{1}{t} \sum_{s=0}^{t-1} \log |f'(u(s))|.$$

Diese Überlegungen motivieren die folgende Definition.

Definition 20. Die zeitlich mittlere Wachstumsrate $\lambda = \lambda(u(0))$ der exponentiellen Separation einer beliebigen Lösung u' von der Lösung u der Differenzengleichung (5.24) ist gegeben durch

$$\lambda = \lim_{t \to \infty} \frac{1}{t} \sum_{s=0}^{t-1} \log |f'(u(s))|,$$

falls der Limes existiert und heißt *Liapunov-Exponent*.

Im allgemeinen hängt λ vom Anfangswert $u(0)$ einer Lösung ab. Er ist jedoch für fast alle Anfangswerte gleich, die im *Einzugsgebiet eines Attraktors* sind. Das Einzugsgebiet eines Attraktors A für ein diskretes dynamisches System (5.19) mit $T : M \to M$ ist gegeben durch die Menge $Z(A)$ aller Anfangswerte in M, deren ω-Limesmenge in A enthalten ist, d. h. $Z(A) = \{x \in M \mid X(T, x) \subset A\}$.

Nach Gleichung (5.26) ist für $\lambda < 0$ zu erwarten, daß ursprünglich benachbarte Orbits konvergieren (Aufgabe 2d). Gilt dagegen $\lambda > 0$, so wächst der Abstand zweier verschiedener Orbits exponentiell. Ein positiver Liapunov-Exponent kann also interpretiert werden als der Verlust an Information über die Lage des Anfangswertes $u(0)$ und stellt eine weitere wichtige Eigenschaft chaotischer Systeme dar.

Beispiele. 1. Für die lineare Abb. $f : \mathbb{R} \to \mathbb{R}$, $f(u) = au$ mit $a \in \mathbb{R}$ gilt $f'(u) = a$. Daraus folgt für alle Lösungen der Differenzengleichung $u(t+1) = f(u(t))$ mit Startwert $u(0) = u_0 \in \mathbb{R}$

$$\lambda(u_0) = \lim_{t \to \infty} \frac{1}{t} \sum_{s=0}^{t-1} \log |a| = \lim_{t \to \infty} \frac{t}{t} \log |a| = \log |a|.$$

Somit gilt $\lambda \leq 0$ für alle Parameter a mit $|a| \leq 1$. Das eindeutige Gleichgewicht $u^* = 0$ ist in diesem Fall stabil (für $|a| < 1$ sogar global asymptotisch stabil). Gilt dagegen $|a| > 1$, dann laufen zwei verschiedene Orbits exponentiell schnell auseinander und es gilt $\lambda > 0$. Trotzdem ist dieses System ganz offensichtlich nicht chaotisch, weshalb ein positiver Liapunov-Exponent allein zur Beurteilung chaotischen Verhaltens noch nicht genügt!

2. Sei $f : \mathbb{R}_+ \to \mathbb{R}_+$, $f(u) = \sqrt{u}$. Dann gilt $f'(u) = \frac{1}{2\sqrt{u}}$ und $f^s(u) = u^{1/2^s}$ für die s-te Iterierte von f. Für die Liapunov-Exponenten der Differenzengleichung $u(t+1) = f(u(t))$ mit Anfangswert $u(0) = u_0 \in \mathbb{R}_+$ gilt somit

$$\lambda(u_0) = \lim_{t \to \infty} \frac{1}{t} \sum_{s=0}^{t-1} \log \left| \frac{1}{2u_0^{1/2^{s+1}}} \right|.$$

Wir wissen bereits aus früheren Abschnitten, daß $u^* = 0$ und $u^* = 1$ die einzigen beiden Gleichgewichte sind, wobei die Nullösung instabil und $u^* = 1$ asymptotisch stabil ist.

Entsprechend gilt $\lambda(1) = \log\frac{1}{2} < 0$. Aber auch für alle anderen Anfangswerte $u_0 > 0$ gilt $\lambda(u_0) = \log\frac{1}{2}$, denn es gilt

$$\begin{aligned}
\frac{1}{t}\sum_{s=0}^{t-1}\log\left|\frac{1}{2u_0^{1/2^{s+1}}}\right| &= \frac{1}{t}\sum_{s=0}^{t-1}\left(\log\frac{1}{2} - \left(\frac{1}{2}\right)^{s+1}\log u_0\right) \\
&= \log\frac{1}{2} - \frac{\log u_0}{t}\sum_{s=0}^{t-1}\left(\frac{1}{2}\right)^{s+1} \\
&= \log\frac{1}{2} - \frac{\log u_0}{t}\left(1 - \left(\frac{1}{2}\right)^{t}\right).
\end{aligned}$$

Daraus folgt $\lambda(u_0) = \log\frac{1}{2}$.

3. Für den Bernoulli-Shift $u(t+1) = f(u(t))$ mit $f : [0,1[\to [0,1[$, $f(u) = 2u$ mod 1 kann der Liapunov-Exponent definitionsgemäß nicht berechnet werden, da f an der Stelle $u = \frac{1}{2}$ nicht differenzierbar ist. Da jedoch $f'(u) = 2$ für alle $u \in [0,1[$, $u \neq \frac{1}{2}$ gilt und auch die beiden einseitigen Ableitungen in $\frac{1}{2}$ gleich 2 sind, darf man kalkulieren

$$\lambda(u_0) = \lim_{t\to\infty}\frac{1}{t}\sum_{s=0}^{t-1}\log 2 = \log 2 > 0$$

für alle Anfangswerte $u(0) = u_0 \in [0,1]$, $u_0 \neq \frac{1}{2}$, was dem chaotischen Verhalten des Bernoulli-Shifts entspricht.

4. Für die Logistische Gleichung (5.20) kann der Liapunov-Exponent, wie im allgemeinen fast immer, nur numerisch ermittelt werden. Abb. 5.15 zeigt den Liapunov-Exponenten der Logistischen Gleichung für den Anfangswert $u(0) = 0.500745$ und $2.9 \leq a \leq 4$. Durch die numerische Ungenauigkeit werden nicht alle negativen Liapunov-Exponenten im Bereich $a > 3.8$ angezeigt. $\diamond$

Liapunov-Exponenten können auch für höherdimensionale Systeme (5.19) definiert werden, d. h. für diskrete dynamische Systeme der Form

$$x(t+1) = Tx(t), \quad t \in \mathbb{N} \tag{5.27}$$

mit stetig differenzierbarer Abb. $T : M \to M$, $M \subset \mathbb{R}^n$ offen und $x(0) = x_0 \in M$. Es gilt $x(t) = T^t x_0$ für alle $t \in \mathbb{N}$. Sei $J_{T^t}(x)$ die Jacobi-Matrix der t-ten Iterierten von T an der Stelle $x \in M$ und seien $\alpha_1(T^t x),\ldots,\alpha_n(T^t x)$ die (zum Teil komplexen und nicht zwangsläufig verschiedenen) Eigenwerte der Matrix $J_{T^t}(x)$. Dann sind die n *Liapunov-Exponenten* $\lambda_j = \lambda_j(x_0)$ eines Orbits $\{T^t x_0 \mid t \in \mathbb{N}\}$ für $t \to \infty$ gegeben durch

$$\lambda_j = \lim_{t\to\infty}\left(\frac{1}{t}\log|\alpha_j(T^t x_0))|\right) = \lim_{t\to\infty}\left(\frac{1}{t}\sum_{s=0}^{t-1}\log|\alpha_j(T^s x_0))|\right) \tag{5.28}$$

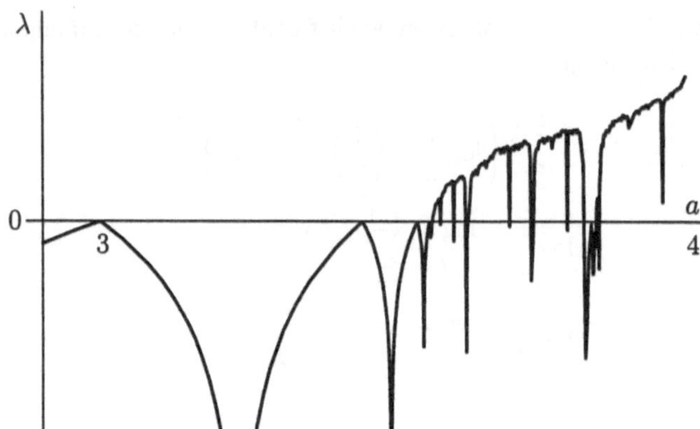

Abb. 5.15   Numerisch berechnete Liapunov-Exponenten der Logistischen Gleichung $f(u) = au(1-u)$ für verschiedene Parameterwerte von a und dem Anfangswert $u(0) = 0.500745$

für $j = 1,\ldots,n$, wobei analog zum eindimensionalen Fall die Kettenregel für die Berechnung der Jacobi-Matrix von $T^t x_0$ benutzt wurde. Im allgemeinen gibt dann der größte der n Liapunov-Exponenten die exponentielle Separation benachbarter Orbits an. Der oben definierte Liapunov-Exponent für Differenzengleichungen erster Ordnung ist ein Spezialfall von (5.28) für $n = 1$: Für die eindimensionalen Jacobi-Matrizen von $T^t = f^t$ gilt $J_{T^t}(x) = \frac{d}{dx} f^t(x)$ mit Eigenwerten $\alpha_1(T^t x_0) = \frac{d}{dx} f^t(x_0)$.

Die Positivität der Liapunov-Exponenten ist offenbar eine Eigenschaft chaotischer Systeme. Da im ersten der vier obigen Beispiele zwar $\lambda(u(0)) > 0$ gilt, aber die ω-Limesmengen $X(f, u_0) = \emptyset$ sind für alle $u_0 \neq 0$ und $|a| > 1$, ist diese Differenzengleichung nicht chaotisch. D. h., daß ein positiver Liapunov-Exponent noch kein chaotisches Verhalten impliziert. Wir führen noch einen weiteren Begriff ein.

Definition 21. Sei $T : M \to M$ und $V \subset M$ eine unter T invariante Menge, d. h. $T(V) \subset V$. Dann heißt T *topologisch transitiv*, wenn zu jedem Paar offener Teilmengen $A, B \subset V$ ein $t \in \mathbb{N}$ existiert, so daß $T^t(A) \cap B \neq \emptyset$.

Eine topologisch transitive Abb. T garantiert, daß eine unter T invariante Teilmenge von M nicht in zwei unter T invariante, disjunkte Teilmengen zerlegt werden kann.

Ein diskretes dynamisches System (5.27) mit stetig differenzierbarer Abb. $T : M \to M$ wird nun auf einer unter T invariante Menge $V \subset M$ als *chaotisch* im Sinne von Devaney bezeichnet, wenn T auf V eine sensitive Abhängigkeit von den Anfangswerten hat, die periodischen Punkte von T dicht in V sind und wenn T auf V topologisch transitiv ist.

Periode 3 impliziert Chaos. Der Begriff *Chaos* wurde geprägt durch eine Beobachtung, die Li und Yorke u. a. bei der Logistischen Gleichung gemacht haben: Eine

Differenzengleichung der Gestalt $u(t+1) = f(u(t))$ mit $f : I \to I$, $I \subset \mathbb{R}$ ein Intervall, die eine 3-periodische Lösung u besitzt, ist chaotisch! Diese Behauptung scheint paradox zu sein, wenn man an eine asymptotisch stabile 3-periodische Lösung einer Differenzengleichung denkt. Daß eine solche Lösung nicht existieren kann, zeigt der folgende Satz.

Satz 5.17 (Periode 3 impliziert Chaos). Sei $I \subset \mathbb{R}$ ein Intervall und $f : I \to \mathbb{R}$ eine stetige Abbildung. Existiert ein Punkt $a \in I$, so daß

$$f^3(a) \leq a < f(a) < f^2(a) \qquad \text{oder} \qquad f^3(a) \geq a > f(a) > f^2(a),$$

dann gelten folgende Aussagen.

1. Zu jedem $n \in \mathbb{N}$ existiert ein n-periodischer Punkt $u_n \in I$ von f, d. h. $f^n(u_n) = u_n$ und $f^k(u_n) \neq u_n$ für alle $k < n$.

2. Es existiert eine überabzählbare Menge $S \subset I$, die folgenden Bedingungen genügt:

   (a) Für $u, v \in S$ mit $u \neq v$ gilt

   $$\limsup_{n\to\infty} |f^n(u) - f^n(v)| > 0 \qquad \text{und}$$
   $$\liminf_{n\to\infty} |f^n(u) - f^n(v)| = 0.$$

   (b) Für jedes $u \in S$ und jeden periodischen Punkt $v \in I$, $v \neq u$ von f gilt

   $$\limsup_{n\to\infty} |f^n(u) - f^n(v)| > 0.$$

Bemerkung. Der Beweis geht über den Anspruch dieses Abschnittes hinaus. Daher sei an dieser Stelle nur auf die am Ende dieses Abschnittes angegebenen Referenzen verwiesen, insbesondere auf die Originalarbeit von Li und Yorke.

Eine Differenzengleichung

$$u(t+1) = f(u(t)), \quad t \in \mathbb{N} \tag{5.29}$$

mit stetiger Abb. $f : I \to I$ auf einem Intervall $I \subset \mathbb{R}$ wird als *chaotisch* im Sinne von Li und Yorke bezeichnet, wenn (5.29) die Voraussetzungen von Satz 5.17 erfüllt. Es genügt in der Tat der Nachweis eines 3-periodischen Punktes von f. Sei $a \in I$ ein beliebiger 3-periodischer Punkt von f und nehmen wir an, daß keine der beiden Ungleichungen in Satz 5.17 erfüllt ist. Ist ohne Beschränkung der Allgemeinheit $f(a) > a$, dann gilt in diesem Fall entweder

$$f^3(a) = a < f^2(a) < f(a) \qquad \text{oder} \qquad f^2(a) < f^3(a) = a < f(a).$$

Im ersten Fall wähle $b = f(a)$, dann gilt

$$b > f(b) > f^2(b) \quad \text{und} \quad f^3(b) = f^4(a) = f(a) = b.$$

Im zweiten Fall wähle $b = f^2(a)$. Dann gilt

$$b < f(b) < f^2(b) \quad \text{und} \quad f^3(b) = f^5(a) = f^2(a) = b.$$

Somit folgt aus beiden Fällen die Existenz eines Punktes $b \in I$ mit der in Satz 5.17 geforderten Eigenschaft im Widerspruch zu unserer Annahme. $\qquad\qquad\square$

Beispiele. 1. Wir betrachten erneut die Logistische Gleichung $u(t+1) = 4u(t)(1-u(t))$ mit der Abb. $f : [0,1] \to [0,1]$, $f(u) = 4u(1 - u)$. Es ist lediglich ein 3-periodischer Punkt a von f anzugeben. Wir wollen jedoch die Suche nach einem $a \in [0,1]$, das die Voraussetzungen von Satz 5.17 erfüllt, systematisieren. Seien $a, b, c > 0$, dann gilt

$$b < f(b) \quad \Longleftrightarrow \quad b < \frac{3}{4} \quad \text{und}$$

$$f(a) < \frac{3}{4} \quad \Longleftrightarrow \quad a < \frac{1}{4} \quad \text{oder} \quad a > \frac{3}{4}.$$

Für alle $0 < a < \frac{1}{4}$ gilt somit $a < f(a) < f^2(a)$. Wie muß $a < \frac{1}{4}$ gewählt werden, damit $f^3(a) \le a$ gilt? Es ist

$$f(c) < \frac{1}{16} \quad \Longleftrightarrow \quad c < \frac{4 - \sqrt{15}}{8} \quad \text{oder} \quad c > \frac{4 + \sqrt{15}}{8}.$$

Nimmt man an, daß $f^2(a) = c > \frac{4+\sqrt{15}}{8} \approx 1$ ist, so gilt $f(a) \approx \frac{1}{2}$, was wegen $a < \frac{1}{4}$ genau dann der Fall ist, wenn $a \approx \frac{2-\sqrt{2}}{4}$. Daher versuchen wir $a = \frac{1}{8}$ und erhalten $f(a) = \frac{7}{16}$, $f^2(a) = \frac{63}{64}$ und $f^3(a) = \frac{63}{1024} < \frac{1}{8}$. Also ist die Logistische Gleichung auch chaotisch im Sinne von Li und Yorke.

2. Auch der Bernoulli-Shift ist chaotisch im Sinne von Li und Yorke. Es gilt $u(t + 1) = f(u(t))$ mit $f : [0,1] \to [0,1]$ und

$$f(u) = \begin{cases} 2u & , u < \frac{1}{2} \\ 2u - 1 & , u \ge \frac{1}{2}. \end{cases}$$

Durch einfache Inspektion findet man den Punkt $a = \frac{1}{7}$ mit $f(a) = \frac{2}{7}$, $f^2(a) = \frac{4}{7}$ und $f^3(a) = \frac{1}{7}$. $\qquad\qquad\Diamond$

Der folgende Satz stellt bezüglich der ersten Aussage von Satz 5.17 eine Verallgemeinerung dar, aber daneben gibt er Auskunft über die Existenz periodischer Punkte von f.

Satz 5.18 (Sarkovskiis Theorem). Sei $f : \mathbb{R} \to \mathbb{R}$ eine stetige Funktion für die ein Punkt mit (minimaler) Periode n existiert. Ist $n \succ m$ im Sinne folgender Ordnung der natürlichen Zahlen $\mathbb{N}\backslash\{0\}$, dann hat f auch einen m-periodischen Punkt:

$$3 \succ 5 \succ 7 \succ 9 \succ \cdots$$
$$\succ 3 \cdot 2 \succ 5 \cdot 2 \succ 7 \cdot 2 \succ 9 \cdot 2 \succ \cdots$$

$$\succ 3 \cdot 2^2 \succ 5 \cdot 2^2 \succ 7 \cdot 2^2 \succ 9 \cdot 2^2 \succ \cdots$$
$$\succ 3 \cdot 2^3 \succ 5 \cdot 2^3 \succ 7 \cdot 2^3 \succ 9 \cdot 2^3 \succ \cdots$$
$$\cdots$$
$$\cdots \succ 2^4 \succ 2^3 \succ 2^2 \succ 2 \succ 1.$$

Bemerkung. Für einen Beweis dieses Satzes sei auf [8] verwiesen.

Besitzt also eine Differenzengleichung (5.29) z. B. eine 2^k-periodische Lösung mit $k \in \mathbb{N}$, so hat sie nach Satz 5.18 auch eine 2^l-periodische Lösung für alle $l \in \mathbb{N}$ mit $l < k$. Insbesondere hat jede Differenzengleichung (5.29), die überhaupt eine periodische Lösung besitzt, stets auch ein Gleichgewicht.

Satz 5.18 eignet sich zum Nachweis nichtchaotischen Verhaltens, indem man die Kontraposition verwendet: Existiert zu einem $m \in \mathbb{N} \backslash \{0\}$ kein m-periodischer Punkt $b \in \mathbb{R}$, so gibt es zu keiner natürlichen Zahl $n \succ m$ einen n-periodischen Punkt $a \in \mathbb{R}$. Daraus erhält man folgendes Korollar von Satz 5.18.

Korollar 5.19. Sei m eine positive, natürliche Zahl mit $m \neq 3$. Hat die Differenzengleichung (5.29) keine m-periodische Lösung, so ist sie nicht chaotisch im Sinne von Li und Yorke. $\qquad\qquad\square$

Beispiel. Wir zeigen, daß die Logistische Gleichung $u(t+1) = f(u(t)) = 2u(t)(1 - u(t))$ keine 2-periodische Lösung hat und somit nicht chaotisch ist. Es gilt $f(u) = 2u - 2u^2$. Somit gilt

$$f^2(u) = f(f(u)) = 2(2u - 2u^2) - 2(2u - 2u^2)^2$$
$$= 4u - 12u^2 + 16u^3 - 8u^4.$$

Da 0 und $\frac{1}{2}$ die beiden Fixpunkte von f sind, erhält man durch Polynomdivision

$$f^2(u) - u = u \left(u - \frac{1}{2} \right) \left(-8u^2 + 8u - 8 - \frac{1}{u - \frac{1}{2}} \right).$$

Da der rechte Faktor in obigem Ausdruck für $u \in [0, 1]$ stets positiv ist, sind die Fixpunkte $u = 0$ und $u = \frac{1}{2}$ die einzigen beiden Lösungen von $f^2(u) = u$. Also hat f keinen 2-periodischen Punkt. $\qquad\qquad\diamond$

Seltsame Attraktoren. In den bisherigen Ausführungen zu chaotischem Verhalten haben wir mit der Logistischen Gleichung und dem Bernoulli-Shift stets diskrete dynamische Systeme in einer Dimension betrachtet. Mehrdimensionale Systeme können neben den oben beschriebenen Eigenschaften noch weitere Verhaltensweisen zeigen. Dazu betrachten wir das diskrete dynamische System $x(t + 1) = Tx(t)$ mit $t \in \mathbb{N}$ und $T : M \to M$, $M = [0, 1] \times [0, 1]$, wobei T definiert ist durch

$$\begin{bmatrix} x_1(t + 1) \\ x_2(t + 1) \end{bmatrix} = \begin{bmatrix} -ax_1^2(t) + x_2(t) + 1 \\ bx_1(t) \end{bmatrix}. \tag{5.30}$$

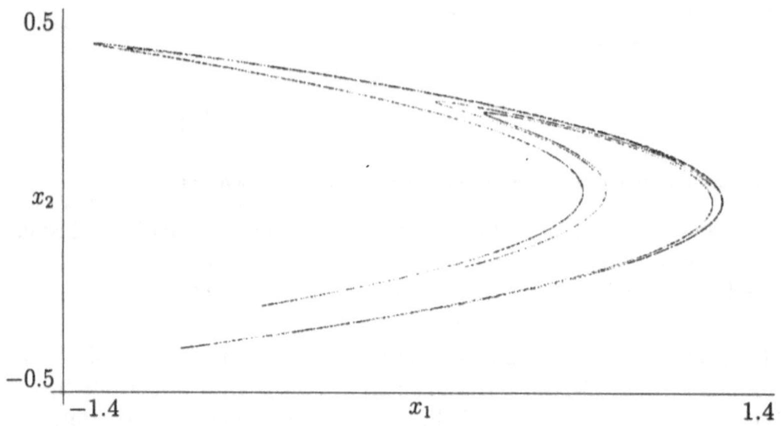

Abb. 5.16　Der Hénon-Attraktor

Dieses System wurde von Hénon betrachtet und sei als *Hénon-System* bezeichnet. Es enthält die Logistische Gleichung als Spezialfall für $b = 0$ (Aufgabe 4a). Ist $b \neq 0$, so ist (5.30) ein zweidimensionales diskretes dynamisches System. Sei $b = 0.3$, dann erhält man aus $x = Tx$ die folgenden beiden Fixpunkte von T.

$$x_1^* = \frac{-0.7 \pm \sqrt{0.49 + 4a}}{2a} = \frac{x_2^*}{0.3}.$$

Wir wollen (5.30) auf Stabilität untersuchen. Nach Satz 5.8 (1.) ist ein Gleichgewicht x^* des Systems (5.30) asymptotisch stabil, wenn der Spektralradius der Jacobi-Matrix von T in x^* kleiner als 1 ist. Für die Jacobi-Matrix von T erhält man

$$J_T(x) = \begin{bmatrix} -2ax_1 & 1 \\ 0.3 & 0 \end{bmatrix}$$

mit den beiden Eigenwerten $\lambda_{1,2} = -ax_1 \pm \sqrt{a^2 x_1^2 + 0.3}$. Für den Fixpunkt x^* von (5.30) mit $x_1^* = \frac{-0.7 + \sqrt{0.49 + 4a}}{2a}$, $x_2^* = 0.3\, x_1^*$ folgt asymptotische Stabilität, wenn $a < 0.3675$. Für $0.3675 \leq a$ treten 2-periodische Lösungen von (5.30) auf, die für $a < 0.9125$ asymptotisch stabil sind. Steigt a weiter an, so treten 4-periodische, asymptotisch stabile Lösungen auf usw., d. h. es gibt Periodenverdoppelungen bis zu einem kritischen Bifurkationspunkt von a – analog dem Verhalten der Logistischen Gleichung. Für $a = 1.4$ tritt ein anderes interessantes Phänomen auf. Es gibt einen Attraktor, der eine gekrümmte Gestalt hat (vgl. Abb. 5.16), wobei die Lösungen auf dem Attraktor hin- und herspringen und sensitive Abhängigkeit von den Anfangswerten aufweisen.

Dieser seltsame Attraktor heißt *Hénon-Attraktor* und besitzt charakteristische Eigenschaften eines Fraktals: Wenn man den Ausschnitt vergrößert, zeigt sich, daß der Attraktor Selbstähnlichkeit besitzt. Die äußere Linienmenge besteht aus drei deutlich

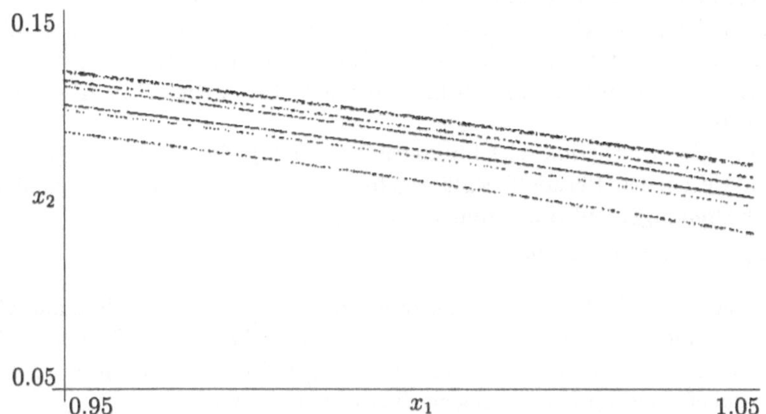

Abb. 5.17   Vergrößerter Ausschnitt des Hénon-Attraktors

voneinander abgrenzbaren Gruppen (Abb. 5.17). Die untere Linie ist einfach, die mittlere Linie ist doppelt und die obere Linie sogar dreifach. Betrachtet man die dreifache Linie jedoch genauer, so hat diese genau die selbe Struktur – einfach, doppelt, dreifach – usw. Diese Selbstähnlichkeit tritt unabhängig von der Skalierung auf und kann mit Hilfe des Computerprogramms HENON, das ebenfalls am Ende dieses Abschnittes abgedruckt ist, leicht nachgeprüft werden.

Julia- und Mandelbrot-Menge.   Ein interessanter Spezialfall zweidimensionaler diskreter dynamischer Systeme (5.27) sind Differenzengleichungen auf dem Körper $\mathbb{K} = \mathbb{C}$ der komplexen Zahlen. Sei

$$z(t+1) = f(z(t)), \quad t \in \mathbb{N}, \tag{5.31}$$

wobei $f : D \to D$ eine auf einer zusammenhängenden Menge $D \subset \mathbb{C}$ komplex differenzierbare (holomorphe) Funktion ist. Schreibt man $z(t) = x(t) + iy(t)$, wobei $x(t)$ der Realteil und $y(t)$ der Imaginärteil von $z(t)$ ist, dann kann f aufgefaßt werden als ein diskretes dynamisches System $[x(t+1), y(t+1)]^T = T[x(t), y(t)]^T$ auf $\mathbb{R}^2$. Ist f linear, so liefern die Kapitel 3 und 4 verschiedene Methoden zur Lösung bzw. Stabilitätsanalyse von (5.31). Ist f dagegen nichtlinear, sind die Sätze des Abschnittes 5.1 direkt nicht anwendbar, da stets $\mathbb{K} = \mathbb{R}$ vorausgesetzt wurde. Jedoch ist auch für $\mathbb{K} = \mathbb{C}$ ein Gleichgewicht $z^* \in D$ von (5.31) attraktiv, wenn $|f'(z^*)| < 1$ ist.

Beispiel. Sei $g : \mathbb{C} \times \mathbb{C} \to \mathbb{C}$ mit $g(a,z) = z^2 - a$ und sei

$$z(t+1) = g(a, z(t)) = z(t)^2 - a, \quad t \in \mathbb{N}. \tag{5.32}$$

Im folgenden sei $a = 0$. Es ist $z^* = 0$ ein attraktives Gleichgewicht, denn es gilt $z(t) = z(0)^{2^t}$ und daraus folgt $z(t) \to 0$ für $t \to \infty$, falls $|z(0)| < 1$ ist. Für alle $z(0) \in \mathbb{C}$ mit

$|z(0)| > 1$ folgt $z(t) \to \infty$. Betrachtet man ∞ als zusätzlichen Punkt in $\mathbb{C}$, d.h. die Riemannsche-Zahlensphäre $\hat{\mathbb{C}} = \mathbb{C} \cup \{\infty\}$, so ist $z^* = \infty$ also ebenfalls ein attraktives Gleichgewicht von (5.32). Bezeichnet außerdem S den Rand der Einheitskugel in $\hat{\mathbb{C}}$, also $S = \{z \in \hat{\mathbb{C}} \mid |z| = 1\}$, so gilt $g(0, z) \in S$ für alle $z \in S$. Die Menge S ist also invariant unter g für $a = 0$.

Insbesondere gibt es aperiodische Lösungen von (5.32), die dicht in S sind. Dazu sei $(r_t)_{t \in \mathbb{N}}$ eine durch den Bernoulli-Shift gegebene Folge, d.h. $r_{t+1} = 2r_t \bmod 1$ mit $r_0 \in [0, 1[$. Für Drehungen auf S gilt somit

$$e^{2i\pi r_t} = e^{2i\pi(2r_{t-1} \bmod 1)} = e^{4i\pi r_{t-1}}.$$

Für eine Lösung z von (5.32) mit Anfangswert $z(0) = e^{2i\pi r_0} \in S$ gilt dann $z(t) = e^{2^{t+1} i\pi r_0} = e^{2i\pi r_t}$. Nach dem, was wir über das Lösungsverhalten des Bernoulli-Shiftes wissen, hat also (5.32) instabile p-periodische Lösungen jeder Periode p in S. Ebenso besitzt (5.32) daher aperiodische Lösungen, die dicht in S sind. $\diamond$

Dieses Beispiel führt uns direkt auf den Begriff der Julia-Menge. Für die Einzugsgebiete Z der beiden Attraktoren 0 und ∞ gilt $Z(0) = \{z \in \hat{\mathbb{C}} \mid |z| < 1\}$ bzw. $Z(\infty) = \{z \in \hat{\mathbb{C}} \mid |z| > 1\}$ und somit gilt für die beiden Ränder der Einzugsgebiete $\partial Z(0) = \partial Z(\infty) = S$. Eine Menge S mit dieser Eigenschaft heißt *Julia-Menge*.

Definition 22. Sei $f : \hat{\mathbb{C}} \to \hat{\mathbb{C}}$ eine holomorphe Funktion mit genau zwei Attraktoren A und $\{\infty\}$, wobei A eine endliche Menge ist. Dann heißt die Menge $\mathbb{J} = \partial Z(\infty)$ die *Julia-Menge* von f.

Bemerkung. Der Begriff der Julia-Menge kann auch allgemeiner definiert werden, wobei auf die angegebenen Referenzen und Textbücher verwiesen sei.

Eine Julia-Menge $\mathbb{J}$ hat im allgemeinen eine komplizierte geometrische Struktur. Häufig konzentriert man sich in der Literatur auf die Betrachtung von quadratischen Funktionen der Gestalt $f(z) = z^2 - a$, auf die wir uns im folgenden ebenfalls beschränken. In diesem Fall besitzt $\mathbb{J}$ folgende Eigenschaften:

1. Es gilt $f(\mathbb{J}) = f^{-1}(\mathbb{J}) = \mathbb{J}$, wobei $f^{-1}(\mathbb{J})$ das Urbild von $\mathbb{J}$ ist.

2. Es gilt $\mathbb{J} \neq \emptyset$ und $\mathbb{J} = \overline{\mathbb{J}}$.

3. Instabile p-periodische Orbits sind dicht in $\mathbb{J}$.

4. $\mathbb{J}$ enthält keinen Punkt, der zu einem der beiden Attraktoren gehört.

Beispiele. 1. Für das obige Beispiel ist $f(z) = z^2$ und es gilt $\mathbb{J} = S$.

2. Sei $f(z) = g(a, z)$ mit $g(a, z) = z^2 - a$ und $a \neq 0$. Dann hat $\mathbb{J}$ eine komplizierte geometrische Struktur, wie Abb. 5.18 verdeutlicht. Die Julia-Menge kann mit Hilfe des Programms JULIA am eigenen Bildschirm in Farbe reproduziert werden. Dabei stellt sich die Frage, welches Kriterium für die Konvergenz gegen unendlich herangezogen wird. Es gilt $f^t(z) \to \infty$ für $t \to \infty$ für alle $z \in \mathbb{C}$ mit $|z| > 2$, wenn für den Parameter $|a| \leq 2$ gilt (Aufgabe 5). Verschiedene Farben markieren im Programm JULIA unterschiedliche Konvergenzgeschwindigkeiten gegen unendlich. $\diamond$

Abb. 5.18   Ein Ausschnitt der Julia-Menge $\mathbb{J}$ von $g(a,z) = z^2 - a$ für $a = 0.3 + 0.6i$, $-0.561095 \leq \mathrm{Re}\,(z) \leq -0.819159$ und $-0.959257 \leq \mathrm{Im}\,(z) \leq -0.765645$. Lösungen, deren Anfangswert weiß markiert ist, sind näherungsweise beschränkt. Lösungen mit schwarzem Anfangswert konvergieren gegen unendlich. Die Julia-Menge selbst ist daher weder die schwarze noch die weiße Fläche.

Betrachtet man das Beispiel $g(a,z) = z^2 - a$ aus dem Blickwinkel des Parameters a, so ist $z^* = \infty$ für alle $a \in \mathbb{C}$ ein Attraktor der Differenzengleichung $z(t+1) = g(a, z(t))$. Wegen $\frac{\partial}{\partial z} g(a, 0) = 0$ liegt die Frage nahe, wie sich die Lösung z_a mit Anfangswert $z_a(0) = 0$ für verschiedene Parameter a verhält? Es gilt $z_a(1) = -a$, $z_a(2) = a^2 - a$, $z_a(3) = (a^2 - a)^2 - a$, usw., d. h. z_a ist jedenfalls nicht für alle $a \in \mathbb{C}$ beschränkt.

Definition 23. Die Menge $\mathbb{M}$ aller komplexen Parameter a, für die die Lösung z_a der Differenzengleichung $z(t+1) = z(t)^2 - a$ mit Anfangswert $z_a(0) = 0$ nicht im Einzugsgebiet des Attraktors ∞ liegt, heißt *Mandelbrot-Menge*. Es gilt also

$$\mathbb{M} = \{a \in \mathbb{C} \mid z_a(t) \not\to \infty \text{ für } t \to \infty\}.$$

Die Mandelbrot-Menge kann analog auch für andere Differenzengleichungen $z(t+1) = F(a, z(t))$ und andere Anfangswerte $z(0)$ definiert werden, z. B. für die Logistische Gleichung auf den komplexen Zahlen $z(t+1) = az(t)(1 - z(t))$ mit $z(0) = \frac{1}{2}$. Interessant ist, daß der Rand ∂M der Mandelbrot-Menge eine komplizierte geometrische Struktur aufweisen kann (Abb. 5.19). Der Rand weist eine starke Selbstähnlichkeit auf, die unabhängig von der Skalierung ist. Die Mandelbrot-Menge kann durch Abänderung des Programms JULIA auch am eigenen Computer reproduziert werden. Da man zeigen kann, daß die Lösung z_a unbeschränkt ist, wenn es zu einem $a \in \mathbb{C}$ ein $t \in \mathbb{N}$ gibt mit $|z_a(t)| > 2$, sind im Computerprogramm nur diejenigen Parameter $a \in \mathbb{C}$ von Interesse, für die $|a| \leq 2$ ist.

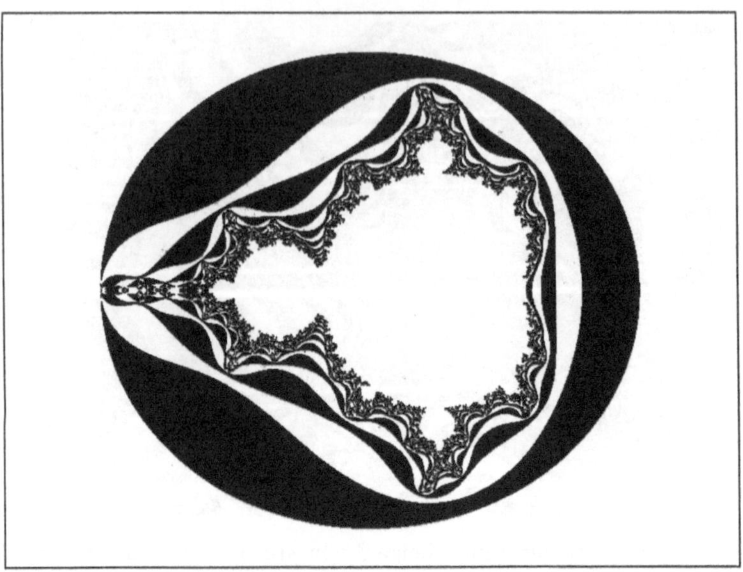

Abb. 5.19   Ein Ausschnitt der Mandelbrot-Menge $\mathbb{M}$

Man kann zeigen, daß der Zusammenhang zwischen der Julia-Menge $\mathbb{J}_a$ und der Mandelbrot-Menge $\mathbb{M}$ einer Abb. $F(a, z)$ darin besteht, daß $\mathbb{J}_a$ genau dann zusammenhängend ist, wenn $a \in \mathbb{M}$, d.h. wenn der Parameter a in der oben definierten Mandelbrot-Menge liegt (mit Anfangswert $z(0) = 0$). Das Programm JULIA und die beiden Abbildungen 5.18 und 5.19 machen deutlich, daß Computerbilder zum Teil sehr schön, aber wenig aussagekräftig sein können. Der Frage, ob man die Mandelbrot-Menge überhaupt sehen kann, ist Ewing (1995) nachgegangen.

Fraktale. Die bisherigen Ausführungen haben gezeigt, daß Attraktoren oder andere invariante Mengen von diskreten dynamischen Systemen geometrisch komplizierter aufgebaut sein können als Punkt, Linie oder Torus. Solche Mengen heißen *Fraktale* und können auch unabhängig von ihrem dynamischen Ursprung betrachtet werden. Charakteristisch für Fraktale sind Merkmale wie Ausfransung, Porösität, Komplexität und Selbstähnlichkeit. Daher ist zur Beschreibung von Fraktalen der übliche Dimensionsbegriff, wie er für glatte Flächen und Kurven gebraucht wird, nicht ausreichend.

Eine Verallgemeinerung dieses Dimensionsbegriffes ist die sogenannte *Hausdorff-Dimension* d_H einer Menge $A \subset \mathbb{R}^n$. Für einfache Mengen A ist d_H gleich der topologischen Dimension $d \in \{0, 1, \ldots, n\}$. Z.B. ist $d_H = 0$ für eine endliche Menge von Punkten, $d_H = 1$ für eine Hyperbel oder $d_H = 2$ für das Innere eines Rechtecks usw. Für kompliziertere Mengen ist die Hausdorff-Dimension im allgemeinen keine ganze Zahl.

Anstelle der Hausdorff-Dimension betrachten wir die für viele Fälle gleiche, aber einfacher zu definierende *Box-Dimension* d_B, die in den Anwendungen auch eine große Rolle spielt. Sei $A \subset \mathbb{R}^n$ eine Menge und $\varepsilon > 0$. Sei $N(\varepsilon)$ die minimale Anzahl von

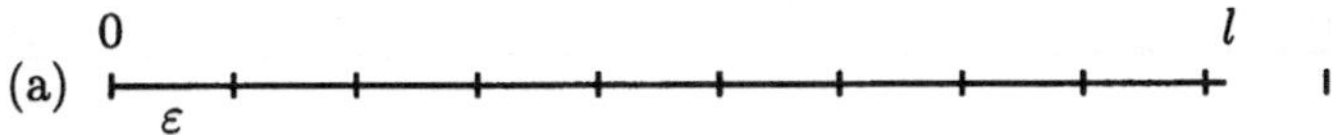

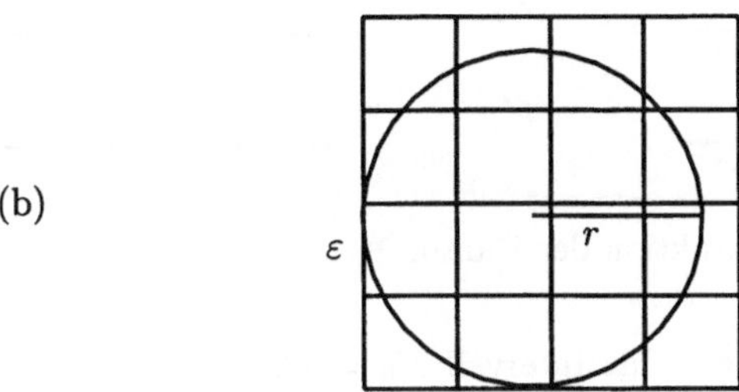

Abb. 5.20   Zur Box-Dimension: (a) Überdeckung einer Geraden der Länge l mit $N(\varepsilon)$ Liniensegmenten der Länge ε, (b) Überdeckung einer Kreisfläche mit Radius r mit $N(\varepsilon)$ Quadraten der Seitenlänge ε

(abgeschlossenen) Hyperwürfeln der Seitenlänge ε, welche erforderlich ist, um die Menge A zu überdecken (vgl. Abb. 5.20). Dann ist die Box-Dimension d_B definiert durch

$$d_B = \lim_{\varepsilon \to 0} \frac{\log N(\varepsilon)}{\log(\varepsilon^{-1})},$$

sofern der Grenzwert existiert.

Beispiele. 1. Sei A eine Gerade der Länge l und $N(\varepsilon)$ die minimale Anzahl der Liniensegmente mit der Länge ε, die zur Überdeckung von A erforderlich sind. Dann gilt $N(\varepsilon) \approx l\varepsilon^{-1}$ für kleine $\varepsilon > 0$ (Abb. 5.20 (a)). Daraus folgt $d_B = d = 1$.

2. Sei A eine Kreisfläche mit dem Radius r und $N(\varepsilon)$ die minimale Anzahl der Quadrate mit der Seitenlänge ε, die zur Überdeckung von A erforderlich sind. Dann gilt $N(\varepsilon) \approx \pi r^2 \varepsilon^{-2}$ für kleine $\varepsilon > 0$ (Abb. 5.20 (b)). Daraus folgt $d_B = d = 2$. $\diamond$

Diese und andere Beispiele einfacher Mengen A in $\mathbb{R}^n$ ergeben also eine Relation der Form $N(\varepsilon) \approx c \cdot \varepsilon^{-d}$ für kleine $\varepsilon > 0$ mit fester, von A abhängiger Konstante c. Dabei ist für einfache Mengen $d_B = d$ die übliche Dimension, wie die beiden obigen Beispiele zeigen. Die Box-Dimension hilft uns, ein Fraktal auch formal zu definieren.

Definition 24. Eine Menge $A \subset \mathbb{R}^n$ heißt *Fraktal* (gemäß einer der von Mandelbrot gegebenen Definitionen), wenn ihre Box-Dimension existiert und größer ist als die topologische Dimension, d. h. wenn $d_B > d$ gilt.

Beispiele für Fraktale sind die oben abgebildeten Julia- und Mandelbrot-Mengen, sowie der Hénon-Attraktor. Wir beenden dieses Kapitel mit zwei weiteren bekannten Beispielen.

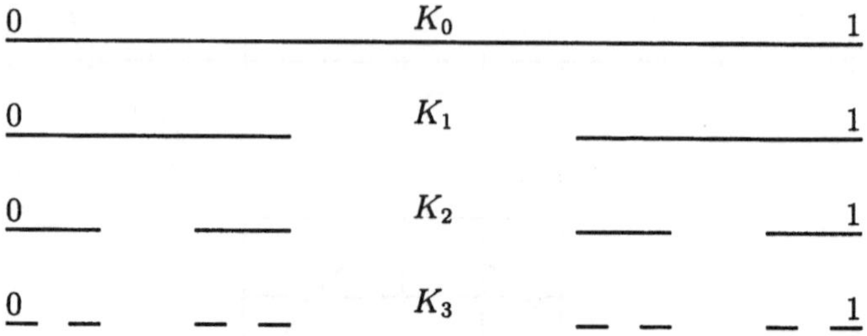

$$0 \quad\rule{3cm}{0.4pt}\quad K_0 \quad\rule{3cm}{0.4pt}\quad 1$$

Abb. 5.21   Konstruktion der Cantor-Menge $K = \bigcap_{n=0}^{\infty} K_n$

Beispiele. 1. Die Cantor-Menge. Das Intervall $K_0 = [0,1]$ wird in drei Teilintervalle gleicher Länge geteilt und das mittlere offene Drittel entfernt, so daß die Menge $K_1 = [0,\frac{1}{3}] \cup [\frac{2}{3},1]$ entsteht. Die Menge K_2 entsteht aus K_1, indem aus den beiden Teilintervallen von K_1 jeweils das mittlere offene Drittel entfernt wird, also $K_2 = [0,\frac{1}{9}] \cup [\frac{2}{9},\frac{1}{3}] \cup [\frac{2}{3},\frac{7}{9}] \cup [\frac{8}{9},1]$ (vgl. Abb. 5.21). Diese Prozedur wird mit K_n fortgesetzt, indem aus jedem Teilintervall von K_{n-1} das mittlere offene Drittel entfernt wird. Dadurch entsteht ein Folge von Mengen $K_0 \supset K_1 \supset K_2 \supset \ldots$, wobei jedes K_n aus 2^n Intervallen der Länge $(\frac{1}{3})^n$ besteht. Der Durchschnitt K dieser unendlich vielen Mengen heißt *Cantor-Menge*, also $K = \bigcap_{n=0}^{\infty} K_n$. Die Cantor-Menge ist kompakt und überabzählbar. Was ist die topologische Dimension d von K? Da K keine zusammenhängende Teilmenge enthält, ist $d = 1$ wenig überzeugend. Andererseits ist K keine endliche Menge von Punkten, wodurch $d = 0$ begründet wäre. Für die Gesamtlänge aller im Konstruktionsprozeß von K entfernten Teilintervalle $I - K_n$ erhält man

$$\frac{1}{3} + \frac{2}{9} + \ldots + \frac{2^n}{3^{n+1}} + \ldots = \frac{1}{3} \cdot \sum_{n=0}^{\infty} \left(\frac{2}{3}\right)^n = \frac{1}{3} \cdot \frac{1}{1 - \frac{2}{3}} = 1.$$

Somit ist die Länge der Menge K gleich 0 und wir haben $d = 0$ wie bei einer endlichen Menge von Punkten. Wir wollen nun die Box-Dimension von K ermitteln. Wählt man Linienstücke der Länge $\varepsilon = 3^{-n}$, so benötigt man genau $N(\varepsilon) = 2^n$ von ihnen, um K_n zu überdecken. Daraus folgt

$$N(\varepsilon) = 2^n = e^{n\log 2} = \left(e^{n\log 3}\right)^{\log 2/\log 3} = \left(e^{-n\log 3}\right)^{-\log 2/\log 3} = (\varepsilon)^{-\log 2/\log 3},$$

d. h. $d_B = \frac{\log 2}{\log 3} \approx 0.63$. Somit ist die Cantor-Menge ein Fraktal.

2. **Das Sierpiński-Dreieck.** Sei S_0 das Innere eines gleichseitigen Dreiecks mit Seitenlänge 1. Teilt man S_0 in vier gleiche und ebenfalls gleichseitige Dreiecke der Seitenlänge $\frac{1}{2}$, dann entsteht S_1 aus S_0 durch Weglassen des mittleren der vier Dreiecke (vgl. Abb. 5.22). Analog entsteht S_n aus S_{n-1} durch Weglassen des mittleren von vier Dreiecken für jedes in S_{n-1} vorkommende Teildreieck. Somit gibt es in S_n genau 3^n Teildreiecke der Seitenlänge $(\frac{1}{2})^n$. Wählt man Quadrate der Seitenlänge $\varepsilon = (\frac{1}{2})^n$, so benötigt man also

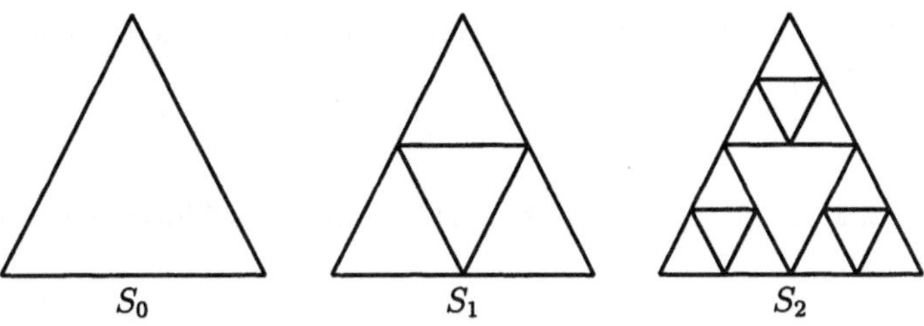

Abb. 5.22   Konstruktion des Sierpiński-Dreiecks $S = \bigcap_{n=0}^{\infty} S_n$

3^n von ihnen, um S_n zu überdecken. Damit lautet die Box-Dimension des *Sierpiński-Dreiecks* $S = \bigcap_{n=0}^{\infty} S_n$

$$d_B = \lim_{n \to \infty} \frac{\log(3^n)}{\log(2^n)} = \lim_{n \to \infty} \frac{\log 3}{\log 2} \approx 1.58.$$

Wie bei der Cantor-Menge erhält man für die topologische Dimension $d = 0$. Also ist auch das Sierpiński-Dreieck ein Fraktal.   ◇

Referenzen

- Cantor, G.: *Über unendliche, lineare Punktmannigfaltigkeiten.* Mathematische Annalen 21 (1883), S.545-591.

- Ewing, J.: *Can we see the Mandelbrot set?.* The College Math. Journal 26 (1995).

- Feigenbaum, M. J: *Quantitative universality for a class of nonlinear transformations.* Journal of Statistical Physics 19 (1978), S.25-52.

- Hausdorff, F.: *Dimension und äusseres Maß.* Mathematische Annalen 79 (1919), S.157-179.

- Hénon, M.: *A two-dimensional mapping with a strange attractor.* Commun. Math. Phys. 50 (1976), S.69-77.

- Julia, G.: *Mémoire sur l'itération des fontions rationelles.* Journal of Math. Pures Appl. 4 (1918), S.47-245.

- Li, T.-Y., Yorke, J. A.: *Period three implies chaos.* Amer. Math. Monthly 82 (1975), S.985-992.

- Sarkovskii, A. N.: *Coexistence of the cycles of a continuous mapping of the real line into itself.* Ukrain. Math. Zh. 16 (1964), S.61-71.

- Sierpiński, W.: *Sur une courbe dont tout point est un point de ramification.* Comptes Rendus 160 (1915), S.302-305.

Weiterhin sei noch auf die zu Beginn von Kapitel 5.4 genannten Textbücher und Monographien verwiesen.

Aufgaben

1. Zeigen Sie, daß ein Attraktor $A = X(T, x(0))$ eine abgeschlossene, unter T invariante Menge ist.

2. Die Logistische Gleichung.

   (a) Bestimmen Sie alle 2-periodischen Lösungen der Logistischen Gleichung (5.20) für $3 < a < 3.4$ und zeigen Sie, daß sie asymptotisch stabil sind.

   (b) Verifizieren Sie die Feigenbaumzahl δ und den Grenzwert $a^* \approx 3.57$ für die Logistische Gleichung (5.20) mit Hilfe eines Computerprogramms.

   (c) Berechnen Sie für die Logistische Gleichung (5.20) mit $a = 2$ den Liapunov-Exponenten $\lambda(0.2)$.

   (d) Zeigen Sie, daß für eine Differenzengleichung der Gestalt (5.24) folgende Aussage gilt: Ist $u_0 \in D$ ein Anfangswert einer Lösung u von (5.24) mit $\lambda(u_0) < 0$, dann ist u stabil.

3.* Zeigen Sie, daß die folgenden Abbildungen nicht topologisch transitiv sind.

   (a) $f : \mathbb{R} \to \mathbb{R}$, $f(u) = au$ mit $a \in \mathbb{R}$

   (b) $f : \mathbb{R}_+ \to \mathbb{R}_+$, $f(u) = \sqrt{u}$

   (c) $f :]0, \infty[\to]0, \infty$, $f(u) = \frac{1}{u}$

   (d) $f : \mathbb{R} \to \mathbb{R}$, $f(u) = \frac{u^k}{e^u}$ mit $k \in \mathbb{R}_+$

4. Der Hénon-Attraktor.

   (a)* Zeigen Sie, daß die Logistische Gleichung ein Spezialfall des Hénon-Systems (5.30) für $b = 0$ ist, indem Sie eine geeignete Variablentransformation durchführen.

   (b) Verifizieren Sie die beiden Fixpunkte des Hénon-Systems (5.30). Benutzen Sie dazu auch das Programm HENON.

   (c) Überprüfen Sie die beiden Eigenwerte der Jacobi-Matrix $J_T(x)$ des Hénon-Systems (5.30).

   (d) Zeigen Sie, daß der Fixpunkt $x^* = [x_1^*, x_2^*]^T$ des Hénon-Systems (5.30) mit $x_1^* = \frac{-0.7 + \sqrt{0.49 + 4a}}{2a}$, $x_2^* = 0.3\, x_1^*$ für $a < 0.3675$ asymptotisch stabil ist.
   Hinweis: Neben der analytischen Beweisführung können Sie auch eine Computersimulation mit Hilfe des Programms HENON durchführen.

5. Sei $f(z) = z^2 - a$ mit $|a| \leq 2$. Zeigen Sie, daß $\lim_{t \to \infty} f^t(z) = \infty$ für alle $z \in \mathbb{C}$ mit $|z| > 2$.

6. Erstellen Sie ein Programm MANDEL, daß ihnen die Mandelbrotmenge für verschiedene Vergrößerungsstufen anzeigt. Überzeugen Sie sich von der Selbstähnlichkeit der Mandelbrotmenge.
   Hinweis: Wandeln Sie das Programm JULIA entsprechend ab.

7. Sei S eine Menge, die durch $S = \bigcap_{n=0}^{\infty}$ definiert ist, wobei $S_n \subset \mathbb{R}$, $S_0 = [0, 1]$ und S_{n+1} zu S_n in der Weise selbstähnlich ist, daß S_{n+1} R-mal so viele gleiche Teilintervalle enthält wie S_n, und die jeweils nur das $\frac{1}{r}$-fache der Länge der Intervalle in S_n besitzen. Zeigen Sie, daß für die Box-Dimension von S gilt $d_B = \frac{\log R}{\log r}$.

Programm 2: CHAOS

```pascal
program chaos;

uses crt,graph;

const bgipath='c:\dos-pr~1\bp\bgi';  { Verzeichnis der BGI-Dateien }
      u0=0.2;                        { Startwert u(0) }
      v0=0.3;                        { Startwert v(0) }
      tmin=0;                        { Intervall fuer die erste Komponente }
      tmax=50;                       { Anzahl der Iterationsschritte }

var u, xstep, tstep, xmax, xmin   : extended;
    tempstr                       : string;
    t                             : Longint;
    Gd, Gm                        : Integer;
    Color                         : Word;
    maxx, maxt, x0, x1, t0, t1    : Integer;

{ Funktionsvorschrift }
function f(u: extended): extended;
  begin
    f:=4*u*(1-u)
  end;

begin

  { Initialisierung des Grafiktreibers }
  Gd := Detect;
  InitGraph(Gd, Gm, bgipath);
  if GraphResult <> grOk then
    Halt(1);
  Color := GetMaxColor;

  { Festlegung der Koordinaten und Schrittweiten }
  maxt:= GetMaxX;           maxx:= GetMaxY;
  t0:=Trunc(0.1*maxt);      t1:=Trunc(0.95*maxt);
  x0:=Trunc(0.9*maxx);      x1:=Trunc(0.05*maxx);
  tstep:=(t1-t0)/(tmax-tmin);
```

```pascal
u:=u0;
xmax:=0;                          xmin:=0;
for t:=0 to tmax do
  begin
    if u>xmax then xmax:=u;
    if u<xmin then xmin:=u;
    u:=f(u);
  end;
xstep:=(x1-x0)/(xmax-xmin);

{ Zeichnen des Koordinatensystems }
Setcolor(Color-1);
Outtextxy(Trunc(0.01*maxt), Trunc((x1+x0)/2.5), 'u(t)');
Setcolor(Color-2);
Outtextxy(Trunc(0.01*maxt), Trunc((x1+x0)/2.3), 'v(t)');
Setcolor(Color);
line(Trunc(0.05*maxt),x0,t1,x0);
line(t0,Trunc(0.95*maxx),t0,x1);
SetTextJustify(RightText, TopText);
Str(xmax:3:4, tempstr);
Outtextxy(Trunc(0.09*maxt), x1, tempstr);
SetTextJustify(RightText, CenterText);
Str((xmax+xmin)/2:3:4, tempstr);
Outtextxy(Trunc(0.09*maxt), Trunc((x0+x1)/2), tempstr);
SetTextJustify(RightText, BottomText);
Str(xmin:3:4, tempstr);
Outtextxy(Trunc(0.09*maxt), Trunc(0.89*maxx), tempstr);
SetTextJustify(CenterText, CenterText);
Str(Trunc((tmax+tmin)/2):3, tempstr);
Outtextxy(Trunc((t0+t1)/2), Trunc(0.95*maxx), tempstr);
SetTextJustify(CenterText, BottomText);
Outtextxy(Trunc((t0+t1)/2), Trunc(0.99*maxx), 't');
SetTextJustify(RightText, CenterText);
Str(tmax:3, tempstr);
Outtextxy(t1, Trunc(0.95*maxx), tempstr);
SetTextJustify(LeftText, CenterText);
Str(tmin:3, tempstr);
Outtextxy(t0+Trunc(0.01*maxt), Trunc(0.95*maxx), tempstr);

{ Zeichnen der Lsung u }
Setcolor(Color-1);
u:=u0;
for t:=0 to tmax do
  begin
    if t>tmin then
      LineTo(t0+Trunc((t-tmin)*tstep), x0+Trunc((u-xmin)*xstep))
    else
      if t=tmin then
        MoveTo(t0, x0+Trunc((u-xmin)*xstep));
    u:=f(u);
  end;
{ Zeichnen der Lsung v }
```

```pascal
    Setcolor(Color-2);
    u:=v0;
    for t:=0 to tmax do
      begin
        if t>tmin then
          LineTo(t0+Trunc((t-tmin)*tstep), x0+Trunc((u-xmin)*xstep))
        else
          if t=tmin then
            MoveTo(t0, x0+Trunc((u-xmin)*xstep));
        u:=f(u);
      end;
    readln;
    CloseGraph;
end.
```

Programm 3: LOGIS

```pascal
program logis;

uses crt,graph;

const bgipath='c:\progra~1\bp\bgi';    { Verzeichnis der BGI-Dateien }
      a0=3.0;                          { Anfangswert des Parameters a}
      a1=4.0;                          { Endwert des Parameters a}

var a, x                      : double;
    tempstr                   : string;
    astep, i, n               : Integer;
    Gd, Gm                    : Integer;
    Color                     : Word;
    maxx, maxy, a0x, a1x, y0, y1  : Integer;

begin

  { Initialisierung des Grafiktreibers }
  Gd := Detect;
  InitGraph(Gd, Gm, bgipath);
  if GraphResult <> grOk then
    Halt(1);
  Color := GetMaxColor;

  { Festlegung der Koordinaten }
  maxx:= GetMaxX;
  maxy:= GetMaxY;
  a0x:=Trunc(0.1*maxx);
  a1x:=Trunc(0.95*maxx);
  y0:=Trunc(0.9*maxy);
  y1:=Trunc(0.05*maxy);
  astep:=a1x-a0x; { astep = Schrittweite fuer a, je nach Aufloesung }
```

```pascal
  { Zeichnen des Koordinatensystems }
  Setcolor(Color);
  line(Trunc(0.05*maxx),y0,a1x,y0);
  line(a0x,Trunc(0.95*maxy),a0x,y1);
  Outtextxy(0, y1, 'x');
  Outtextxy(Trunc(0.05*maxx), y1, '1');
  Outtextxy(0, y0, '0');
  Str((a0+a1)/2:3:2, tempstr);
  Outtextxy(Trunc((a1x+a0x)/2), Trunc(0.95*maxy), tempstr);
  SetTextJustify(RightText, CenterText);
  Str(a1:3:2, tempstr);
  Outtextxy(a1x, Trunc(0.95*maxy), 'a='+tempstr);
  SetTextJustify(LeftText, CenterText);
  Str(a0:3:2, tempstr);
  Outtextxy(a0x+Trunc(0.01*maxx), Trunc(0.95*maxy), tempstr);

  { Bifurkation }
  Color:=10;
  for i:=0 to astep do
    begin
      a:=a0+i/astep*(a1-a0);              { Aenderung des Parameters a }
      x:=0.501;                          { Anfangswert fuer die neue Log. Gleichung }
      for n:=1 to 200 do
        begin
          x:=a*x*(1-x);
          If  (n>85) then
              PutPixel(a0x+i,y0+Trunc(x*(y1-y0)),Color)
        end
    end;
  readln;
  CloseGraph;
end.
```

Programm 4: HENON

```pascal
program henon;

uses crt,graph;

const bgipath='c:\progra~1\bp\bgi'; { Verzeichnis der BGI-Dateien }
      a=1.4;                        { Parameter a}
      b=0.3;                        { Parameter b}
      xmin=-1.5;     xmax=1.5;      { Intervall fuer die erste Komponente }
      ymin=-0.7;     ymax=0.7;      { Intervall fuer die zweite Komponente }
      T=10000;                      { Anzahl der Iterationsschritte }

var x, y, xneu, xstep, ystep      : extended;
    tempstr                       : string;
    i                             : Longint;
    Gd, Gm                        : Integer;
```

```pascal
    Color                              : Word;
    maxx, maxy, x0, x1, y0, y1         : Integer;

begin

  { Initialisierung des Grafiktreibers }
  Gd := Detect;
  InitGraph(Gd, Gm, bgipath);
  if GraphResult <> grOk then
    Halt(1);
  Color := GetMaxColor;

  { Festlegung der Koordinaten }
  maxx:= GetMaxX;                maxy:= GetMaxY;
  x0:=Trunc(0.1*maxx);           x1:=Trunc(0.95*maxx);
  y0:=Trunc(0.9*maxy);           y1:=Trunc(0.05*maxy);
  { Schrittweiten der beden Komponenten x und y, ja nach
    Aufloesung und gewaehlten Intervallen }
  xstep:=(x1-x0)/(xmax-xmin);  ystep:=(y1-y0)/(ymax-ymin);

  { Zeichnen des Koordinatensystems }
  Setcolor(Color);
  line(Trunc(0.05*maxx),y0,x1,y0);
  line(x0,Trunc(0.95*maxy),x0,y1);
  Outtextxy(Trunc(0.01*maxx), Trunc((y1+y0)/2.5), 'y');
  SetTextJustify(RightText, TopText);
  Str(ymax:3:4, tempstr);
  Outtextxy(Trunc(0.09*maxx), y1, tempstr);
  SetTextJustify(RightText, CenterText);
  Str((ymax+ymin)/2:3:4, tempstr);
  Outtextxy(Trunc(0.09*maxx), Trunc((y0+y1)/2), tempstr);
  SetTextJustify(RightText, BottomText);
  Str(ymin:3:4, tempstr);
  Outtextxy(Trunc(0.09*maxx), Trunc(0.89*maxy), tempstr);
  SetTextJustify(CenterText, CenterText);
  Str((xmax+xmin)/2:3:4, tempstr);
  Outtextxy(Trunc((x0+x1)/2), Trunc(0.95*maxy), tempstr);
  SetTextJustify(CenterText, BottomText);
  Outtextxy(Trunc((x0+x1)/2), Trunc(0.99*maxy), 'x');
  SetTextJustify(RightText, CenterText);
  Str(xmax:3:4, tempstr);
  Outtextxy(x1, Trunc(0.95*maxy), tempstr);
  SetTextJustify(LeftText, CenterText);
  Str(xmin:3:4, tempstr);
  Outtextxy(x0+Trunc(0.01*maxx), Trunc(0.95*maxy), tempstr);

  { Zeichnen des Attraktors }
  Color:=10;
  x:=0;     y:=0;                     { Anfangswerte fuer x und y }
  for i:=0 to T do
    begin
      xneu:=x;
```

```
        x:=y+1-a*x*x;
        y:=b*xneu;
        if (i>300) and (x>=xmin) and (y>=ymin) then
          PutPixel(x0+Trunc((x-xmin)*xstep),
             y0+Trunc((y-ymin)*ystep), Color)
    end;
  readln;
  CloseGraph;
end.
```

Programm 5: JULIA

```
program julia;

uses crt,graph;

const bgipath='c:\progra~1\bp\bgi';   { Verzeichnis der BGI-Dateien }
      ar=-0.25;                       { Realteil von a }
      ai=-0.75;                       { Imaginaerteil von a }
      xmin=-0.1;                      { Realteil von zmin, wobei zmin <= z <= zmax }
      xmax=0.4;                       { Realteil von zmax }
      ymin=0.5;                       { Imaginaerteil von zmin }
      ymax=1.0;                       { Imaginaerteil von zmax }
      infinity=4;                     { Schranke fuer Unendlich }
      dichte=1.0;                     { Aufloesung; dichte=1=max. Aufloesung }
      T=200;                          { Maximale Anzahl der Iterationen von f }

var x, y, x2, y2     : extended;      { z=x+iy; x2=x*x; y2=y*y }
    i, j, coun       : Integer;
    Gd, Gm           : Integer;
    Color, MaxColor  : Word;
    maxx, maxy       : Integer;       { max. Anzahl der Punkte im Koordinatensystem }
    gapx, gapy       : extended;      { Schrittweite fuer die Wahl der Anfangswte }
                                      {   von z }
begin

  { Initialisierung des Grafiktreibers }
  Gd := Detect;
  InitGraph(Gd, Gm, bgipath);
  if GraphResult <> grOk then
    Halt(1);
  MaxColor:=GetMaxColor;

  { Festlegung einiger Konstanten }
  maxx:= Trunc(dichte*GetMaxX);   maxy:= Trunc(dichte*GetMaxY);
  gapx:=(xmax-xmin)/maxx;          gapy:=(ymax-ymin)/maxy;


  { Erzeugung der Grafik }
  for i:=0 to maxy-1 do
```

```
    for j:=0 to maxx-1 do
      begin
        { Festlegen des Anfangswertes z=x+iy, der an die Stelle (j,i) gezeichnet
          wird (je nach Dichte) in der Farbe color }
        x:=xmin+gapx*j;          y:=ymin+gapy*i;
        coun:=0;
        { Ermitteln der Farbe fuer diesen Anfangswert }
        repeat
          coun:=coun+1;
          x2:=x*x;               y2:=y*y;
          y:=2*x*y+ai;           x:=x2-y2+ar;
        until (x2+y2>infinity) or (coun=T);
        { Je kleiner coun, desto hoeher die Divergenzgeschwindigkeit und desto
          dunkler die Farbe }
        color:=Trunc(coun/T*MaxColor);
        PutPixel(Trunc((j+1)/dichte),Trunc((i+1)/dichte),color)
      end;
  readln;
  CloseGraph;
end.
```

6 Positive diskrete dynamische Systeme

In diesem Kapitel sollen spezielle nichtlineare Systeme, nämlich konkave Systeme, auf globale asymptotische Stabilität hin untersucht werden. Konkave Systeme haben eine Reihe von Anwendungen und stellen eine sehr naheliegende Verallgemeinerung von linearen Systemen dar. Die im folgenden betrachteten konkaven Systeme sind zugleich positiv und enthalten als Spezialfall positive lineare Systeme. Letztere lassen sich durch positive Matrizen beschreiben, bei denen die dynamische Bedeutung der Eigenwerte besonderes durchsichtig ist.

Sei $x(t+1) = Ax(t)$ ein homogenes lineares System mit konstanten Koeffizienten. Nach Satz 4.4 ist das System genau dann global asymptotisch stabil, wenn für alle Eigenwerte λ von A gilt, daß $|\lambda| < 1$ ist. Nach Korollar 4.5 gilt $\lim_{t \to \infty} \|u(t)\| = \infty$ für $u(a) \neq 0$, falls für alle Eigenwerte von A gilt, daß $|\lambda| > 1$ ist. Für hyperbolische Systeme läßt sich das dynamische Verhalten vermöge Satz 4.8 beschreiben. Was passiert aber, wenn das System nicht hyperbolisch ist, d. h. wenn A wenigstens einen Eigenwert λ hat, für den $|\lambda| = 1$ ist?

Betrachten wir dazu folgendes Konsensmodell aus Kapitel 1 (vgl. S.16):

$$u(t+1) = Ax(t) \text{ mit } A = \begin{bmatrix} \frac{3}{4} & \frac{1}{4} \\ \frac{1}{4} & \frac{3}{4} \end{bmatrix}.$$

Das charakteristische Polynom von A lautet

$$\det(A - \lambda E) = \left(\lambda - \frac{3}{4}\right)^2 - \frac{1}{16}.$$

Daher erhält man die beiden Eigenwerte $\lambda_1 = \frac{1}{2}$, $\lambda_2 = 1$. Also ist das System zwar stabil, aber nicht hyperbolisch und auch nicht asymptotisch stabil. Dennoch hatten wir durch eine direkte Rechnung festgestellt, daß sich ein Konsens herausbildet. Die Potenzen von A konvergieren nämlich gegen die Matrix $\frac{1}{2}\begin{bmatrix} 1 & 1 \\ 1 & 1 \end{bmatrix}$ für jeden Startpunkt $x = [x_1, x_2]^T \neq [0, 0]^T$ mit $x_1, x_2 \geq 0$. Das bedeutet, daß jeder Punkt der Geraden $x_1 = x_2$ ein Fixpunkt ist und daß alle Pfade des dynamischen Systems gegen diese Gerade konvergieren (vgl. Abb. 6.1). Der stabile Unterraum dieses Systems ist $S = \{x \in \mathbb{R}^2 \mid x_1 + x_2 = 0\}$ und der instabile Unterraum ist $U = \{0\}$. Zwar konvergieren die Pfade nicht gegen einen einzelnen Punkt, sie konvergieren aber gegen eine Gerade, die punktweise fest bleibt. Diese Eigenschaft,

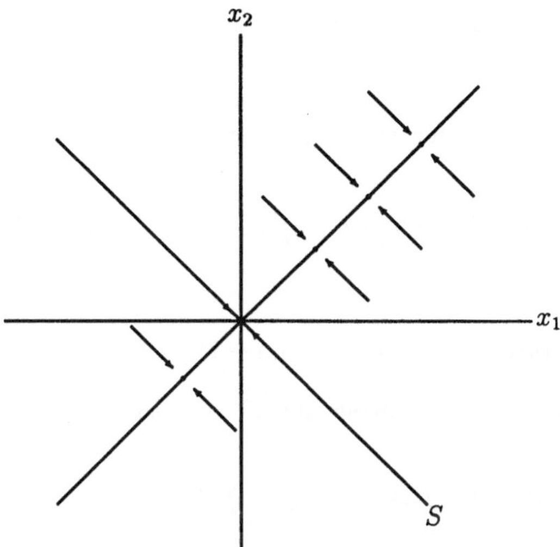

Abb. 6.1   Stabilitätsverhalten im Konsensmodell

die man auch *relative Stabilität* nennt, gilt, wie im folgenden gezeigt wird, nicht nur für positive Matrizen, sondern auch für eine große Klasse konkaver Abbildungen.

6.1   Konkave Systeme

Zunächst sei noch einmal an die Darstellung einer Differenzengleichung als diskretes dynamisches System erinnert (vgl. Kapitel 1.3 und 3). Ist eine autonome Differenzengleichung gegeben durch

$$u(t+n) = f(u(t), u(t+1), \ldots, u(t+n-1)) \tag{6.1}$$

für $t \in \mathbb{N}$ mit einer Abb. $f : D^n \to D$, $D \subset \mathbb{K}^n$ und $\mathbb{K} = \mathbb{R}$ oder $\mathbb{K} = \mathbb{C}$, so ist das zugehörige diskrete dynamische System gegeben durch

$$x(t+1) = Tx(t),$$

wobei $T : D^n \to D^n$, $Tx = [x_2, x_3, \ldots, x_n, f(x)]^T$ für $x = [x_1, \ldots, x_n]^T$. Das folgende Lemma zeigt, wie sich die Lösungen der Differenzengleichung aus denen des diskreten dynamischen Systems ergeben.

Lemma 6.1. Für beliebiges $t \in \mathbb{N}$ gilt $T^t[u(0), \ldots, u(n-1)]^T = [u(t), \ldots, u(t+n-1)]^T$ für jede Lösung $t \mapsto u(t)$ der Differenzengleichung (6.1) und $T^{t+n}x = [f \circ T^t x, f \circ T^{t+1}x, \ldots, f \circ T^{t+n-1}x]^T$ für jedes $x \in D^n$.

Beweis. Wir beweisen die erste Gleichung durch vollständige Induktion: Für $t = 0$ ist die Behauptung trivial. Nach Induktionsvoraussetzung gilt dann

$$T^{t+1}[u(0), \ldots, u(n-1)]^T = T[u(t), \ldots, u(t+n-1)]^T$$

$$= [u(t+1), \ldots, u(t+n-1), f(u(t), \ldots, u(t+n-1))]^T$$
$$= [u(t+1), \ldots, u(t+n)]^T.$$

Damit ist die erste Gleichung bewiesen. Ersetzen wir in dieser Gleichung t durch $t+n$, so ergibt sich

$$T^{t+n}[u(0), \ldots, u(n-1)]^T = T[u(t+n), \ldots, u(t+n+n-1)]^T.$$

Für $0 \le i \le n-1$ ist

$$u(t+n+i) = f(u(t+i), \ldots, u(t+i+n-1)) = f(T^{t+i}(u(0), \ldots, u(n-1))).$$

Da $x = [u(0), \ldots, u(n-1)]^T$ beliebig aus D^n ist, so folgt $T^{t+n}x = [f \circ T^t x, f \circ T^{t+1}x, \ldots, f \circ T^{t+n-1}x]^T.$ $\square$

Ist beispielsweise f linear, also $f(x_1, \ldots, x_n) = \sum_{i=1}^{n} c_i x_i$ mit $c_i \in \mathbb{K}$, so ist $Tx = C \cdot x$ mit

$$C = \begin{bmatrix} 0 & 1 & 0 & \cdots & 0 \\ 0 & 0 & 1 & & 0 \\ \vdots & \vdots & & \ddots & \\ 0 & 0 & 0 & & 1 \\ c_1 & c_2 & c_3 & \cdots & c_n \end{bmatrix},$$

und nach Lemma 6.1 ist die Lösung $u(t)$ der Differenzengleichung gegeben als die erste Komponente des Produkts von C^t mit dem Vektor $[u(0), \ldots, u(n-1)]^T$ (siehe auch Kapitel 1.3). Als Verallgemeinerung linearer Systeme wollen wir nun konkave Systeme betrachten.

Definition 25. Eine nichtleere Teilmenge $D \subset \mathbb{R}^n$ heißt *konvex*, wenn für beliebige $x, y \in D$ und $\alpha \in [0,1]$ stets $\alpha x + (1-\alpha)y \in D$ ist. Für eine konvexe Teilmenge $D \subset \mathbb{R}^n$ heißt eine Abb. $T : D \to \mathbb{R}^m$ *konkav*, wenn für beliebige $x, y \in D$ und $\alpha \in [0,1]$ gilt, daß

$$\alpha Tx + (1-\alpha)Ty \le T(\alpha x + (1-\alpha)y).$$

Dabei bedeutet $u \le v$ für $u, v \in \mathbb{R}^n$, daß $u_i \le v_i$ für $1 \le i \le n$.

Eine Abb. $T : D \to \mathbb{R}^m$ ist genau dann konkav, wenn alle Komponentenabbildungen $T_i : D \to \mathbb{R}$, definiert durch $T_i x = (Tx)_i$, konkav sind. Aus der Definition folgt unmittelbar, daß für eine konkave Abbildung gilt

$$\sum_{j=1}^{k} \alpha_j Tx^j \le T\left(\sum_{j=1}^{k} \alpha_j x^j\right)$$

für beliebige $k \in \mathbb{N}$, $x^j \in D$, $\alpha_j \ge 0$ mit $\sum_{j=1}^{k} \alpha_j = 1$.

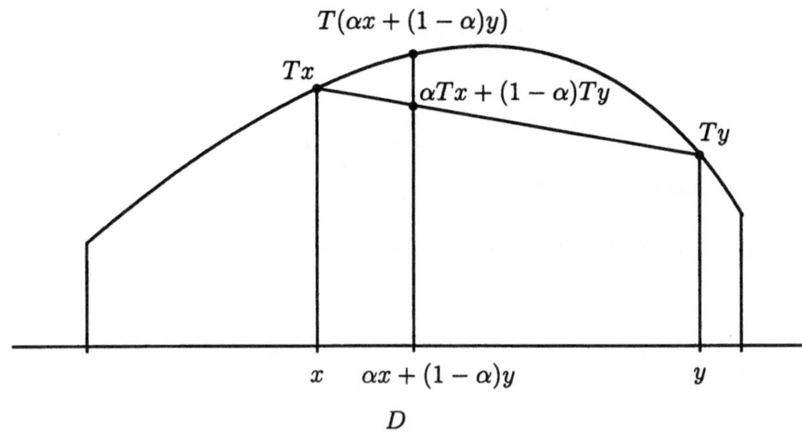

Abb. 6.2   Eine konkave Abbildung T

Definition 26. Eine Abb. $T : D \to \mathbb{R}^m$, $D \subset \mathbb{R}^n$, heißt *monoton*, wenn gilt

$$0 \le x \le y \Longrightarrow Tx \le Ty.$$

Im folgenden bezeichne K den Kegel $K = \mathbb{R}^n_+ = \{x \in \mathbb{R}^n \,|\, 0 \le x_i, i = 1, \dots, n\}$. Bemerkenswerter Weise sind konkave Abbildungen auf dem Kegel K monoton wachsend und stetig, wie das folgende Lemma zeigt.

Lemma 6.2.   (1) Eine konkave Abb. $T : K \to K$ ist monoton.

(2) Eine konkave Abb. $T : D \to \mathbb{R}^m$ ist auf dem Inneren $\mathring{D}$ von $D \subset \mathbb{R}^n$ stetig.

Beweis. (1) Für $x, y \in K$ mit $x \le y$ und $k \in \{1, 2, 3, \dots\}$ ist $x + k(y - x) \in K$ und $y = (1 - \frac{1}{k})x + \frac{1}{k}(x + k(y - x))$. Konkavität von T impliziert, daß

$$Ty \ge \left(1 - \frac{1}{k}\right) Tx + \frac{1}{k} \cdot T(x + k(y - x))$$

für alle $k \ge 1$. Also gilt $Ty \ge Tx$.

(2) Es reicht zu zeigen, daß eine konkave Funktion $f : D \to \mathbb{R}$ auf $\mathring{D} \neq \emptyset$ stetig ist. Zu $x \in \mathring{D}$ gibt es ein $d > 0$, so daß bezüglich der Maximums-Norm $\| \cdot \|$

$$B = \{z \in \mathbb{R}^n \,|\, \|z - x\| \le d\} \subset D.$$

B ist ein Würfel mit endlich vielen Ecken und jeder Punkt von B ist eine konvexe Kombination von Eckpunkten. Ist m das Minimum von f auf den Eckpunkten, so folgt aus der Konkavität von f, daß $f(z) \ge m$ ist für alle $z \in B$. Für $y \in B$, $y \neq x$ sei

$\alpha = \frac{\|x-y\|}{d}$. Es ist $0 < \alpha \leq 1$ und die Punkte $u = \frac{y-x}{\alpha} + x$, $v = \frac{x-y}{\alpha} + x$ liegen in B. Es folgt

$$y = (1-\alpha)x + \alpha u \qquad \text{und} \qquad x = \frac{1}{1+\alpha}\, y + \frac{\alpha}{1+\alpha}\, v$$

und mittels der Konkavität von f

$$f(y) \geq (1-\alpha)f(x) + \alpha f(u) \geq (1-\alpha)f(x) + \alpha m$$

und

$$f(x) \geq \frac{1}{1+\alpha}\, f(y) + \frac{\alpha}{1+\alpha}\, f(v) \geq \frac{1}{1+\alpha}\, f(y) + \frac{\alpha}{1+\alpha}\, m,$$

also gilt $f(x) - f(y) \leq \alpha(f(x) - m)$ und $f(y) - f(x) \leq \alpha(f(x) - m)$. Dann gilt wegen $\alpha = \frac{\|x-y\|}{d}$

$$|f(x) - f(y)| \leq \frac{\|x-y\|}{d}(f(x) - m),$$

woraus insbesondere die Stetigkeit von f in x folgt.

$\qquad\qquad\qquad\qquad\qquad\qquad\qquad\qquad\qquad\qquad\qquad\qquad\qquad\qquad\qquad$ $\square$

Bemerkung. Eine konkave Abb. $T : D \to K$ für D konvex in K, aber $D \neq K$, ist nicht notwendigerweise monoton (Aufgabe 1)!

Beispiele. 1. Sei $T : K \to K$ *affin-linear*, d. h. $Tx = Ax + a$, wobei $a \in K$ und A eine nichtnegative $n \times n$-Matrix ist, d. h. für die Einträge a_{ij} von A gilt $a_{ij} \geq 0$.

2. Sei $T : K \to K$ punktweise das *Infimum* einer Familie $\{T(j) \,|\, j \in J\}$ von affin-linearen Abbildungen, d. h. $(Tx)_i = \inf\{(T(j)x)_i \,|\, j \in J\}$ für $x \in K$, $i = 1, \ldots, n$.

3. Sei $T : K \to K$ definiert durch $T_i x = \prod_{j=1}^{n} x_j^{a_{ij}}$ für $x \in K$, $i = 1, \ldots, n$, wobei $A = (a_{ij})$ eine nichtnegative Matrix ist mit $\sum_{j=1}^{n} a_{ij} = 1$ für alle $i = 1, \ldots, n$. $\qquad$ $\diamond$

In allen drei Beispielen ist $T : K \to K$ konkav und daher, nach Lemma 6.2, auch monoton. In den Beispielen 2 und 3 ist T im allgemeinen nicht linear.

Definition 27. Eine Norm $\|\cdot\|$ auf $\mathbb{R}^n$ heißt *monoton*, wenn gilt

$$0 \leq x \leq y \implies \|x\| \leq \|y\|.$$

Beispiele monotoner Normen auf $\mathbb{R}^n$ sind die *Maximums-Norm* $\|x\| = \max\{|x_i| \,|\, 1 \leq i \leq n\}$, die *Summen-Norm* $\|x\| = \sum_{i=1}^{n} |x_i|$ und die *Euklidische Norm* $\|x\| = \left(\sum_{i=1}^{n} x_i^2\right)^{1/2}$. Es gibt jedoch Normen auf $\mathbb{R}^n$, die nicht monoton sind (vgl. Aufgabe 2). Bezüglich einer monotonen Norm betrachten wir nun die folgende Renormalisierung einer Abb. T.

Definition 28. Für eine Abb. $T : D \to K$, $D \subset \mathbb{R}^n$ und eine monotone Norm auf $\mathbb{R}^n$ ist die *normierte Abbildung* $\tilde{T}$ gegeben durch

$$\tilde{T}x = \frac{Tx}{\|Tx\|}$$

für $x \in D$ mit $Tx \neq 0$.

Geometrisch bedeutet die Renormalisierung einer Abbildung die Projektion der Bildpunkte auf die Einheitssphäre der Norm. Bei der Betrachtung der normalisierten Abbildung ist es wichtig, zwischen $(\tilde{T})^k$ und $\widetilde{T^k}$ zu unterscheiden. Beispielsweise sind die Abbildungen verschieden für $T : \mathbb{R}^2 \to \mathbb{R}^2$ mit $Tx = [1 + x_1, 1]^T$ (Aufgabe 3).

Bei der Untersuchung des Stabilitätsverhaltens konkaver Systeme hat es sich, anders als in den beiden vorangegangenen Kapiteln, als nützlich erwiesen, nicht auf den Euklidischen Abstand zurückzugreifen. Dem monotonen Verhalten von konkaven Systemen auf Kegeln ist nämlich die sogenannte projektive Metrik von Hilbert besonders angepaßt, welche im folgenden Abschnitt eingeführt wird.

Aufgaben

1. Finden Sie konkave Mengen $D \subset \mathbb{R}^n_+$ und $C \subset \mathbb{R}^m$ und eine konkave Abb. $T : D \to C$ derart, daß T in den folgenden Situationen nicht monoton ist.

   (a) $D \neq \mathbb{R}^n_+$, $C = \mathbb{R}^m_+$;

   (b) $D = \mathbb{R}^n_+$, $C \neq \mathbb{R}^m_+$.

2. Finden Sie für ein spezielles $n \geq 2$ eine Norm auf $\mathbb{R}^n$, welche nicht monoton ist. Hinweis: Skizzieren Sie die Einheitssphäre, die nicht unbedingt eine Kugel zu sein braucht!

3. Zeigen Sie für das System $T : \mathbb{R}^2_+ \to \mathbb{R}^2_+$, $x \mapsto [x_1 + 1, 1]^T$, daß für alle $k \in \mathbb{N}$, $k \geq 2$ die Abbildungen $\widetilde{T^k}$ und $\tilde{T}^k$ verschieden sind.

6.2 Hilberts projektive Metrik

Definition 29. Auf dem Inneren $\mathring{K} = \{x \in \mathbb{R}^n \mid x > 0\}$ des Kegels K ist Hilberts projektive Quasi-Metrik oder kurz *Hilberts projektive Metrik* definiert durch

$$d(x,y) = -\log\left(\min\left\{\frac{x_i}{y_i} \mid 1 \leq i \leq n\right\} \cdot \min\left\{\frac{y_i}{x_i} \mid 1 \leq i \leq n\right\}\right)$$

für $x, y \in \mathring{K}$. (Für $x, y \in K$ bedeutet $x < y$, daß $x_i < y_i$ für alle $i = 1, \dots, n$.)

Das folgende Lemma zeigt, daß $d(\cdot, \cdot)$ in der Tat eine Quasi-Metrik ist, also $d(x,y) = 0$ für $x \neq y$ möglich ist.

Lemma 6.3. Für $x, y, z \in \mathring{K}$ hat d die folgenden Eigenschaften.

1. $d(x, y) \in \mathbb{R}_+$

2. $d(x, y) = 0 \iff x = ry$ für einen Skalar $r > 0$

3. $d(x, y) = d(y, x)$

4. $d(x, z) \leq d(x, y) + d(y, z)$

5. $d(rx, sy) = d(x, y)$ für beliebige Skalare $r, s > 0$ und $d(z \cdot x, z \cdot y) = d(x, y)$, wobei $z \cdot x = [z_1 x_1, \dots, z_n x_n]^T$.

Beweis. 1. Da das Produkt der beiden Minima in der Definition von $d(\cdot, \cdot)$ strikt positiv ist und höchstens gleich $\frac{x_i}{y_i} \cdot \frac{y_i}{x_i} = 1$ sein kann, ist $d(x, y) \in \mathbb{R}_+$.

2. Ist $x = ry$, so gilt $d(x, y) = -\log(r \cdot r^{-1}) = 0$. Ist umgekehrt $d(x, y) = 0$ und $r = \min\{\frac{x_i}{y_i} \mid 1 \leq i \leq n\}$, so gilt $r \cdot \min\{\frac{y_i}{x_i} \mid 1 \leq i \leq n\} = 1$. Daher ist $r > 0$ und $\min\{\frac{y_i}{x_i} \mid 1 \leq i \leq n\} = r^{-1}$. Also gilt $r \leq \frac{x_i}{y_i}$ und $\frac{x_i}{y_i} \leq r$ für alle $i = 1, \dots, n$, d.h. $x_i = ry_i$ für alle $i = 1, \dots, n$.

3. Folgt sofort aus der Definition von $d(\cdot, \cdot)$.

4. Aus

$$\min\left\{\frac{x_i}{y_i} \mid 1 \leq i \leq n\right\} \cdot \min\left\{\frac{y_i}{z_i} \mid 1 \leq i \leq n\right\} \leq \min\left\{\frac{x_i}{z_i} \mid 1 \leq i \leq n\right\} \qquad \text{und}$$

$$\min\left\{\frac{y_i}{x_i} \mid 1 \leq i \leq n\right\} \cdot \min\left\{\frac{z_i}{y_i} \mid 1 \leq i \leq n\right\} \leq \min\left\{\frac{z_i}{x_i} \mid 1 \leq i \leq n\right\}$$

folgt durch Multiplikation und Anwendung von $-\log$, daß $d(x, y) + d(y, z) \geq d(x, z)$.

5. Die erste Gleichung folgt aus

$$\min\left\{\frac{rx_i}{sy_i} \mid 1 \leq i \leq n\right\} \cdot \min\left\{\frac{sy_i}{rx_i} \mid 1 \leq i \leq n\right\}$$

$$= \min\left\{\frac{x_i}{y_i} \mid 1 \leq i \leq n\right\} \cdot \min\left\{\frac{y_i}{x_i} \mid 1 \leq i \leq n\right\};$$

die zweite Gleichung gilt wegen

$$\min\left\{\frac{z_i x_i}{z_i y_i} \mid 1 \leq i \leq n\right\} = \min\left\{\frac{x_i}{y_i} \mid 1 \leq i \leq n\right\}.$$

$\square$

Das folgende Lemma stellt einen nützlichen Zusammenhang zwischen Hilberts projektiver Metrik und gewohnten Distanzbegriffen her.

Lemma 6.4. Ist $\|\cdot\|$ eine monotone Norm auf $\mathbb{R}^n$, so gelten für $x, y \in \overset{\circ}{K}$ mit $\|x\| = \|y\| = 1$ die folgenden Ungleichungen

(1) $\exp(-d(x,y))y \leq x \leq \exp(d(x,y))y$;

(2) $\|x - y\| \leq 3\,(1 - \exp(-d(x,y)))$.

Beweis. Sei $a = \min\{\frac{x_i}{y_i} \mid 1 \leq i \leq n\}$, $b = \min\{\frac{y_i}{x_i} \mid 1 \leq i \leq n\}$ und $c = d(x,y) = -\log(a \cdot b)$. Da $ay \leq x$, $bx \leq y$ und $\|x\| = \|y\| = 1$, so folgt wegen der Monotonie der Norm $0 < a \leq 1$ und $0 < b \leq 1$. Daher gilt $\exp(-c) = ab \leq a$ und $\exp(c) = (ab)^{-1} \geq b^{-1}$, mithin $\exp(-c)y \leq x \leq \exp(c)y$. Dies beweist (1). Daraus folgt

$$0 \leq (x - y) + y(1 - \exp(-c)) \leq x(1 - \exp(-c)) + y(1 - \exp(-c)).$$

Die Monotonie der Norm impliziert

$$\|(x - y) + y(1 - \exp(-c))\| \leq 2(1 - \exp(-c))$$

und die Anwendung der Dreiecksungleichung auf die linke Seite liefert die Behauptung (2). $\qquad\square$

Referenzen

- Zu Hilberts projektiver Metrik siehe Hilbert, D.: *Über die gerade Linie als kürzeste Verbindung zweier Punkte.* Mathematische Annalen 46 (1895), S.91-96 und

- Birkhoff, G.: *Extensions of Jentzsch's theorem.* Transactions of the Am. Math. Soc. 85 (1957), S.219-227.

Aufgaben

1. Zeigen Sie, daß Hilberts projektive Metrik nicht mit der Addition verträglich ist, d. h. es gilt nicht $d(x + z, y + z) = d(x,y)$ für alle $x, y, z \in \overset{\circ}{K}$.

2. Zeigen Sie, daß durch eine Matrix $A \in \mathbb{R}^{2 \times 2}$, deren Einträge alle strikt positiv sind, eine Kontraktion bezüglich d definiert wird, d. h., daß es eine Zahl $0 \leq c < 1$ gibt mit $d(Ax, Ay) \leq c\,d(x,y)$ für alle $x, y \in \overset{\circ}{K}$.

3. Finden Sie eine Matrix $A \in \mathbb{R}_+^{2 \times 2}$, die keine Kontraktion im Sinne von Aufgabe 2 ist.

6.3 Eine konkave Version des Satzes von Perron

Der folgende Satz, der einen Satz von Perron für positive Matrizen auf konkave Abbildungen verallgemeinert, ist zentral für Stabilitätsaussagen über konkave Systeme.

Satz 6.5. Eine konkave Abb. $T : K \to K$ mit $Tx > 0$ für alle $x \in K\backslash\{0\}$ hat folgende Eigenschaften ($\|\cdot\|$ eine beliebige monotone Norm auf $\mathbb{R}^n$):

(1) Das bedingte Eigenwertproblem $Tx = \lambda x$ für $\lambda \in \mathbb{R}$ und $x \in K$, $\|x\| = 1$ hat eine eindeutige Lösung $x = x^*$, $\lambda = \lambda^*$ (abhängig von x^*); es ist $x^* > 0$ und $\lambda^* > 0$.

(2) Für die Iterierten der normierten Abbildung gilt (bzgl. $\|\cdot\|$)

$$\lim_{k \to \infty} \tilde{T}^k x = x^*$$

für alle $x \in K \backslash \{0\}$.

Beweis. Auf $X := \{x \in \mathring{K} \mid \|x\| = 1\}$ ist d nach Lemma 6.3 eine Metrik.

i. In einem ersten Schritt zeigen wir, daß $\tilde{T} : X \to X$ eine Kontraktion bzgl. Hilberts projektiver Metrik d ist. Für $i = 1, \ldots, n$ sei der Vektor $e^i \in K$ so gewählt, daß $\|e^i\| = 1$ ist und alle Komponenten bis auf die i-te von e^i gleich 0 sind (woraus im allgemeinen nicht $e_i^i = 1$ folgt!). Jedes $x \in \bar{X} = \{x \in K \mid \|x\| = 1\}$ hat eine Darstellung

$$x = \sum_{i=1}^{n} x_i e^i \text{ mit } 0 \leq x_i = \|x_i e^i\| \leq \|x\| = 1$$

aufgrund der Monotonie von $\|\cdot\|$. Daraus folgt $x \leq e$ für $e := \sum_{i=1}^{n} e^i$. Weiterhin gilt für $x \in \bar{X}$

$$1 = \|x\| \leq \sum_{i=1}^{n} x_i \|e^i\| = \sum_{i=1}^{n} x_i$$

und daher

$$\left(\sum_{i=1}^{n} x_i \right)^{-1} \sum_{i=1}^{n} x_i e^i \leq x.$$

Da T konkav ist und damit nach Lemma 6.2 auch monoton, gilt für jedes $x \in \bar{X}$

$$\min\{Te^i \mid 1 \leq i \leq n\} \leq \left(\sum_{i=1}^{n} x_i \right)^{-1} \sum_{i=1}^{n} x_i Te^i \leq Tx \leq Te,$$

wobei das Minimum komponentenweise zu nehmen ist. Es ist

$$r := \min \left\{ \frac{T_j e^i}{T_j e} \,\Big|\, 1 \leq i, j \leq n \right\}$$

eine reelle Zahl mit $0 \leq r \leq 1$. Für beliebige $u, v \in \bar{X}$ ergibt sich somit

$$rTu \leq rTe \leq \min\{Te^i \mid 1 \leq i \leq n\} \leq Tv, \qquad \text{also} \quad rTu \leq rTv. \tag{6.2}$$

Seien nun $x, y \in X$ mit $\lambda = \min\{\frac{y_i}{x_i} \mid 1 \leq i \leq n\} < 1$. Dann ist $z = y - \lambda x \in K$ und $y = \lambda x + (1 - \lambda)\frac{z}{1-\lambda}$, woraus wegen der Konkavität von T folgt, daß

$$Ty \geq \lambda Tx + (1 - \lambda)T\left(\frac{z}{1 - \lambda} \right).$$

Aus Ungleichung (6.2) und $1 = \|y\| \leq \lambda + \|z\|$ folgt $rTx \leq T\left(\frac{z}{\|z\|}\right) \leq T\left(\frac{z}{1-\lambda}\right)$ und wir erhalten daher

$$Ty \geq \lambda Tx + (1-\lambda)rTx = ((1-r)\lambda + r)Tx. \tag{6.3}$$

Ist $\lambda = \min\{\frac{y_i}{x_i} \mid 1 \leq i \leq n\} \geq 1$, so gilt $\lambda x \leq y$ und wegen $\|x\| = \|y\| = 1$ muß $\lambda = 1$ sein. In diesem Fall gilt ebenfalls (6.3) aufgrund der Monotonie von T. Da log eine konkave Funktion ist, ergibt sich aus (6.3)

$$\log\left(\min\left\{\frac{T_iy}{T_ix} \mid 1 \leq i \leq n\right\}\right) \geq \log((1-r)\lambda + r \cdot 1) \geq (1-r)\log\lambda.$$

Da diese Ungleichung für beliebige $x, y \in X$ gilt, so ergibt sich durch Vertauschen von x und y insgesamt

$$\log\left(\min\left\{\frac{T_iy}{T_ix} \mid 1 \leq i \leq n\right\} \cdot \min\left\{\frac{T_ix}{T_iy} \mid 1 \leq i \leq n\right\}\right)$$
$$\geq (1-r)\log\left(\min\left\{\frac{y_i}{x_i} \mid 1 \leq i \leq n\right\} \cdot \min\left\{\frac{x_i}{y_i} \mid 1 \leq i \leq n\right\}\right).$$

Nach Definition von Hilberts projektiver Metrik d folgt somit $d(Tx, Ty) \leq (1-r)d(x,y)$ und mittels Lemma 6.3 (5) auch $d(\tilde{T}x, \tilde{T}y) \leq (1-r)d(x,y)$ für alle $x, y \in X$, d. h. $\tilde{T}$ ist eine Kontraktion bzgl. d mit dem Kontraktionsfaktor $0 \leq 1 - r \leq 1$. Bisher haben wir die Voraussetzung $Tx > 0$ für alle $x \in K\setminus\{0\}$ nicht verwendet. Diese Voraussetzung impliziert, daß $r > 0$ ist und der Kontraktionsfaktor daher sogar echt kleiner als 1 ist.

ii. Im nächsten Schritt zeigen wir, daß der metrische Raum (X, d) vollständig ist. Sei $(x^k)_k$ eine Cauchyfolge für d in X. Nach Lemma 6.4 (2) ist $(x^k)_k$ auch eine Cauchyfolge für $\|\cdot\|$ und muß daher gegen ein $x^* \in \bar{X}$ konvergieren. Da $(x^k)_k$ eine Cauchyfolge bzgl. d ist, so gibt es nach Lemma 6.4 (1) zu $\varepsilon > 0$ ein $N \in \mathbb{N}$ mit

$$\exp(-\varepsilon)x^k \leq x^l \leq \exp(\varepsilon)x^k$$

für alle $k, l \geq N$. Für $l \to \infty$ folgt daraus

$$\exp(-\varepsilon)x^k \leq x^* \leq \exp(\varepsilon)x^k$$

für alle $k \geq N$. Daher ist $x^* > 0$, also $x^* \in X$, und es gilt

$$d(x^k, x^*) \leq -\log(\exp(-\varepsilon) \cdot \exp(-\varepsilon)) = 2\varepsilon$$

für alle $k \geq N$. Also konvergiert $(x^k)_k$ auch bezüglich d gegen x^* und (X, d) ist vollständig.

iii. Aufgrund der Schritte i und ii können wir den Banachschen Fixpunktsatz auf den vollständigen metrischen Raum (X, d) und die Kontraktion $\tilde{T} : X \to X$ anwenden und erhalten

$$\lim_{k \to \infty} \tilde{T}^k x = x^*$$

für alle $x \in X$ (bzgl. d), wobei x^* der eindeutige Fixpunkt von $\tilde{T}$ in X ist. Aus $\tilde{T}x^* = x^*$ folgt $Tx^* = \lambda^* x^*$ mit $\lambda^* = \|Tx^*\| > 0$. Sei umgekehrt $Tx = \lambda x$ mit $x \in K$, $\|x\| = 1$, $\lambda \in \mathbb{R}$. Es folgt, da $\lambda > 0$, $\tilde{T}x = \lambda x \|\lambda x\|^{-1} = x$ und daher $x = x^*$ und $\lambda = \|Tx\| = \|Tx^*\| = \lambda^*$. Damit ist Aussage (1) des Satzes bewiesen. Weiterhin impliziert, nach Lemma 6.4 (2), die Konvergenz von $\tilde{T}^k x$ gegen x^* bzgl. d auch die Konvergenz bzgl. $\|\cdot\|$. Da für $x \in K\backslash\{0\}$ nach Annahme $\tilde{T}x \in X$ gilt, ergibt sich schließlich

$$\lim_{k\to\infty} \tilde{T}^k x = \lim_{k\to\infty} \tilde{T}^k(\tilde{T}x) = x^* \quad (\text{bzgl. } \|\cdot\|).$$

$\square$

Beispiel. Sei $T : \mathbb{R}_+^2 \to \mathbb{R}_+^2$, $x \mapsto (x_1 + 1, 1)$. Diese Abbildung ist konkav (sogar affinlinear) und es gilt $Tx > 0$ für alle $x \in \mathbb{R}_+^2$. Also ist Satz 6.5 anwendbar. Das bedingte Eigenwertproblem $Tx = \lambda x$ bedeutet (mit der Summennorm) $x_1 + 1 = \lambda x_1$, $1 = \lambda x_2$ und $x_1 + x_2 = 1$, also muß $\lambda > 1$ sein und

$$x_1 = \frac{1}{\lambda - 1}, \qquad x_2 = \frac{1}{\lambda}, \qquad \frac{1}{\lambda - 1} + \frac{1}{\lambda} = 1$$

und somit

$$x^* = 2\left[\frac{1}{1 + \sqrt{5}}, \frac{1}{3 + \sqrt{5}}\right], \qquad \lambda^* = \frac{3 + \sqrt{5}}{2}.$$

Es ist $\tilde{T}x = [f(x_1), 1 - f(x_1)]$ mit $f(x_1) = \frac{1 + x_1}{2 + x_1}$. Nach Satz 6.5 konvergieren die Iterierten von $\tilde{T}$ für jedes $x \in \mathbb{R}_+^2\backslash\{0\}$ gegen x^* bzw. die Iterierten von f gegen $\frac{2}{1+\sqrt{5}}$. Die normierten Iterierten $T^k/\|T^k\|$ von T konvergieren ebenfalls, aber nicht gegen einen Eigenvektor von T! Es gilt nämlich $T^k x = [x_1 + k, 1]$, also $\widetilde{T^k}x = \left[\frac{x_1+k}{x_1+k+1}, \frac{1}{x_1+k+1}\right]$ und somit $\lim_{k\to\infty} \widetilde{T^k}x = [1, 0]$. Es ist also nicht nur $\tilde{T}^k \neq \widetilde{T^k}$ für alle $k \geq 2$ (vgl. Aufgabe 3), sondern auch $\lim \tilde{T}^k \neq \lim \widetilde{T^k}$.

$\Diamond$

Im folgenden werden wir konkave Abbildungen untersuchen, die im Unterschied zu obigem Beispiel positiv homogen sind.

Definition 30. Eine Abb. $T : K \to K$ heißt *positiv homogen*, wenn $T(\lambda x) = \lambda Tx$ für alle $\lambda \in \mathbb{R}_+$, $x \in K$. Allgemeiner heißt T *strahlenerhaltend*, wenn $T(0) = 0$ ist und wenn es zu jedem $x \in K$ und $\lambda > 0$ ein (eventuell von x un λ abhängiges) $\mu > 0$ gibt mit $T(\lambda x) = \mu Tx$. Eine Abb. $T : K \to K$ heißt *primitiv*, wenn es ein $p \in \mathbb{N}$ gibt, so daß $T^p x > 0$ ist für alle $x \in K\backslash\{0\}$.

Satz 6.6 (Konkaves Perron-Theorem). Ist $T : K \to K$ eine konkave Abbildung, die strahlenerhaltend und primitiv ist, so hat das bedingte Eigenwertproblem $Tx = \lambda x$ für $\lambda \in \mathbb{R}$ und $x \in K$, $\|x\| = 1$ eine eindeutige Lösung $x = x^*$, $\lambda = \lambda^*$ mit $x^* \in \mathring{K}$ und $\lambda^* > 0$ und für $x(t) = T^t x$ gilt

$$\lim_{t\to\infty} \frac{x(t)}{\|x(t)\|} = x^*$$

für alle $x \in K \setminus \{0\}$ und, falls T sogar positiv homogen ist,

$$\lim_{t \to \infty} \frac{\|x(t+1)\|}{\|x(t)\|} = \lambda^*$$

für alle $x \in K \setminus \{0\}$ (bzgl. einer beliebigen monotonen Norm auf $\mathbb{R}^n$).

Beweis. i. Da T strahlenerhaltend ist, so folgt zunächst durch vollständige Induktion, daß $\tilde{T}^k = \widetilde{T^k}$ ist. Für $k = 1$ gilt diese Behauptung trivialerweise. Ist $\tilde{T}^k = \widetilde{T^k}$, so folgt

$$\tilde{T}^{k+1}x = \tilde{T}(\tilde{T}^k)x = \frac{T\left(\widetilde{T^k}x\right)}{\left\|T\left(\widetilde{T^k}x\right)\right\|} = \frac{T\left(\frac{T^k x}{\|T^k x\|}\right)}{\left\|T\left(\frac{T^k x}{\|T^k x\|}\right)\right\|} = \frac{T^{k+1}x}{\|T^{k+1}x\|} = \widetilde{T^{k+1}}x.$$

Da T primitiv ist, gibt es ein $p \in \mathbb{N}$ mit $T^p x > 0$ für alle $x \in K \setminus \{0\}$. Die Abb. $S := T^p : K \to K$ ist ebenfalls konkav mit $Sx > 0$ für alle $x \in K \setminus \{0\}$. Satz 6.5 angewandt auf S liefert

$$\lim_{k \to \infty} \tilde{S}^k y = y^*$$

für alle $y \in K \setminus \{0\}$, wobei $y^* \in \mathring{K}$, $\|y^*\| = 1$ gegeben ist durch die eindeutige Lösung des bedingten Eigenwertproblems $Sy^* = \mu^* y^*$. Es ist $\tilde{T}x \in K \setminus \{0\}$ für $x \in K \setminus \{0\}$. Denn, wäre $Tx = 0$, so folgte wegen $T(0) = 0$, daß $T^p x = T^{p-1}(Tx) = 0$, was der Primitivität widerspricht. Für $x \in K \setminus \{0\}$ und $0 \le i \le p - 1$ sei $y = \tilde{T}^i x$. Es ist $y \in K \setminus \{0\}$ und daher

$$\lim_{k \to \infty} \tilde{S}^k (\tilde{T}^i x) = y^*.$$

Da $\tilde{S}^k \tilde{T}^i = \widetilde{T^p}^k \tilde{T}^i = \tilde{T}^{pk} \tilde{T}^i = \tilde{T}^{pk+i}$ und jedes $t \in \mathbb{N}$ die Gestalt $t = pk + i$ mit $0 \le i < p$ hat, so folgt für $x \in K \setminus \{0\}$

$$\lim_{t \to \infty} \tilde{T}^t x = \lim_{k \to \infty} \tilde{S}^k (\tilde{T}^i x) = y^* \quad (\text{bzgl. } d \text{ und } \| \cdot \|).$$

Da $\tilde{T}^t x = \widetilde{T^t} x = \frac{T^t x}{\|T^t x\|} = \frac{x(t)}{\|x(t)\|}$, so folgt also $\lim_{t \to \infty} \frac{x(t)}{\|x(t)\|} = y^*$ (bzgl. d und $\| \cdot \|$).

ii. Da S ebenfalls strahlenerhaltend ist, so ist $S(\|Ty^*\|^{-1}Ty^*) = \mu STy^* = \mu TSy^* = \tilde{\mu}\|Ty^*\|^{-1}Ty^*$ mit gewissen $\mu, \tilde{\mu} > 0$. Aufgrund der Eindeutigkeit von y^* folgt $\|Ty^*\|^{-1}Ty^* = y^*$, also $Tx^* = \lambda^* x^*$ mit $x^* = y^*$, $\lambda^* = \|Ty^*\| = \|Tx^*\|$. Diese Lösung ist auch eindeutig, denn aus $Tx = \lambda x$ mit $x \in K$, $\|x\| = 1$, $\lambda \in \mathbb{R}$ folgt $\tilde{T}x = \|Tx\|^{-1}Tx = x$ und daher nach i. $y^* = \lim_{t \to \infty} \tilde{T}^t x = x$, also auch $\lambda = \|Tx\| = \|Ty^*\| = \lambda^*$. Schließlich gilt nach i.

$$\lim_{t \to \infty} \frac{x(t)}{\|x(t)\|} = x^* \quad (\text{bzgl. } \| \cdot \|).$$

Da T nach Lemma 6.2 (2) in $x^* \in \overset{\circ}{K}$ stetig ist, folgt $\lim_{t\to\infty} T(\frac{x(t)}{\|x(t)\|}) = Tx^*$. Für positiv homogenes T gilt wegen $T\left(\frac{x(t)}{\|x(t)\|}\right) = \frac{x(t+1)}{\|x(t)\|}$ somit $\lim_{t\to\infty} \frac{x(t+1)}{\|x(t)\|} = \lambda^* x^*$ und daher

$$\lim_{t\to\infty} \frac{\|x(t+1)\|}{\|x(t)\|} = \lambda^*.$$

$\square$

Bemerkung. Im allgemeinen ist eine strahlenerhaltende Abbildung nicht positiv homogen (Aufgabe 2).

Beispiel. Sei $T : \mathbb{R}_+^2 \to \mathbb{R}_+^2$ gegeben durch

$$Tx = [\min\{2x_1 + x_2, x_1 + 2x_2\}, x_1 + x_2 + \sqrt{x_1 x_2}]^T.$$

Die Abb. T ist konkav und positiv homogen. Da $Tx \geq [x_1 + x_2, x_1 + x_2] > 0$ für $x \in \mathbb{R}_+^2 \backslash \{0\}$, so ist T primitiv. Also ist Satz 6.6 auf T anwendbar. $Tx = \lambda x$ bedeutet

$$x_1 + x_2 + \min\{x_1, x_2\} = \lambda x_1, \qquad x_1 + x_2 + \sqrt{x_1 x_2} = \lambda x_2.$$

Da $x \in \mathbb{R}_+^2 \backslash \{0\}$, so muß $x_1 > 0$ und $x_2 > 0$ sein. Wäre $x_1 > x_2$, so wäre $\min\{x_1, x_2\} = x_2 < \sqrt{x_1 x_2}$, und daher $\lambda x_1 < \lambda x_2$, was ein Widerspruch ist. Also muß $x_1 \leq x_2$ sein. Daraus folgt $2x_1 + x_2 = \lambda x_1$ und daher $(\lambda - 2)x_1 = x_2 \geq x_1$ und somit $\lambda \geq 3$. Weiterhin folgt aus $x_1 + x_2 + \sqrt{x_1 x_2} = \lambda x_2$ die Gleichung $x_1 + (\lambda-2)x_1 + \sqrt{x_1(\lambda - 2)x_1} = \lambda(\lambda-2)x_1$, also $(\lambda - 2) = (\lambda^2 - 3\lambda + 1)^2$ wegen $x_1 > 0$. Wegen $\lambda \geq 3$ ist $\alpha = \lambda - 3 \geq 0$ und $(1 + \alpha) = (\alpha^2 + 3\alpha + 1)^2 \geq (3\alpha + 1)^2 = 9\alpha^2 + 6\alpha + 1$, also $0 \geq 9\alpha^2 + 5\alpha$, was nur für $\alpha = 0$ möglich ist. Damit muß $\lambda^* = 3$ gelten. Es folgt $2x_1 + x_2 = 3x_1$ und daher $x_1 = x_2$. Mit der Summennorm als $\| \cdot \|$ ist also $x^* = [\frac{1}{2}, \frac{1}{2}]$. Satz 6.6 liefert damit für das durch T definierte diskrete dynamische System

$$\lim_{t\to\infty} \frac{x(t)}{\|x(t)\|} = \left[\frac{1}{2}, \frac{1}{2}\right] \quad \text{und} \quad \lim_{t\to\infty} \frac{\|x(t+1)\|}{\|x(t)\|} = 3.$$

Aus der rechten Gleichung folgt $\lim_{t\to\infty} \|x(t)\| = \infty$. Dennoch, wie aus der linken Gleichung folgt, stabilisiert sich das Verhältnis der Komponenten, d. h. $\lim_{t\to\infty} \frac{x_1(t)}{x_2(t)} = 1$. $\diamond$

Aus Satz 6.6 ergibt sich folgende wichtige Aussage, die sich durch Liapunov-Exponenten interpretieren läßt, wie wir gleich sehen werden.

Korollar 6.7. Ist $T : K \to K$ konkav, positiv homogen und primitiv, so gilt

$$\lim_{t\to\infty} \|x(t)\|^{\frac{1}{t}} = \lambda^*$$

für alle $x \in K \backslash \{0\}$.

Beweis. Sei $a(t) = \frac{\|x(t+1)\|}{\|x(t)\|\cdot\lambda^*}$ für $t \in \mathbb{N}$, $x \in K\setminus\{0\}$. Nach Satz 6.6 gilt $\lim_{t\to\infty} a(t) = 1$, also existiert zu $1 > \varepsilon > 0$ ein $N = N(\varepsilon) \in \mathbb{N}$ mit $1 - \varepsilon \le a(t) \le 1 + \varepsilon$ für alle $t \ge N$. Es ist für $t \ge N$

$$\frac{\|x(t)\|}{\lambda^{*t}} = \frac{\|x(t)\|}{\|x(t-1)\|\cdot\lambda^*} \cdot \frac{\|x(t-1)\|}{\|x(t-2)\|\cdot\lambda^*} \cdot \ldots \cdot \frac{\|x(N+1)\|}{\|x(N)\|\cdot\lambda^*} \cdot \frac{\|x(N)\|}{\lambda^{*N}}$$

$$= a(t-1)a(t-2)\cdot\ldots\cdot a(N)\cdot\frac{\|x(N)\|}{\lambda^{*N}},$$

also

$$\frac{\|x(t)\|^{1/t}}{\lambda^*} = (a(t-1)a(t-2)\cdot\ldots\cdot a(N))^{\frac{1}{t}}b(t)$$

mit $b(t) = (\frac{\|x(N)\|}{\lambda^{*N}})^{1/t}$. Daher gilt

$$b(t)(1-\varepsilon)^{\frac{t-N}{t}} \le \frac{\|x(t)\|^{1/t}}{\lambda^*} \le b(t)(1+\varepsilon)^{\frac{t-N}{t}}$$

für alle $t \ge N+1$. Da $\lim_{t\to\infty} b(t) = 1$, so gibt es ein $M \ge N+1$, so daß $1-\varepsilon \le b(t) \le 1+\varepsilon$ für alle $t \ge M$. Zusammen folgt

$$(1-\varepsilon)^{2-\frac{N}{t}} \le \frac{\|x(t)\|^{1/t}}{\lambda^*} \le (1+\varepsilon)^{2-\frac{N}{t}}$$

für alle $t \ge M$ und daher $\lim_{t\to\infty} \frac{\|x(t)\|^{1/t}}{\lambda^*} = 1$. Diese Aussage ist richtig für eine beliebige Norm auf $\mathbb{R}^n$, da eine solche äquivalent zu einer monotonen Norm (z. B. zur Summennorm) ist. $\qquad\Box$

Es zeigt sich, daß für eine Abb. T wie in Korollar 6.7, die noch zusätzlich im Inneren $\mathring{K}$ von K stetig differenzierbar ist, die in Abschnitt 5.4, Gleichung (5.28) (siehe S.189) gegebene Definition eines Liapunov-Exponenten äquivalent ist mit

$$\lambda(x) = \lim_{t\to\infty} \frac{1}{t}\log\|T^t x\|$$

für $x \in \mathring{K}$ (vgl. Aufgabe 3). Daraus folgt, daß es für eine Abb. T wie in Korollar 6.7 genau einen Liapunov-Exponenten gibt und es gilt $\lambda(x) = \log\lambda^*$ für alle $x \in K\setminus\{0\}$.

Der folgende lineare Spezialfall von Satz 6.6 geht im wesentlichen auf einen Satz von O. Perron über primitive Matrizen zurück. Dabei heißt eine nichtnegative quadratische Matrix *primitiv*, wenn sie eine (strikt) positive Potenz besitzt.

Korollar 6.8 (Perrons Theorem, Potenz-Methode). Für eine primitive Matrix A gelten die folgenden Aussagen:

(1) Ist (x^*, λ^*) die eindeutige Lösung des bedingten Eigenwertproblems $Ax^* = \lambda^*x^*$ mit $x^* \ge 0$, $\|x^*\| = 1$, $\lambda^* \ge 0$, so gilt

$$\lim_{k\to\infty} \|A^k x\|^{-1}A^k x = x^* \quad \text{und} \quad \lim_{k\to\infty} \|A^k x\|^{-1}\|A^{k+1}x\| = \lambda^*$$

für alle $0 \ne x \ge 0$. ($\|\cdot\|$ eine beliebige monotone Norm.)

(2) Ist (x^*, λ^*) die eindeutige Lösung des bedingten Eigenwertproblems $Ax^* = \lambda^* x^*$ mit $x^* \geq 0$, $(x^*|\bar{x}) = 1$, $\lambda^* \geq 0$, wobei $\bar{x}$ ein beliebiger positiver Eigenvektor der zu A transponierten Matrix ist, so gilt

$$\lim_{k \to \infty} (\lambda^*)^{-k} A^k x = (x|\bar{x}) x^*$$

für alle $x \geq 0$. $((\cdot|\cdot)$ bezeichnet das Standardskalarprodukt.)

Beweis. (1) Hat A die Ordnung n, so ist die Abb. $T : \mathbb{R}^n_+ \to \mathbb{R}^n_+$, $x \mapsto Ax$ konkav, positiv homogen und primitiv. Damit folgt (1) aus Satz 6.6.

(2) Ist A' die zu A transponierte Matrix, so ist die Abb. $x \mapsto A'x$ ebenfalls konkav, positiv homogen und primitiv. Aus Satz 6.6 folgt insbesondere die Existenz von $\bar{x} > 0$ und $\bar{\lambda} \geq 0$ mit $A'\bar{x} = \bar{\lambda}\bar{x}$. Durch $\|x\| = \sum_{i=1}^n |x_i|\bar{x}_i$ wird eine monotone Norm auf $\mathbb{R}^n$ definiert. Aussage (1) liefert dann für diese Norm: Das bedingte Eigenwertproblem $Ax^* = \lambda^* x^*$ hat eine eindeutige Lösung (x^*, λ^*) mit $x^* \geq 0$, $\|x^*\| = \sum_{i=1}^n x_i^* \bar{x}_i = 1$ und $\lambda^* \geq 0$. Für $x \geq 0$ ist $\|Ax\| = (Ax|\bar{x}) = \sum_{i,j} a_{ij} x_j \bar{x}_i = \sum_j x_j \sum_i a_{ij} \bar{x}_i = \sum_j x_j \bar{\lambda} \bar{x}_j = \bar{\lambda}(x|\bar{x}) = \bar{\lambda}\|x\|$. Insbesondere ist $\|Ax^*\| = \bar{\lambda}$ und wegen $\|Ax^*\| = \|\lambda^* x^*\| = \lambda^*$ muß $\bar{\lambda} = \lambda^*$ sein. Damit gilt $\|Ax\| = \lambda^*\|x\|$ für alle $x \geq 0$. Durch Wiederholung folgt $\|A^k x\| = \lambda^{*k}\|x\|$. Damit folgt aus (1)

$$\lim_{k \to \infty} (\lambda^*)^{-k} A^k x = \|x\| \lim_{k \to \infty} \|A^k x\|^{-1} A^k x = (x|\bar{x}) x^*$$

für alle $x \geq 0$.

$\square$

Bemerkung. Ursprünglich wurde von Perron (siehe Referenzen am Ende dieses Abschnitts) für positive Matrizen bewiesen (und für primitive Matrizen gefolgert), daß

$$\lim_{k \to \infty} \frac{a_{ij}^{(k+1)}}{a_{ij}^{(k)}} = \lambda^*$$

für alle $i, j = 1, \ldots, n$, wobei die $a_{ij}^{(k)}$ die Elemente der Matrix A^k bezeichnen. Diese Aussage ist äquivalent mit der Aussage

$$\lim_{k \to \infty} \frac{\sum_{i,j} a_{ij}^{(k+1)} y_i x_j}{\sum_{i,j} a_{ij}^{(k)} y_i x_j} = \lambda^*$$

für alle $0 \neq x \geq 0$, $y > 0$ (Aufgabe 1). Die letzte Aussage ist äquivalent damit, daß

$$\lim_{k \to \infty} \frac{\|A^{k+1} x\|}{\|A^k x\|} = \lambda^*$$

gilt für alle $0 \neq x \geq 0$ und alle monotonen Normen $\|z\| = \sum_{i=1}^n |z_i| y_i$ mit $y = [y_1, \ldots, y_n] > 0$.

Aussage (2) von Korollar 6.8 läßt sich noch folgendermaßen ergänzen.

Korollar 6.9. Für eine primitive Matrix A gilt

$$\lim_{k\to\infty} (\lambda^*)^{-k} A^k = B \qquad \text{(punktweise Konvergenz)},$$

wobei die Matrix B aus den Elementen $x_i^* \bar{x}_j$ besteht; $\bar{x}$ ist ein positiver Eigenvektor der zu A transponierten Matrix A' und (x^*, λ^*) die eindeutige Lösung des bedingten Eigenwertproblems $Ax^* = \lambda^* x^*$ mit $x^* \geq 0$, $\lambda^* \geq 0$ und $(x^*|\bar{x}) = 1$.

Ist A zeilenstochastisch oder spaltenstochastisch, d. h. alle Zeilen bzw. Spalten haben die Summe 1, so gilt

$$\lim_{k\to\infty} A^k = B,$$

wobei im ersten Fall jede Zeile von B aus den Komponenten des positiven Eigenvektors von A' mit Komponentensumme 1 besteht und im zweiten Fall jede Spalte von B aus den Komponenten des positiven Eigenvektors von A mit Komponentensumme 1 besteht.

Beweis. Ist B die $n \times n$-Matrix mit $B = (x_i^* \bar{x}_j)_{i,j}$, so gilt für $x \geq 0$ offenbar $(Bx)_i = \sum_{j=1}^n x_i^* \bar{x}_j x_j = (x|\bar{x}) x_i^*$. Also folgt aus Korollar 6.8 (2) $\lim_{k\to\infty} (\lambda^*)^{-k} A^k x = Bx$ für alle $x \geq 0$ und daher $\lim_{k\to\infty} (\lambda^*)^{-k} A^k = B$. Ist A zeilenstochastisch, so ist $\sum_j a_{ij} = 1$ für alle $i = 1, \ldots, n$ und vermöge der Eindeutigkeitsaussage für $Ax^* = \lambda^* x^*$ folgt, daß $\lambda^* = 1$ sein muß und $x_j^* = r$ für alle $j = 1, \ldots, n$ mit $1 = (x^*|\bar{x}) = r \sum_j \bar{x}_j$. Damit gilt für die Elemente b_{ij} von B schließlich $b_{ij} = r\bar{x}_j$. Ist A spaltenstochastisch, so ist $\sum_j a_{ji} = 1$ für alle $i = 1, \ldots, n$ und vermöge der Eindeutigkeitsaussage für $A'\bar{x} = \bar{\lambda}\bar{x}$ folgt, daß $\bar{\lambda} = 1$ sein muß und $\bar{x}_j = r$ für alle $j = 1, \ldots, n$ mit $1 = (x^*|\bar{x}) = r \sum_j x_j^*$. Für die Elemente von B gilt also $b_{ij} = rx_i^*$. $\qquad \square$

Das letzte Korollar liefert eine allgemeine Begründung für die Konvergenz wie sie uns im linearen Konsensmodell begegnet war (vgl. Kapitel 1, S.16). Obwohl sich Aussagen wie in den Korollaren 6.8 und 6.9 auch auf konkave Abbildungen ausdehnen lassen, wollen wir diesen Aspekt nicht weiter verfolgen (siehe dazu die erste Referenz am Ende dieses Abschnitts), sondern stattdessen die lineare Situation noch etwas kommentieren.

Die letzten beiden Korollare gelten *nicht* für beliebige nichtnegative Matrizen, selbst dann nicht, wenn das bedingte Eigenwertproblem für die Matrix eindeutig lösbar ist, wie das folgende Beispiel zeigt.

Beispiel. Die Matrix $A = \left[\begin{smallmatrix} 0 & 1 \\ 1 & 0 \end{smallmatrix}\right]$ ist zeilen- und spaltenstochastisch. Bezüglich der Summennorm hat $Ax^* = \lambda^* x^*$ die eindeutige Lösung $x^* = [\frac{1}{2}, \frac{1}{2}]$, $\lambda^* = 1$. Da $A^{2k} = E_2$ und $A^{2k+1} = A$ ist, so konvergiert für $x \geq 0$ mit $x_1 \neq x_2$ weder die Folge $\|A^k x\|^{-1} A^k x$ noch die Folge der $\frac{1}{\lambda^*} A^k x$. Allerdings gelten auch in diesem Fall für $0 \neq x \geq 0$

$$\lim_{k\to\infty} \|A^k x\|^{-1} \cdot \|A^{k+1} x\| = \frac{x_1 + x_2}{x_1 + x_2} = 1 = \lambda^*$$

und

$$\lim_{k\to\infty} \|A^k x\|^{\frac{1}{k}} = \lim_{k\to\infty} (x_1 + x_2)^{\frac{1}{k}} = 1 = \lambda^*.$$

Für die Liapunov-Exponenten gilt somit $\lambda(x) = 1$ für alle $0 \neq x \geq 0$. Während die zweite der beiden Gleichungen für beliebige Normen richtig bleibt, ist die erste Gleichung *nicht* für alle monotonen Normen gültig, beispielsweise nicht für gewichtete Summennormen!

◇

Für eine primitive Matrix A ergeben sich aus Korollar 6.8 (2) folgende *Stabilitätskriterien* für das dynamische System $x(t+1) = Ax(t)$, $t \in \mathbb{N}$:

(a) Das System ist asymptotisch stabil genau dann, wenn $\lambda^* < 1$ ist.

(b) Es gilt genau dann $\lim_{k\to\infty} \|x(t)\| = \infty$ für alle von 0 verschiedenen Startpunkte, wenn $\lambda^* > 1$ ist.

Aussage (a) korrespondiert mit Satz 4.4 (2) für beliebige Matrizen. Für primitive Matrizen genügt es, statt aller Eigenwerte nur den Eigenwert λ^* zu prüfen. In der Tat folgt aus Korollar 6.8 (2) ebenfalls, daß kein Eigenwert einen Absolutbetrag größer als λ^* besitzen kann. Aussage (b) korrespondiert mit Korollar 4.5 für beliebige Matrizen, wobei letzteres jedoch keine Äquivalenzaussage war. Daß sich die Aussage von Korollar 4.5 nicht umkehren läßt, zeigt das folgende Beispiel.

Beispiel. Die Matrix $A = \begin{bmatrix} 1 & 2 \\ 1/2 & 1 \end{bmatrix}$ ist offensichtlich primitiv. Für die Eigenwerte von A ergibt sich wegen

$$\det(\lambda E_2 - A) = \det \begin{bmatrix} \lambda - 1 & -2 \\ -\frac{1}{2} & \lambda - 1 \end{bmatrix} = (\lambda - 1)^2 - 1$$

$\lambda_1 = 2$, $\lambda_2 = 0$. Also ist $\lambda^* = 2$ und daher $\lim_{k\to\infty} \|x(t)\| = \infty$ für alle $0 \neq x \geq 0$. Es gilt aber nicht $|\lambda| > 1$ für alle Eigenwerte von A. ◇

Referenzen

- Zur konkaven Version des Satzes von Perron, sowie weiteren Aussagen über positive nichtlineare Systeme und ihren Anwendungen siehe Krause, U.: *Positive nonlinear systems: Some results and applications*. In: Lakshmikantham, V. (Hrsg.): World Congress of Nonlinear Analysts 1992, Walter de Gruyter, Berlin/New York, 1996, S.1529-1539.

- Die Originalarbeit von Perron ist Perron, O.: *Zur Theorie der Matrices*. Mathematische Annalen 64 (1907), S. 248-263.

- Zu den grundlegenden Aussagen der sogenannten Perron-Frobenius Theorie für nichtnegative Matrizen und ihre Anwendungen siehe Berman, A., Plemmons, R. J.: *Nonnegative Matrices in the Mathematical Sciences*. Academic Press, New York, 1979.

Aufgaben

1. Zeigen Sie, daß für eine positive $n \times n$-Matrix A folgende Aussagen äquivalent sind:

   (a) $\displaystyle \lim_{k \to \infty} \frac{a_{ij}^{(k+1)}}{a_{ij}^{(k)}} = \alpha$ für alle $i, j = 1, \ldots, n$.

   (b) $\displaystyle \lim_{k \to \infty} \frac{\sum_{i,j} a_{ij}^{(k+1)} y_i x_j}{\sum_{i,j} a_{ij}^{(k)} y_i x_j} = \alpha$ für alle $0 \neq x \geq 0$, $y > 0$.

   Dabei bezeichnen $a_{ij}^{(k)}$ die Komponenten der Matrix A^k und x_i, y_j die Komponenten der Vektoren $x, y \in \mathbb{R}_+^n$.

2. Geben Sie Beispiele an für Abbildungen $T : K \to K$, die strahlenerhaltend aber nicht positiv homogen sind.

3. Zeigen Sie, daß für eine Abb. $T : K \to K$, die konkav, positiv homogen, primitiv und in $\mathring{K}$ stetig differenzierbar ist, die in Abschnitt 5.4, Gleichung (5.28) (siehe S.189) gegebene Definition eines Liapunov-Exponenten äquivalent ist mit

$$\lambda(x) = \lim_{t \to \infty} \frac{1}{t} \log \|T^t x\|$$

   für $x \in \mathring{K}$, wobei $\| \cdot \|$ eine beliebige Norm auf $\mathbb{R}^n$ ist.

4. Gegeben sei eine Matrix $L \in \mathbb{R}^{n \times n}$ der Gestalt

$$L = \begin{bmatrix} a_1 & a_2 & \cdots & a_{n-1} & a_n \\ b_1 & 0 & \cdots & 0 & 0 \\ 0 & b_2 & & 0 & 0 \\ \vdots & & \ddots & & \vdots \\ 0 & 0 & & b_{n-1} & 0 \end{bmatrix}.$$

   (a) Zeigen Sie, daß für strikt positive a_i und b_j die Matrix L eine primitive Matrix ist.

   (b) Ermitteln Sie für (a) den Primitivitätsindex von L, d. h. die kleinste natürliche Zahl p, für die $L^p > 0$ ist.

   (c) Finden Sie Beispiele von Matrizen der obigen Gestalt L, für die die Voraussetzungen in (a) nicht erfüllt sind und die dennoch primitiv sind.

5. Gegeben Sei das diskrete dynamische System $x(t+1) = Tx(t)$, $t \in \mathbb{N}$ mit $T : \mathbb{R}_+^2 \to \mathbb{R}_+^2$,

$$Tx = \begin{cases} [2x_1 + x_2,\, 3x_1 + x_2]^T & \text{für } x_1 \leq x_2 \\ [x_1 + 2x_2,\, x_1 + 3x_2]^T & \text{für } x_1 > x_2. \end{cases}$$

(a) Zeigen Sie, daß T konkav, positiv homogen und primitiv ist.

(b) Zeigen Sie, daß für eine beliebige monotone Norm gilt $\lim_{t\to\infty} \frac{x(t)}{\|x(t)\|} = x^*$ für $x(0) \neq 0$ und ermitteln Sie den Grenzwert x^*.

(c) Bestimmen Sie den Liapunov-Exponenten $\lambda(x)$ für $x \neq 0$.

6.4 Positive Lösungen konkaver Differenzengleichungen

Wir untersuchen nun, welche Konsequenzen sich aus den Ergebnissen über konkave diskrete dynamische Systeme für den Spezialfall einer konkaven Differenzengleichung höherer Ordnung in Normalform ergeben. Gegeben sei eine Differenzengleichung

$$u(t + n) = f(u(t), u(t + 1), \dots , u(t + n - 1)), \qquad t \in \mathbb{N} \tag{6.4}$$

mit einer Abb. $f : \mathbb{R}_+^n \to \mathbb{R}_+$. Das konkave Perron-Theorem (Satz 6.6) liefert hierfür folgende Aussage.

Satz 6.10. Ist f eine konkave und positiv homogene Abbildung mit $f(x) > 0$ für $0 \neq x \geq 0$, so gilt für jede Lösung der Differenzengleichung (6.4), die nicht identisch 0 ist,

$$\lim_{t\to\infty} \frac{u(t + 1)}{u(t)} = \lambda^* \quad \text{und} \quad \lim_{t\to\infty} u(t)^{\frac{1}{t}} = \lambda^*,$$

wobei λ^* die eindeutige positive Wurzel der Gleichung $f(1, \lambda, \dots , \lambda^{n-1}) = \lambda^n$ ist.

Beweis. Sei $T : \mathbb{R}_+^n \to \mathbb{R}_+^n$ definiert durch $Ty = [y_2, y_3, \dots , y_n, f(y)]^T$ für $y = [y_1, \dots , y_n]^T$. Aufgrund der entsprechenden Annahmen an f ist T konkav und positiv homogen. Nach Lemma 6.1 gilt $T^n y = [f(y), f(Ty), \dots , f(T^{n-1}y)]^T$. Ist $Ty = 0$ für $y \in \mathbb{R}_+^n$, so gilt $f(y) = 0$ und daher $y = 0$. Ist $y \neq 0$, so sind auch $Ty, T^2 y, \dots , T^{n-1}y$ von 0 verschieden und daher muß $T^n y > 0$ sein. Also ist T primitiv. Ist nun $y(t) := T^t y$, so folgt aus Satz 6.6

$$\lim_{t\to\infty} \frac{y(t)}{\|y(t)\|} = y^* \tag{6.5}$$

für alle $y \in \mathbb{R}_+^n \setminus \{0\}$, wobei (y^*, λ^*) die eindeutige Lösung des bedingten Eigenwertproblems $Ty = \lambda y$ mit $\lambda \in \mathbb{R}$, $y \in \mathbb{R}_+^n$, $\|y\| = 1$ ist. $Ty = \lambda y$ bedeutet $y_i = \lambda y_{i-1}$ für $i = 2, \dots , n$ und $f(y) = \lambda y_n$, d. h. $y_i = \lambda^{i-1} y_1$ und $f(y_1, \lambda y_1, \lambda^2 y_1, \dots , \lambda^{n-1} y_1) = \lambda^n y_1$. Da f positiv homogen ist und $y \neq 0$, also $y_1 > 0$, so ist λ^* die einzige positive Wurzel der Gleichung $f(1, \lambda, \lambda^2, \dots , \lambda^{n-1}) = \lambda^n$. Weiterhin folgt aus (6.5) durch Division insbesondere

$$\lim_{t\to\infty} \frac{y_2(t)}{y_1(t)} = \frac{y_2^*}{y_1^*}.$$

Ist $t \mapsto u(t)$ eine Lösung von (6.4), so gilt für $y = [u(0), \ldots, u(n-1)]^T$ nach Lemma 6.1 $y(t) = [u(t), u(t+1), \ldots, u(t+n-1)]^T$ für alle $t \in \mathbb{N}$. Ist $t \mapsto u(t)$ nicht die Nullösung, so ist $y \neq 0$ und es folgt

$$\lim_{t \to \infty} \frac{u(t+1)}{u(t)} = \lim_{t \to \infty} \frac{y_2(t)}{y_1(t)} = \frac{y_2^*}{y_1^*} = \lambda^*$$

wegen $Ty^* = \lambda^* y^*$. Wie im Beweis von Korollar 6.7 folgt aus dieser Aussage, daß $\lim_{t \to \infty} u(t)^{\frac{1}{t}} = \lambda^*$. $\qquad \Box$

Satz 6.10 besagt, daß unter den angegebenen Bedingungen alle nichttrivialen Lösungen der betrachteten Differenzengleichung den gleichen Wachstumsfaktor λ^* besitzen. Abschließend diskutieren wir einige Beispiele.

Beispiele. 1. Gegeben sei die *Fibonacci-Differenzengleichung der Ordnung* $n \geq 2$

$$u(t+n) = u(t) + u(t+1) + \ldots + u(t+n-1), \quad t \in \mathbb{N}.$$

Die Abb. $f : \mathbb{R}_+^n \to \mathbb{R}_+$, $f(x) = \sum_{i=1}^n x_i$ erfüllt die Voraussetzungen von Satz 6.10. Also gilt für die (nichttrivialen) Lösungen $t \mapsto u(t)$

$$\lim_{t \to \infty} \frac{u(t+1)}{u(t)} = \lim_{t \to \infty} u(t)^{\frac{1}{t}} = \lambda^*,$$

wobei λ^* die eindeutige positive Wurzel der Gleichung $\sum_{i=0}^{n-1} \lambda^i = \lambda^n$ ist. Da $\lambda^* > 0$ sein muß, gibt es eine Zahl $a > 1$ und ein $N \in \mathbb{N}$, so daß gilt $u(t)^{\frac{1}{t}} \geq a$ für alle $t \geq N$, also $u(t) \geq a^t$ für alle $t \geq N$ und daher muß $\lim_{t \to \infty} u(t) = \infty$ sein. Also sind alle nichttrivialen Lösungen unbeschränkt. Für $n = 2$ hat $1 + \lambda = \lambda^2$ die Wurzeln $\frac{1 \pm \sqrt{5}}{2}$, also ist $\lambda^* = \frac{1 \pm \sqrt{5}}{2}$ und man erhält die bekannte Formel

$$\lim_{t \to \infty} \frac{u(t+1)}{u(t)} = \frac{1 + \sqrt{5}}{2}$$

für alle nichttrivialen Lösungen $t \mapsto u(t)$.

2. Satz 6.10 erlaubt nicht nur lineare Abbildungen wie im vorigen Beispiel, sondern auch Minima linearer Abbildungen, d. h.

$$u(t+n) = \min\{a_{i1} u(t) + a_{i2} u(t+1) + \ldots + a_{in} u(t+n-1) \mid 1 \leq i \leq m\}$$

mit Koeffizienten $a_{ij} > 0$. Die Abb. $f : \mathbb{R}_+^n \to \mathbb{R}_+$, $f(x) = \min\{a_{i1} x_1 + \ldots + a_{in} x_n \mid 1 \leq i \leq m\}$ ist offensichtlich konkav und positiv homogen mit $f(x) > 0$ für $0 \neq x \geq 0$. Also ist Satz 6.10 anwendbar. Sei z. B. für $n = m = 2$

$$f(x) = \min\left\{\frac{1}{8}x_1 + \frac{1}{4}x_2, \frac{1}{10}x_1 + \frac{2}{5}x_2\right\}.$$

Die Gleichung $f(1, \lambda) = \lambda^2$ hat die eindeutige positive Wurzel $\lambda^* = \frac{1}{2}$. Also gibt es ein $0 < a < 1$ und ein $N \in \mathbb{N}$ mit $u(t)^{1/t} \leq a$ für alle $t \geq N$, also $u(t) \leq a^t$ für alle $t \geq N$. Daher müssen alle Lösungen gegen 0 konvergieren (vgl. auch Aufgabe 1).

3. Die Differenzengleichung sei gegeben als die Summe aus arithmetischem und geometrischem Mittel, d. h. für $n \geq 2$ sei

$$u(t+n) = \frac{1}{n} \sum_{i=1}^{n} u(t+i-1) + \left(\prod_{i=1}^{n} u(t+i-1) \right)^{\frac{1}{n}}.$$

Die Abb. $f : \mathbb{R}_+^n \to \mathbb{R}_+$, $f(x) = \frac{1}{n} \sum_{i=1}^{n} x_i + (\prod_{i=1}^{n} x_i)^{1/n}$ ist konkav und positiv homogen mit $f(x) > 0$ für alle $0 \neq x \geq 0$. Also ist Satz 6.10 anwendbar. Ist $f(1, \lambda, \dots, \lambda^{n-1}) = \lambda^n$ für $\lambda > 0$, so muß $\frac{1}{n} \sum_{i=1}^{n} \lambda^{i-1} < \lambda^n$ sein, also $\lambda > 1$. Also ist $\lambda^* > 1$ und alle Lösungen sind unbeschränkt. $\diamond$

Referenzen

- Zu weiteren Aussagen über positive Lösungen nichtlinearer Differenzengleichungen siehe Krause, U.: *Stability trichotomy, path stability, and relative stability for positive nonlinear difference equations of higher order.* Journal of Difference Equations and Applications 1 (1995), S.323-346.

Aufgaben

1. Berechnen Sie für die Differenzengleichung $u(t+2) = f(u(t), u(t+1))$, $t \in \mathbb{N}$ mit

$$f(x) = \min \left\{ \frac{1}{8} x_1 + \frac{1}{4} x_2, \ \frac{1}{10} x_1 + \frac{2}{5} x_2 \right\}$$

die Wurzel λ^* und versuchen Sie zu beweisen, daß für beliebige nichtnegative Anfangsbedingungen der Limes von $\frac{u(t)}{(\lambda^*)^t}$ für $t \to \infty$ existiert.

2. Berechnen Sie für die Differenzengleichung

$$u(t+2) = \frac{u(t) + u(t+1)}{2} + \sqrt{u(t)u(t+1)}, \qquad t \in \mathbb{N}$$

die Wurzel λ^* und prüfen Sie mittels eines Computers für verschiedene Anfangsbedingungen, ob $\frac{u(t)}{(\lambda^*)^t}$ für wachsendes t einem Wert zustrebt.

6.5 Ein nichtlineares Leslie-Modell der Populationsdynamik

Wir knüpfen an das früher behandelte (lineare) Leslie-Modell aus Kapitel 3.3.3 (Beispiel 5) an. Eine Population wird in k Altersgruppen eingeteilt und $x_i(t) \geq 0$ bezeichne die Anzahl der Individuen in Altersgruppe $i = 1, \ldots, k$ zum Zeitpunkt $t \in \mathbb{N}$. Weiter bezeichne $x(t) = [x_1(t), \ldots, x_k(t)]^T$ den Populationsvektor zum Zeitpunkt t; mit der Norm $\|x\| := \sum_{i=1}^{k} |x_i|$ ist die Größe der Gesamtpopulation zum Zeitpunkt t gegeben durch $\|x(t)\|$. Der Anteil der Individuen in Altersgruppe i an der Gesamtpopulation zum Zeitpunkt t ist dann $\tilde{x}_i(t) = \frac{x_i(t)}{\|x(t)\|}$. Der Vektor $\tilde{x}(t) = [\tilde{x}_1(t), \ldots, \tilde{x}_n(t)]^T$ beschreibt die Altersstruktur der Population zum Zeitpunkt t. Das dynamische Basismodell war gegeben durch

$$x(t+1) = Lx(t), \qquad t \in \mathbb{N}$$

mit der Leslie-Matrix

$$L = \begin{bmatrix} b_1 & b_2 & \cdots & b_{k-1} & b_k \\ s_1 & 0 & \cdots & 0 & 0 \\ 0 & s_2 & & 0 & 0 \\ \vdots & & \ddots & & \vdots \\ 0 & 0 & & s_{k-1} & 0 \end{bmatrix}.$$

Dabei bezeichnen $b_i \geq 0$ und $0 \leq s_i \leq 1$ die Geburtsrate bzw. Überlebensrate in Altersgruppe i. Als zentrale Aussage hatten wir für ein Zahlenbeispiel erhalten, daß die Altersstruktur $\tilde{x}(t)$ für $t \to \infty$ gegen eine bestimmte Altersstruktur strebt, und zwar unabhängig vom Anfangswert $\tilde{x}(0)$- Dies ist nun ein allgemeines Phänomen in linearen Modellen, wie wir weiter unten noch sehen werden. Wir werden zeigen, daß dieses Phänomen, das als starke Ergodizität bezeichnet wird, unter gewissen Bedingungen auch in nichtlinearen Modellen auftritt. Einen wichtigen biologischen Grund dafür, nichtlineare Modelle zu betrachten, haben wir bereits anhand des eindimensionalen Populationsmodells in Kapitel 5.1 kennengelernt, nämlich den sogenannten Populationsdruck. Der Populationsdruck, der natürlich grundsätzlich in allen Populationsmodellen zu berücksichtigen ist, bedeutet für das Leslie-Modell, daß die vitalen Raten b_i und s_j in der Leslie-Matrix vom Populationsvektor $x(t)$ abhängen. Wir betrachten also das sogenannte dichte-abhängige Leslie-Modell

$$x(t+1) = L(x(t))x(t), \qquad t \in \mathbb{N} \tag{6.6}$$

mit

$$L(x) = \begin{bmatrix} b_1(x) & b_2(x) & \cdots & b_{k-1}(x) & b_k(x) \\ s_1(x) & 0 & \cdots & 0 & 0 \\ 0 & s_2(x) & & 0 & 0 \\ \vdots & & \ddots & & \vdots \\ 0 & 0 & & s_{k-1}(x) & 0 \end{bmatrix}.$$

Wir untersuchen nun das *konkave Leslie-Modell*, wobei wir folgende Bedingungen an das Modell (6.6) stellen:

(a) Es sind $x \mapsto b_i(x)x_i$ und $x \mapsto s_j(x)x_j$ sind für $1 \leq i \leq k$ und $1 \leq j \leq k-1$ konkave Abbildungen von $\mathbb{R}^k_+$ in $\mathbb{R}_+$.

(b) Es ist $b_i(x) > 0$ für $1 \leq i \leq k$ und $x \in \mathbb{R}^k_+$ mit $x_i > 0$ und $s_j(x) > 0$ für $1 \leq j \leq k-1$ und $x \in \mathbb{R}^k_+$ mit $x_j > 0$.

(c) Es gilt $\frac{b_i(\lambda x)}{s_j(\lambda x)} = \frac{b_i(x)}{s_j(x)}$ für $1 \leq i \leq k$, $1 \leq j \leq k-1$, $\lambda > 0$ und $x \in \mathbb{R}^k_+$ mit $x_i > 0$ und $x_j > 0$.

Die Annahme (a) bedeutet, daß die Anzahl der Nachkommen bzw. der Überlebenden einer Altersgruppe zwar mit der Größe der Population zunimmt, aber daß diese Zuwächse wegen des Populationsdrucks immer geringer ausfallen bzw. – im Grenzfall des linearen Modells, den wir mit einschließen wollen – nicht steigen. Annahme (b) drückt aus, daß die vitalen Raten einer tatsächlich besetzten Altersgruppe positiv sind. Annahme (c) unterstellt, daß der Populationsdruck sich nicht auf die relativen vitalen Raten auswirkt, zumindest dann nicht, wenn alle Altersgruppen mit demselben Faktor wachsen (bzw. schrumpfen).

Für $K = \mathbb{R}^k_+$ untersuchen wir nun die Abb. $T : K \to K$, die durch $Tx = L(x)x$ für $x \in K$ definiert wird. Es ist also

$$T_i x = (Tx)_i = \begin{cases} \sum_{j=1}^{k} b_j(x)x_j & \text{für } i = 1 \\ s_{i-1}(x)x_{i-1} & \text{für } i = 2, \ldots, k. \end{cases}$$

Man beachte, daß $b_i(x)$ und $s_i(x)$ nur für x mit $x_i > 0$ definiert sind und daß für $x \in K$ mit $x_i = 0$ dann $b_i(x)x_i = s_i(x)x_i = 0$ gesetzt werden.

Wegen Annahme (a) sind die Abbildungen T_i, und daher auch T, konkav. Wegen Annahme (c) gilt für $x \in K$ mit $x_i > 0$ und $x_j > 0$, daß $b_i(\lambda x) = c(\lambda, x)b_i(x)$ ist und $s_j(\lambda x) = c(\lambda, x)s_j(x)$ für eine von i und j unabhängige positive Zahle $c(\lambda, x)$. Daraus folgt

$$T_i(\lambda x) = \begin{cases} c(\lambda, x)\lambda \cdot \sum_{j=1}^{k} b_j(x)x_j & \text{für } i = 1 \\ c(\lambda, x)\lambda s_{i-1}(x)x_{i-1} & \text{für } i = 2, \ldots, k, \end{cases}$$

und daher $T(\lambda x) = c(\lambda, x)\lambda Tx$ für alle $x \in K$, $\lambda \geq 0$. Also ist T strahlenerhaltend. Schließlich zeigen wir, daß T auch primitiv ist. Das ergibt sich im wesentlichen aus dem folgenden Lemma.

Lemma 6.11. Mit

$$
L = \begin{bmatrix}
1 & 1 & \cdots & 1 & 1 \\
1 & 0 & \cdots & 0 & 0 \\
0 & 1 & & 0 & 0 \\
\vdots & & \ddots & & \vdots \\
0 & 0 & & 1 & 0
\end{bmatrix}
$$

und $m(x) = \min\big\{\, \min\{b_i(x)\,|\,1 \le i \le k,\, x_i > 0\},\ \min\{s_i(x)\,|\,1 \le i \le k-1,\, x_i > 0\}\big\}$
gilt für alle $x \in K\setminus\{0\}$ und alle $p \ge 1$

$$
T^p x \ge m(T^{p-1}x) \cdot m(T^{p-2}x) \cdot \ldots \cdot m(x)L^p x \in K\setminus\{0\}.
$$

Beweis. Durch vollständige Induktion über p. Für $x \in K\setminus\{0\}$ gilt $m(x)x_i \le b_i(x)x_i$ und
$m(x)x_j \le s_j(x)x_j$, also nach Definition von T jedenfalls $Tx \ge m(x)Lx \in K\setminus\{0\}$. Also
ist die Behauptung des Lemmas für $p = 1$ richtig. Für $x \in K\setminus\{0\}$ ist $Tx \in K\setminus\{0\}$ und
nach Induktionsvoraussetzung

$$
T^{p+1}x = T^p(Tx) \ge m(T^p x) \cdot m(T^{p-1}x) \cdot \ldots \cdot m(Tx)L^p Tx.
$$

Wegen $Tx \ge m(x)Lx$ folgt daraus

$$
T^{p+1}x \ge m(T^p x) \cdot \ldots \cdot m(Tx)m(x)L^{p+1}x.
$$

Die rechte Seite dieser Ungleichung ist ein Element in $K\setminus\{0\}$ nach Induktionsvoraussetzung und wegen $m(T^p x) > 0$ für $T^p x \in K\setminus\{0\}$. $\qquad\square$

Die Matrix L in Lemma 6.11 ist primitiv (vgl. Aufgabe 4 in Abschnitt 6.3). Da $m(x) > 0$
für alle $x \in K\setminus\{0\}$ ist, so gib es nach Lemma 6.11 ein $p \ge 1$, so daß $T^p x > 0$ ist für alle
$x \in K\setminus\{0\}$. Also ist T primitiv.

Aus dem konkaven Perron-Theorem (Satz 6.6) ergibt sich somit für das konkave
Leslie-Modell: Es gilt für die Altersstruktur $\tilde{x}(t) = \frac{x(t)}{\|x(t)\|}$

$$
\lim_{t \to \infty} \tilde{x}(t) = x^*
$$

für alle $x(0) \in \mathbb{R}^k_+\setminus\{0\}$, wobei $x^* > 0$ mit $\|x^*\| = 1$. Es ist (x^*, λ^*) die eindeutige
Lösung des bedingten Eigenwertproblems $L(x)x = \lambda x$ mit $x \in \mathbb{R}^k_+$, $\|x\| = 1$, $\lambda \ge 0$. Für
$x(0) = x^*$ gilt $x(t) = T^t x^* = (\lambda^*)^t x^*$ mit λ^* als einer gleichgewichtigen Wachstumsrate.

Ein *Beispiel* für ein konkaves Leslie-Modell erhalten wir bei den vitalen Raten $b_i(x) =$
$b_i x_i^{\alpha-1}$ und $s_j(x) = s_j x_j^{\alpha-1}$ für $1 \le i \le k$, $1 \le j \le k-1$, $x \in \mathbb{R}^k_+$ mit $x_i > 0$ bzw.
$x_j > 0$; dabei sind $0 < \alpha \le 1$ und $b_i > 0$, $s_j > 0$ Konstanten. Die Voraussetzungen
(a) und (b) für ein konkaves Leslie-Modell (6.6) sind offensichtlich erfüllt. Da $b_i(\lambda x) =$
$\lambda^{\alpha-1}b_i(x)$ und $s_j(\lambda x) = \lambda^{\alpha-1}s_j(x)$, so gilt auch Bedingung (c). Für $\alpha = 1$ ist in diesem
Beispiel das lineare Leslie-Modell enthalten. Insbesondere sehen wir, daß unser früheres
Zahlenbeispiel aus Kapitel 3.3.3 ein allgemeines Phänomen im linearen Fall wiedergibt.

Referenzen

- Für eine nichtautonome Fassung des obigen Modells siehe Fujimoto, T., Krause, U.: *Asymptotic properties for inhomogeneous iterations of nonlinear operators.* SIAM Journal on Mathematical Analysis 19 (1988), S.841-853, sowie

- Nesemann, T.: *An application of a nonlinear extension of the Coale-Lopez theorem.* Proceedings of the 15th IMACS World Congress 1997, Wissenschaft und Technik Verlag, Berlin, 1997, Volume I, S.19-24.

Aufgabe

Gegeben sei ein konkaves Leslie-Modell mit $b_1(x) = 2x_1^{-1/2}$, $b_2(x) = x_2^{-1/2}$, $b_3(x) = \frac{1}{2}x_3^{-1/2}$ und $s_1(x) = \frac{3}{2}x_1^{-1/2}$, $s_2(x) = x_2^{-1/2}$.

(a) Zeigen Sie, daß die Abb. $Tx = L(x)x$ nicht positiv homogen ist.

(b) Ermitteln Sie den Primitivitätsindex von T, d. h. die kleinste natürliche Zahl p mit $T^p x > 0$ für alle $x \in \mathbb{R}_+^2 \backslash \{0\}$.

(c) Berechnen Sie die gleichgewichtige Altersstruktur x^* und die gleichgewichtige Wachstumsrate λ^*.

(d) Berechnen Sie das Gleichgewicht (x^*, λ^*) für das durch $b_1 = 2$, $b_2 = 1$, $b_3 = \frac{1}{2}$ und $s_1 = \frac{3}{2}$, $s_2 = 1$ gegebene lineare Leslie-Modell und vergleichen Sie es mit den Werten von (c).

6.6 Ein nichtlineares Modell interdependenter Preissetzung

In Kapitel 3.3.3 haben wir als Beispiel 7 eine mehrsektorale Produktionswirtschaft betrachtet. Dabei haben wir, stellvertretend für die Sektoren, eine Anzahl von n privaten Unternehmen betrachtet, von denen jedes genau ein Gut produziert und dabei die Outputs der anderen Unternehmen als Inputs für die eigene Produktion benötigt. Eine wichtige Voraussetzung dabei war, daß jedem Unternehmen zur Herstellung seines Gutes eine einzige Technik zur Verfügung stand. Wir wollen jetzt zulassen, daß jedem Unternehmen mehrere Techniken zur Verfügung stehen unter denen es die kostengünstigste auswählen kann. Das wird uns, im Unterschied zu Beispiel 7, auf ein nichtlineares Modell führen. Das dynamische Modell der Preissetzung in Beispiel 7 lautet

$$p(t+1) = (1+r) \cdot Tp(t) + wl, \qquad t \in \mathbb{N}.$$

Dabei ist T die Matrix der Materialinputs τ_{ij}, l der Vektor der Arbeitsinputs, r eine für alle Unternehmen einheitliche Profitrate und w ein für alle Arbeitskräfte einheitlicher Lohnsatz (pro Stunde). Weiter ist $p(t) = [p_1(t), \dots, p_n(t)]^T$ der Preisvektor, wobei

$p_i(t)$ der Preis einer Einheit von Gut i zum Zeitpunkt t ist. Das Modell besagt, daß bei gegebenem Preisvektor $p(t)$ ein Unternehmen seinen Preis für die nächste Periode festsetzt, indem es zu den aus Material- und Arbeitskosten bestehenden Gesamtkosten (bzgl. $p(t)$) einen auf die Materialkosten bezogenen Profit aufschlägt. Wir variieren nun dieses Modell, indem wir zulassen, daß jedem Unternehmen i eine endliche Menge M_i von Produktionstechniken zur Verfügung steht. Eine Produktionstechnik ist dabei ein Paar (a, u), wobei $a \in \mathbb{R}^n_+$ den Vektor der Materialinputs und $u > 0$ die Arbeitszeit zur Produktion einer Einheit des betrachteten Gutes angibt. Hinsichtlich des Lohnes wollen wir jetzt nicht den Geldlohnsatz w fixieren, sondern einen Reallohnsatz d, d. h. einen Güterkorb $d \in \mathbb{R}^n_+$ mit $w = d^T p$ für einen gegebenen Preisvektor p. Der Einfachheit halber nehmen wir an, daß $d > 0$ ist, d. h. $d_i > 0$ für $1 \leq i \leq n$. Die minimalen Kosten zur Produktion einer Einheit von Gut i durch das entsprechende Unternehmen sind dann, bei geltendem Preisvektor $p \in \mathbb{R}^n_+$, gegeben durch

$$T_i p := \min\{a^T p + (d^T p)u \mid (a, u) \in M_i\}, \qquad 1 \leq i \leq n.$$

Durch $Tp = [T_1 p, \ldots, T_n p]^T$ wird eine Abb. $T : \mathbb{R}^n_+ \to \mathbb{R}^n_+$ definiert, die positiv homogen ist und primitiv, da $Tp > 0$ für $p \in \mathbb{R}^n_+ \backslash \{0\}$ wegen $a \geq 0$, $d > 0$ und $u > 0$. Da T_i das Minimum von linearen Funktionen ist, so ist T_i und damit auch T konkav. Für den Fall einer einzelnen Technik besteht M_i nur aus einem Element und daher ist T_i linear; für mehrere Techniken ist das also im allgemeinen nicht der Fall. Hinsichtlich der Preissetzung gehen wir davon aus, daß die Preise der nächsten Periode proportional zu den gegenwärtigen Kosten festgesetzt werden, und zwar einheitlich von allen Unternehmen, d. h.

$$p(t + 1) = k(t)Tp(t), \qquad t \in \mathbb{N}, \tag{6.7}$$

wobei $k(t)$ ein, eventuell zeitabhängiger, Proportionalitätsfaktor ist. Durch $\|p\| = \sum_{i=1}^n |p_i| d_i$ wird eine monotone Norm definiert und aus dem konkaven Perron-Theorem (Satz 6.6) erhalten wir, daß $Tp = \lambda p$ eine eindeutige Lösung (p^*, λ^*) besitzt mit $p^* \in \mathbb{R}^n_+$, $\|p^*\| = 1$, $\lambda^* > 0$, für die gilt

$$\lim_{t \to \infty} \frac{T^t p(0)}{\|T^t p(0)\|} = p^*$$

für beliebiges $p(0) \in \mathbb{R}^n_+ \backslash \{0\}$. Da nach (6.7) $p(t) = k(t-1) \cdot \ldots \cdot k(0)T^t p(0)$ für alle $t \geq 1$ ist, so folgt

$$\lim_{t \to \infty} \frac{p(t)}{\|p(t)\|} = \lim_{t \to \infty} \frac{T^t p(0)}{\|T^t p(0)\|} = p^*.$$

Es existiert also ein Preisgleichgewicht p^*, das jedem Gut einen positiven Preis zumißt (wegen $Tp > 0$ für $p \in \mathbb{R}^n_+ \backslash \{0\}$) und das so normiert ist, daß der Güterkorb d den Wert 1 hat. Weiterhin gilt, daß bei beliebigen Anfangspreisen $p(0)$ die relativen Preise $\frac{p(t)}{\|p(t)\|}$, gemessen in Werten des Güterkorbes d, schließlich gegen p^* konvergieren. Aus $Tp^* = \lambda^* p^*$ folgt für jedes $1 \leq i \leq n$, daß $\frac{p_i^* - T_i p^*}{T_i p^*} = \frac{1 - \lambda^*}{\lambda^*}$ ist, d. h. im Gleichgewicht herrscht eine einheitliche Profitrate r^*, definiert als Verhältnis der Differenz von Erlös und Kosten zu Kosten, und es ist $r^* = \frac{1-\lambda^*}{\lambda^*}$. Es gilt $r^* > 0$, wenn die Produktionswirtschaft produktiv ist in dem Sinne, daß Techniken und Produktionsniveaus der Unternehmen existieren, bei denen von jedem Gut mindestens soviel produziert wie verbraucht wird und von wenigstens einem Gut ein echter Überschuß verbleibt. Genauer, die Produktionswirtschaft heißt *produktiv*, wenn Techniken $(a^i, u^i) \in M_i$ und Produktionsniveaus $x_i \geq 0$ existieren für $1 \leq i \leq n$ derart, daß gilt

$$\sum_{i=1}^n a_j^i x_i + d_j \sum_{i=1}^n u^i x_i \leq x_j$$

für alle $1 \leq j \leq n$ und wenn für wenigstens ein j diese Ungleichung strikt ist. Ist die Bedingung der Produktivität erfüllt, so folgt

$$\sum_{j=1}^n \left(\sum_{i=1}^n a_j^i x_i + d_j u^i x_i \right) p_j^* < \sum_{j=1}^n x_j p_j^*,$$

da $p^* > 0$. Wegen $Tp^* = \lambda^* p^*$ ist

$$\lambda^* \left(\sum_{i=1}^n x_i p_i^* \right) = \sum_{i=1}^n (T_i p^*) x_i \leq \sum_{i=1}^n \left(\sum_{j=1}^n (a_j^i + d_j u^i) p_j^* \right) x_i$$

und zusammen ergibt sich

$$\lambda^* \left(\sum_{i=1}^n x_i p_i^* \right) < \sum_{j=1}^n x_j p_j^*,$$

also $\lambda^* < 1$ und daher $r^* > 0$.

Schließlich ergibt sich noch, daß die inflationsbereinigten Profitraten $r_i(t)$ für $t \to \infty$ gegen die gleichgewichtige Profitrate r^* konvergieren. In der inflationsbereinigten Profitrate werden Erlöse und Kosten in Werten des Güterkorbes d gemessen, also

$$r_i(t) = \frac{\frac{p_i(t+1)}{\|p(t+1)\|} - \frac{T_i p(t)}{\|p(t)\|}}{\frac{T_i p(t)}{\|p(t)\|}} \qquad \text{für } 1 \leq i \leq n.$$

Es ist $r_i(t) = \frac{\|p(t)\|}{\|p(t+1)\|} \cdot \frac{p_i(t+1)}{T_i p(t)} - 1 = \frac{\|p(t)\|}{\|p(t+1)\|} k(t) - 1$. Da $\frac{\|p(t+1)\|}{\|p(t)\|} = k(t) \frac{\|T^{t+1} p(0)\|}{\|T^t p(0)\|}$, so folgt nach Satz 6.6

$$\lim_{t \to \infty} \frac{\|p(t+1)\|}{\|p(t)\| k(t)} = \lim_{t \to \infty} \frac{\|T^{t+1} p(0)\|}{\|T^t p(0)\|} = \lambda^*$$

und daher $\lim_{t \to \infty} r_i(t) = \frac{1}{\lambda^*} - 1 = r^*$.

Zusammenfassend läßt sich also hinsichtlich dieses Modells einer Produktionswirtschaft mit Technikwahl sagen, daß die relativen Preise unabhängig von den Anfangswerten gegen einen positiven Gleichgewichtspreis konvergieren und daß die inflationsbereinigten Profitraten gegen die gleichgewichtige Profitrate konvergieren, wobei letztere positiv ist, falls die Produktionswirtschaft tatsächlich produktiv ist.

Referenzen

- Zu dem obigen Modell und weiteren ökonomischen Anwendungen siehe Krause, U.: *Positive nonlinear systems in economics.* In Maruyama, T., Takahashi, W. (Eds.), Nonlinear and Convex Analysis in Economic Theory, Springer-Verlag, Berlin/Heidelberg, 1995, S.181-195.

Aufgabe

Gegeben sei eine Produktionswirtschaft mit drei Unternehmen, die drei spezifische Güter produzieren, wobei ihnen folgende Technologiemengen zur Verfügung stehen:

$$M_1 = \{(0, 2/5, 1/8; 1), (0, 1/5, 1/10; 3)\}$$
$$M_2 = \{(1/2, 0, 1/5; 2), (3/4, 0, 1/5; 1)\}$$
$$M_3 = \{(1/3, 1/6, 0; 1), (1/4, 1/5, 0; 2)\}.$$

Weiterhin sei der Güterkorb $d = \frac{1}{10}[\frac{1}{4}, 1, 1]^T$ gegeben.

(a) Berechnen Sie das (normierte) Preisgleichgewicht p^*.

(b) Ermitteln Sie die im Gleichgewicht angewendeten Techniken.

(c) Berechnen Sie die gleichgewichtige Profitrate r^* mittels des Computers durch Iteration des Kostenoperators T.

(d) Prüfen Sie anhand der Technologiemengen, ob das System produktiv ist.

Literaturverzeichnis

(ausgewählte Textbücher und Monographien)

[1] Agarwal, R.P.: *Difference Equations and Inequalities*. Marcel Dekker, New York, 1992.

[2] Aulbach, B.: *Continuous and Discrete Dynamics near Manifolds of Equilibria*. Springer, Berlin, 1984.

[3] Barnsley, M.: *Fractals Everywhere*. Academic Press, Boston, 1988.

[4] Beltrami, E.: *Mathematics for Dynamic Modeling*. Academic Press, New York, 1987.

[5] Berg, L.: *Differenzengleichungen zweiter Ordnung mit Anwendungen*. Steinkopff, Darmstadt, 1980.

[6] Cash, J.R.: *Stable Recursions*. Academic Press, London, 1979.

[7] Collet, P., Eckmann, J.P.: *Iterated Maps on the Intervall as Dynamical Systems*. Birkhäuser, Boston, 1980.

[8] Devaney, R.L.: *An Introduction to Chaotic Dynamical Systems*. Addison-Wesley, Redwood-City, 1989.

[9] Drazin, P.G.: *Nonlinear Systems*. Cambridge University Press, Cambridge, 1992.

[10] Elaydi, S.: *An Introduction to Difference Equations*. Springer, New York, 1995.

[11] Falconer, K.J.: *Fractal Geometry*. Wiley & Sons, Chichester, 1990.

[12] Freeman, H.: *Discrete-time Systems*. Wiley & Sons, New York, 1965.

[13] Gandolfo, G.: *Economic Dynamics*. Springer, Berlin, 1997.

[14] Goldberg, S.: *Introduction to Difference Equations*. Dover, New York, 1986.

[15] Gumowski, I., Mira, C.: *Recurrenes and Discrete Dynamic Systems*. Springer, Berlin 1980.

[16] Hirsch, M.W., Smale, S.: *Differential Equations, Dynamical Systems, and Linear Algebra*. Academic Press, New York, 1974.

[17] Hofbauer, J., Sigmund, K.: *The Theory of Evolution and Dynamical Systems*. Cambridge University Press, Cambridge, 1988.

[18] Jetschke, G.: *Mathematik der Selbstorganisation*. VEB Deutscher Verlag der Wissenschaften, Berlin, 1989.

[19] Kelley, W.G., Peterson, A.C.: *Difference Equations*. Academic Press, New York, 1991.

[20] Kocic, V.L., Ladas, G: *Global Behavior of Nonlinear Difference Equations of Higher Order with Applications*. Kluwer Academic Publishers, Dordrecht, 1993.

[21] Krabs, W.: *Mathematische Modellierung. Eine Einführung in die Problematik*. Teubner, Stuttgart, 1997.

[22] Krabs, W.: *Dynamische Systeme: Steuerbarkeit und chaotisches Verhalten*. Teubner, Stuttgart, 1998.

[23] Lakshmikantham, V., Trigante, D.: *Theory of Difference Equations: Numerical Methods and Applications*. Academic Press, New York, 1988.

[24] LaSalle, J.P.: *The Stability and Control of Discrete Processes*. Springer, Berlin, 1986.

[25] Luenberger, D.G.: *Introduction to Dynamic Systems*. Wiley & Sons, New York, 1971.

[26] Mandelbrot, B.: *The Fractal Geometry of Nature*. Freeman, San Francisco, 1982.

[27] Martelli, M.: *Discrete Dynamical Systems and Chaos*. Longman, Essex, 1992.

[28] Meschkowski, H.: *Differenzengleichungen*. Vandenhoeck & Ruprecht, Göttingen, 1959.

[29] Metzler, W.: *Nichtlineare Dynamik und Chaos*. Teubner, Stuttgart, 1998.

[30] Mickens, R.E.: *Difference Equations*. Van Nostrand Reinhold, New York, 1987.

[31] Peitgen, H.-O., Jürgens, H., Saupe, D.: *Chaos and Fractals*. Springer, New York, 1992.

[32] Peitgen, H.-O., Saupe, D. (Hrsg.): *The Science of Fractal Images*. Springer, New York, 1988.

[33] Rommelfanger, H.: *Differenzengleichungen*. Bibliographisches Institut, Mannheim, 1986.

[34] Sandefur, J.T.: *Discrete Dynamical Systems. Theory and Applications*. Oxford University Press, London, 1990.

[35] Sharkovsky, A.N., Romanenko, E.Yu.: *Difference Equations and their Applications.* Kluwer, Dordrecht, 1993.

[36] Tu, P.N.V.: *Dynamical Systems. An Introduction with Applications in Economics and Biology.* Springer, New York, 1992.

Stichwortverzeichnis

Reitmann
**Reguläre
und chaotische
Dynamik**

Von Doz. Dr.
Volker Reitmann
Technische Universität
Dresden

1996. 252 Seiten mit
100 Bildern.
16,2 x 22,9 cm.
Kart. DM 39,80
ÖS 291,– / SFr 36,–
ISBN 3-8154-2090-3

(Mathematik für Ingenieure
und Naturwissenschaftler)

Dieses Lehrbuch basiert auf Vorlesungen, die der Autor für Studenten der Physik, der Elektrotechnik und der Mathematik gehalten hat.

Es enthält eine kompakte Darstellung wichtiger Elemente der nichtlinearen Dynamik, die von Attraktoren, invarianten Mannigfaltigkeiten und der Stabilität des Orbits in zeitkontinuierlichen und zeitdiskreten Systemen über die generischen Bifurkationen bis hin zu Shifts, Hufeisen, invarianten Maßen, Entropien und Dimensionen in dynamischen Systemen reicht. Die wichtigsten Routen dynamischer Systeme ins Chaos werden vorgestellt.

Fast alle der im Buch formulierten Sätze sind durch Beispiele oder Skizzen erläutert worden. Eine Vielzahl der behandelten mathematischen Fragestellungen wird anhand konkreter Anwendungen illustriert, so unter anderem an Systemen der Phasensynchronisation, an digitalen Systemen der automatischen Steuerung oder an Systemen der Radiophysik.

Preisänderungen vorbehalten.

B.G. Teubner Stuttgart · Leipzig